新型工业化·新计算·高质量软件人才培养系列

SOFTWARE ENGINEERING

云原生技术及实践

郭勇 杨大易 姚霖

仪思奇 刘建华 李斌 陈鄞 王忠杰

编著

電子工業出版社.

Publishing House of Electronics Industry

北京·BEIJING

内 容 简 介

本教材的编写目的是使读者掌握云原生技术及应用实践技能。本书分为9章，第1章主要讲解云原生的定义、云原生的关键技术及国内云原生产业现状；第2章主要以云原生的技术全景图为主线介绍云原生层次关系及中国云原生技术全景；第3章主要讲解云原生架构定义、架构模式演进、云原生架构原则等；第4章详细讲解容器技术背景、容器技术的基本概念、容器技术之Docker、Docker的使用及容器技术之Containerd等；第5章讲解容器编排方法及主要工具，着重讲解Kubernetes基本原理、Kubernetes的API对象、Kubernetes的服务暴露方式等内容；第6章主要讲解微服务主要技术、微服务框架及微服务在云原生中的应用方法等；第7章主要讲解Serverless和Service Mesh 及Service Mesh的具体实现Istio；第8章主要讲解DevOps基本概念、生命周期、IaC和GitOps、源代码管理、持续集成、持续交付、流水线及代码质量管理工具SonarQube；第9章以两个案例详细讲解了如何实现云原生技术落地。

本书可以帮助更多的开发人员和IT从业者了解和掌握云原生技术，促进其在国内的普及和应用。本书适合作为大中专院校、培训机构的云原生技术相关课程的教材。

图书在版编目（CIP）数据

云原生技术及实践 / 郭勇等编著. -- 北京 ：电子
工业出版社，2024. 12. -- ISBN 978-7-121-49559-5

Ⅰ．TP393.027

中国国家版本馆CIP数据核字第2025JU0713号

责任编辑：刘　瑀
印　　刷：三河市君旺印务有限公司
装　　订：三河市君旺印务有限公司
出版发行：电子工业出版社
　　　　　北京市海淀区万寿路173信箱　　邮编：100036
开　　本：787×1092　1/16　印张：19.5　　字数：499千字
版　　次：2024年12月第1版
印　　次：2024年12月第1次印刷
定　　价：69.00元

凡所购买电子工业出版社图书有缺损问题，请向购买书店调换。若书店售缺，请与本社发行部联系，联系及邮购电话：（010）88254888，88258888。

质量投诉请发邮件至zlts@phei.com.cn，盗版侵权举报请发邮件至dbqq@phei.com.cn。

本书咨询联系方式：liuy01@phei.com.cn。

前　言

云计算从工业化应用到如今，已走过十几个年头，云的时代需要新的技术架构，来帮助人们更好地利用云计算优势，充分释放云计算的技术红利，让业务更敏捷、成本更低同时又可伸缩，而这些正好就是云原生架构专注解决的技术点。

如今，企业上云已经成为一种必然趋势。云原生拥有传统 IT 技术无法比拟的优势，它能从技术理念、核心架构、最佳实践等方面，帮助企业铺平落地上云之路。云原生技术是当前 IT 领域的热门话题，以持续集成/持续交付（CI/CD）、DevOps、微服务架构为代表的云原生技术以其高效稳定、快速响应的特点驱动引领企业的业务发展，新旧 IT 架构的转型与企业数字化的迫切需求也为云原生技术提供了很好的契机，云原生技术在行业的应用持续深化。未来，在企业加快数字化转型的过程中，云原生技术一定会得到广泛的应用。云原生技术的核心是容器化、服务网格、微服务、不可变基础设施和声明式 API。这些技术能够帮助组织在公有云、私有云和混合云环境中实现快速、灵活的软件开发和部署。

本书通过系统地介绍云原生技术的理论基础和实践应用，可以帮助更多的开发人员和IT 从业者了解和掌握云原生技术，促进云原生技术在国内普及和应用。同时，为满足社会对云原生技术人才的需要，目前很多大中专院校、培训机构都开设了云原生技术相关课程，为适应这一需要，使 IT 技术人员和学生更好地掌握和使用云原生技术，我们编写了本书。

本书具有如下特点。

（1）全面讲解云原生技术：本书从云原生技术的概念入手，详细讲解了技术分层结构、各层技术、具体技术实践及发展趋势。这样的结构设计使读者能够全面、系统地了解云原生技术，不仅能掌握其基本概念，还能了解其最新的发展动态。

（2）理论与实践相结合：本书在讲解理论知识的同时，结合了大量的实践案例，使读者在理解云原生技术理论基础的同时，能够了解到其在实际工作中的应用。这种理论与实践相结合的方式，能够帮助读者更好地理解和掌握云原生技术。

（3）深入浅出的讲解方式：本书在讲解云原生技术时，既有对宏观架构的介绍，也有对具体技术的详细讲解。这种深入浅出的讲解方式，使得无论是对云原生技术有一定了解的专业人士，还是初次接触云原生技术的初学者，都能够通过本书快速掌握云原生技术。

（4）结合企业实际应用案例：本书结合两个企业实际应用案例，详细讲解了云原生技术在实际工作中的落地实施过程。这种结合实际案例的讲解方式，能够帮助读者更好地理解云原生技术的实际应用，提高其解决实际问题的能力。

在本书的编写过程中，得到了很多人的帮助，我们要对本书的贡献者表示感谢。同时我们也要感谢读者，谢谢你们对本书的关注和支持。我们相信，本书将帮助读者掌握云原生技术的基础知识和实战技能，不断提高软件开发和运维的能力，成为云计算领域的专业人士。

作　者

目　录

第1章 绪 论

1.1 云原生概述

1.1.1 云原生的诞生

企业数字化转型经历了从服务器、云化、容器化到云原生化的四个不同阶段。在相当长一段时间内，企业的数字化是靠自行搭建服务器及其他硬件设备来实现的。每开发一个业务应用，就需要配置一套设备；不同的应用之间，IT 资源互相不连通，无法根据业务的变化实现动态调整资源，从而会出现资源利用率低等问题。由于服务器、操作系统、使用语言、虚拟化软件等都存在差异，因此需要根据不同的情况，人工安装、部署、调试设备，这导致了开发迭代速度缓慢等问题。云计算给企业带来了新的契机，使得"去 IOE"的行动开始了。之前离散分布的设备通过统一的虚拟化平台整合起来，实现了计算资源、存储资源、网络资源的自动化管理，为业务软件提供了统一的资源管理。通过资源管理的自动化及屏蔽部分基础设施的差异性，使得应用的通用性增强。

云计算行业开始的时间很难精准确定，业内普遍以 2006 年作为云计算时代的元年，因为这一年首次提出了云计算的概念。最初云计算并没有受到关注，直到 2008 年，业界知名企业纷纷加入这个行业，云计算的时代才正式开启。2009 年，中国的阿里巴巴成立了阿里云子公司，华为紧随其后，制定了华为云计算战略。这一阶段，云计算推动着企业纷纷将业务从线下搬迁到云上，试图用云上 IT 资源解决扩容、部署、运维等方面的问题，但传统架构带来的一系列问题仍然没有解决。

云原生（Cloud Native）的概念最早出现于 2010 年。随着 Docker 容器技术和 Google Kubernetes（K8s）编排引擎的发展，云原生技术也逐渐完善。与过去将传统应用直接搬迁到云上不同，云原生技术旨在让企业的业务生在云上、长在云上，并以新的技术、新的思想理念构造应用，从而将企业的关注点从资源管理转移到应用本身，包括应用敏捷交付、快速部署、弹性伸缩、平滑迁移、无损容灾等。企业在此基础上搭建业务侧的上层建筑，以便最大程度实现云的价值。

1.1.2 云原生计算基金会

在学习云原生之前，我们首先介绍云原生计算基金会（Cloud Native Computing Foundation，CNCF）。CNCF 是非营利性组织 Linux 基金会的一部分，其汇集了世界顶级的开发人员、最终用户和供应商，旨在推动云原生计算的发展，帮助云原生技术开发人员构建出色的产品。CNCF 起到了推广技术、形成社区、开源项目管理和推进生态系统健康发展的作用，是致力于云原生应用推广和普及的重要组织。

2015 年，CNCF 由 22 个大型云计算厂商及一些开源公司组建成立。短短两年时间，CNCF 就迅速发展到 170 个成员和 14 个基金项目。

云原生技术自诞生以来，被广泛应用于各行各业，推动了企业在数字化时代的高速发展，实现了业务变革和企业的创新发展。在中国，云原生技术同样也飞速发展，诸多知名企业成了 CNCF 的成员单位。

1.1.3　云原生的定义

传统的云计算是在软件开发工具上完成开发再移植到云环境上使用。云原生则是从设计伊始就考虑到云环境，其为云设计，保障在云上能以最佳状态运行，以便充分利用和发挥云平台的弹性及分布式的优势。不同的组织和个人，对于云原生有着不同的定义和理解。

云原生（Cloud Native）的概念最早出现于 2010 年，由 Paul Fremantle 在他的一篇博客中提出。Pivotal 公司的 Matt Stine 于 2013 年在其推特上给出了云原生的更详细的定义，其将云原生定义为："Cloud native is an approach to building and running applications that fully exploit the advantages of the cloud computing model."，即云原生是一种在构建和运行应用程序时充分利用云计算模型优势的方法。彼时虽然云原生的意义很丰富，但其概念并不清晰，直到 CNCF 对其进行了重新定义。

中国信息通信研究院（信通院）将云原生的概念总结为"适合云的应用"和"好用的云架构"。CNCF 将云原生定义为："云原生技术有利于各组织在公有云、私有云和混合云等新型动态环境中，构建和运行可弹性扩展的应用。"云原生的代表技术包括容器（Container）、微服务、服务网格（Service Mesh）、不可变基础设施和声明式 API。这些技术能够构建容错性好、易于管理和便于观察的松耦合系统。通过结合可靠的自动化手段，云原生技术使工程师能够轻松地对系统进行频繁和可预测的重大变更。

总而言之，云原生是一系列云计算技术体系和企业管理方法的集合，既包含实现应用云原生化的方法论，又包含落地实践的关键技术。基于云原生的技术和管理方法，可以更好地把业务生于云或迁移到云平台，从而享受云的高效和持续的服务能力。仅从技术角度定义云原生是远远不够的，云原生更是一种文化，一种潮流，它是企业发展的必然趋势。

1.2　云原生的关键技术

云原生的核心基础是可以相互协作、补充、呼应的技术集合，随着 IT 技术的发展，还在不断补充完善。本书将选取在业界形成共识的核心技术进行讲解。本章简单地介绍云原生的相关概念以及其关键技术间的联系。在后面几章，还会详细讲解各项技术。

1.2.1　容器

在介绍容器技术之前，首先介绍与之类似的技术——虚拟机。虚拟机技术能够通过软件模拟出来具有完整硬件的计算机系统。其能够在一台计算机设备上实现多个计算机系统，且这些虚拟出来的"子计算机"相互隔离、互不影响。在一台机器上创建的虚拟机越多，每个虚拟机所能使用的资源就会越少，因此虚拟机具有启动慢、占用空间大的缺点。

与虚拟机技术相比，容器是一种更轻量级、更灵活的虚拟化处理方式。其使用宿主机操作系统内核，只需要虚拟一个小规模的环境（类似"沙箱"）；启动速度快，一般是秒级；占用空间小（虚拟机一般要几 GB 到几十 GB 的空间，而容器只需要几 MB 甚至几 KB）；

对资源的利用率高，例如一台主机可以同时运行几千个 Docker 容器，这极大提升了系统的应用部署密度和弹性，使开发更具灵活性、开放性，也使运维人员关注的标准化与自动化达成相对平衡的效果。

容器将应用和运行环境加以打包，形成一个标准化软件单元，使应用不再受其他计算环境影响，并能够轻松移植，因此其成为一种软件交付方式；此外，容器及其相关技术可以屏蔽微服务与环境间的差异，使得微服务在不同的计算环境下同样保持正常运行。

1.2.2　微服务

微服务是面向服务体系架构的一种软件开发技术。其提倡将单一应用程序划分成一组小的服务，这些服务之间通过轻量级的通信机制进行沟通，互相调用、协同配合，为用户提供最终服务。这样做的好处是可以将大型复杂的系统拆分成一些微服务，从而避免牵一发而动全身的集中式的服务管理。这些微服务围绕着细分的具体业务进行构建，能够独立地部署。由于微服务之间的松耦合性，使得每个服务进行升级、扩展、部署、重新启动等流程时，对其他服务不会有任何影响。然而微服务的使用也带来了新的问题，例如微服务相比于单一服务，需要考虑服务间的通信问题以及微服务的部署、运维、服务间依赖管理等问题。

微服务被提出后，随着典型架构模式的不断演化而演化。2016 年前后微服务开始步入云原生时代，出现了以 Service Mesh 为代表的新一代微服务架构，其将微服务基础能力演进与业务逻辑迭代彻底解耦，使微服务基础能力从服务框架中的模块演化为独立的 Sidecar（边车）进程。与此同时，Sidecar 进程开始接管微服务应用之间的流量，承载服务发现、调用容错、权重路由、灰度路由、流量重放以及其他的服务治理功能，并通过代理之间的通信间接完成服务之间的通信请求。随着 AWS 的 Lambda 等产品的出现，微服务开始走向 Serverless 模式，其由应用转化为微逻辑（Micrologic），并将更多可复用的分布式能力从应用中剥离，包括：状态管理、资源绑定、链路追踪、事务管理、安全等。同时，在开发侧也通过标准 API 尽可能地屏蔽掉底层的差异，从而简化了开发的复杂程度。微服务技术和前面提到的容器技术并没有必然的联系，但是由于容器技术具有快速部署等特点，使得微服务更容易开发和部署。

1.2.3　Service Mesh 及 Serverless 技术

Service Mesh 和 Serverless 是两种主要的云原生架构模式。在传统架构模式中，当生产方为消费方提供服务的时候，服务发现和负载均衡等与业务无关的功能通常是由代理完成的，消费方通过代理间接访问目标服务来完成相应的功能。代理的部署方法之一是将代理作为单独一层进行集中部署，并且由独立的团队负责管理和维护，这是最简单也最传统的方法。然而，这种方式存在单点问题导致的可靠性差和性能问题。另外一种方法是将代理嵌入到应用程序中。显而易见这种方法使得客户端在变得复杂的同时，还可能要面临支持多语言的问题。

Service Mesh（如图 1-1 所示，其中左侧方块代表 App，右侧方块代表 Sidecar）与上述两种方式不同，其是纯分布式的、云原生下的一种微服务治理方案，该方案中代理将作为独立进程部署在每一台主机上。

这种方式与早期的摩托车很像，如图 1-2 所示，即在主驾驶旁边带一个边位。在 Service Mesh 中，主要的业务进程相当于主驾驶，每个主驾驶都对应一个代理，即 Sidecar，因此这种模式也常常称为边车模式。Service Mesh 中的代理除了负责服务发现和负载均衡，还承担了更多与业务无关的功能，例如动态路由、监控度量等。

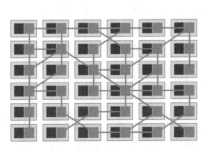 

图 1-1　Service Mesh　　　　　　　　图 1-2　早期的摩托车

Service Mesh 架构适用于内部异构程度高、大规模部署的微服务场景。但是由于每个服务都需要配备一个 Sidecar，因此也会带来性能损失，进而影响访问速度。

Serverless 是一个早于微服务和 Service Mesh 出现的概念，近些年随着微服务的发展，又再次走入人们的视野。Serverless 可以理解为无服务器计算，即应用程序是在不需要最终用户管理的基础设施上运行的，开发人员无须考虑底层的基础架构。Serverless 可以说是 IaaS（基础设施即服务）的进一步发展。Serverless 并不是不需要服务器、虚拟机或底层计算资源，而是开发人员在虚拟化的运行时和运营管理上进行开发，无须担心操作系统、网络配置、CPU 资源等，把应用的整个运行时委托给云即可。

Serverless 降低了服务器运维方面的某些复杂性，使开发人员可以更专注于业务逻辑。其适用于事件驱动的数据计算任务、计算时间短的请求/响应应用，但是对于长时间运行的应用、相互间存在复杂调用关系的任务，Serverless 就不太适用了。

Serverless 架构是云原生技术的一员，面对复杂多变的业界需求，为用户特别是快速发展的初创型公司，提供了有力的支持。

1.2.4　DevOps

敏捷开发的指导思想是将大目标分解成小目标和小项目，然后通过迭代式开发不断交付可用功能集。为提高开发效率，其将测试环节融入整个开发过程中，并与开发同步进行。这种模式对简单应用架构而言，部署并不是大问题。敏捷开发有效地提高了软件开发效率和版本更新速度，但是手动部署上线明显降低了运维效率。随着应用软件架构变得越来越复杂，需要参与的服务器也越来越多，导致部署工作需要由专门的运维人员负责。而开发和运维部门的分工较独立，各部门员工更关心自身部门职责。运维部门的核心关注点是"稳定"，而开发部门则追求"快速迭代"和"变化"，尽管"变化"可能会带来不确定性。随着微服务的普及，这种矛盾日益加剧。应用被拆分为更小的微服务，每个拆分后的服务都需要编译、打包、部署，导致运维工作量成倍增长。此外，由于微服务部署所需的基础环境存在差异，这也给运维带来了更大的挑战，使得更新和部署应用成为整个生产过程中的瓶颈。

在此种情况下，DevOps 的出现解决了这一问题。Dev 代表软件开发人员（Development），Ops 代表 IT 运维技术人员（Operations）。DevOps 将自动化的"软件交付"和"架构变更"流程整合在一起，进而提高生产效率。这个组合词从某种角度说明了该新阶段，即通过打通不同部门之间的职责实现目标。

开发部门和运维部门被整合为 DevOps 开发流程中的一部分，如图 1-3 所示。通过技术手段实现各个软件开发环节的自动化、智能化，从而打破开发、测试和运维之间的壁垒，进而实现工作不再堆积，瓶颈被打破。DevOps 具备的需求、代码版本、质量、部署等方面的管理能力正是实现服务架构系统所必需的。

图 1-3　DevOps 开发流程

大型的系统往往需要几十人、上百人协作开发，为了实现快速迭代、频繁发布的目标，不仅需要流程规范，而且需要尽可能将一些环节自动化。目前，业界已经形成了一系列开发工具对应开发流程的各个环节，在开发的时候，还需要根据项目的实际情况，选择特定的技术。

云原生时代软件部署和运维的基本模式得到了统一，具备技术方面的支持和保障。DevOps 是以促进开发、技术运营和质量保障（QA）部门之间的沟通、协作与整合为目标的，它是一系列技术和方法的统称，同时也代表了一种文化。

1.2.5　CI/CD

DevOps 强调持续集成、持续交付/部署、持续运营，其覆盖了研发、运维和业务等领域。CI/CD 是 DevOps 中实现持续集成和持续交付/部署的核心技术之一。CI 指持续集成（Continuous Integration），这个概念在 DevOps 提出之前就已经出现了，其主要目的是通过自动化构建和测试完成代码集成，以便产品能够快速迭代。持续集成需要不断快速地将最新少量代码集成到主干中，以便早期发现问题并降低难度，并能够更容易地定位和解决问题。

CD 指持续交付（Continuous Delivery）和持续部署（Continuous Deployment）。持续交付如图 1-4 所示，指在持续集成的下一阶段，将集成后的代码部署到类生产环境中进行更多的测试，通过质量团队或者用户的评审后，再人工部署上线。持续部署类似于持续交付，但不同的是部署是自动化的。

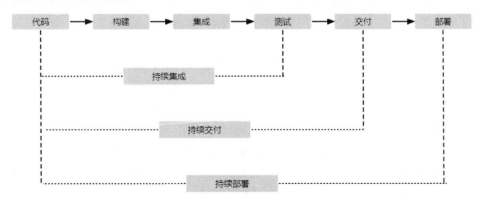

图 1-4　持续交付示意图

1.3 国内云原生产业现状

研究表明，云原生技术为企业创造了巨大的价值。云原生技术可以动态调度资源，实现弹性扩容和自我修复，进而为业务提供具备高可用性的环境，解决企业对 IT 资源弹性化的需求。云原生技术具有快速迭代和自动部署的特点，能够大幅度缩短应用开发周期，加快业务应用迭代，满足企业快速变化的业务需求。利用云原生技术开发的应用具有极强的可扩展性，能够满足企业在经营管理中面临的 IT 资源需求弹性、业务需求快速变化、业务系统日益复杂等问题。云供应商通过该技术发布的各种场景方案 API 能够与企业业务特性和功能相融合，构建独特且创新的解决方案。结合云上强大的资源和应用管理能力，云原生技术的敏捷开发、快速部署和自动化运维模式能够不断促进业务创新，以便应对逐渐复杂的业务系统。

信通院统计的近几年数据显示，我国云原生产业保持持续高速增长态势。

2019 年，我国云原生产业市场规模已达 350.2 亿元，43.9%的受访企业已经使用容器技术部署业务，另有 40.8%的企业计划使用容器技术；已有 28.9%的受访企业在开发应用系统的时候使用微服务架构，另有 46.8%的企业计划使用微服务架构。

2020 年，信通院调研的 62%的受访企业已经在生产环境中使用容器技术，其中，用于核心生产环境的企业占 43%，非核心生产环境的企业占 19%。另外 38%的受访企业中，评估测试使用容器技术的企业占 14%，剩余的企业中有一半以上正对容器技术进行评估考虑，未考虑使用容器技术的企业仅占 10%。微服务架构已成为主流技术，50%的企业已经使用微服务架构进行应用开发，30%的企业计划使用微服务架构，仅有 20%的企业暂未计划使用微服务架构。与此同时 Serverless 技术的价值也被大多数企业认可，在使用容器的受访企业中近 3 成的企业已经在生产环境中应用该技术，其中，用于核心业务生产环境的企业占 16%，非核心业务生产环境的企业占 12%；尚未使用 Serverless 技术的企业占 36%。

信通院发布的《云计算白皮书（2024 年）》显示，2023 年我国云计算市场规模达 6165 亿元，较 2022 年增长 35.5%，大幅高于全球增速。其中，公有云市场规模 4562 亿元，同比增长 40.1%；私有云市场规模 1563 亿元，同比增长 20.8%。随着 AI 原生带来的云计算技术革新以及大模型规模化应用落地，我国云计算产业发展将迎来新一轮增长曲线，预计到 2027 年我国云计算市场规模将超过 2.1 万亿元。

一些云原生的相关技术，诸如容器等，早在云原生概念形成之前就已经使用了。早在 2004 年，Google 公司就在内部大规模使用了 Cgroup 容器技术，随后的十年间，其他的相关技术如 Docker，Kubernetes 等也陆续发布。中国企业也充分认识到了云原生的作用和带来的机遇，在云原生领域，基本与国际保持同步发展。近几年，国内企业云原生的渗透率快速增长。以大型及股份制商业银行为代表的金融公司的云原生普及率超越其他传统行业。爱分析调研数据显示，2021 年起大型及股份制商业银行基本上都已经开始在内部使用云原生技术；其他金融机构及政务机构 2021 年的云原生渗透率是 40%左右，也远高于其他行业；其他传统行业，例如制造、能源、零售、基金等的渗透率在 2021 年为 20%左右。

2021 年，公有云 IaaS 市场规模达 1614.7 亿元，同比增长 80.4%，占总体市场规模的

30%左右；PaaS 依然保持着在各细分市场中最高的增长速度，同比增长 90.7%至 194 亿元；SaaS 市场继续稳步发展，规模达到 370.4 亿元，增速略微滑落至 32.9%，预计在企业上云等相关政策推动下，有望在未来数年内随着数字化转型重启增长态势。

云原生几项基本技术发展的情况如下：容器在运行时已经出现了多元化发展，但 Docker 仍是现阶段最主要的选择，此外 Containerd、Cri-o、Kata 也都有自己的用户群体。在容器编排技术中，大多数用户会选择 Kubernetes，其他的选择还包括：Docker Swarm、OpenStack、CloudFoundry、OpenShift 等。在容器技术领域，从 Docker 这种通用场景的容器技术逐渐演化出安全容器、边缘容器、Serverless 容器、裸金属容器等多种技术形态。

在容器的 CI/CD 工具技术中，Jenkins 是用户的首选，但 Spinnaker、Drone、Prow、Flux、Tekton Pipelines 等也拥有一定的用户群体。

统计数据显示，微服务架构能够明显提升系统的开发效率。微服务架构最大的作用是简化持续集成、持续交付、持续部署流程，提升研发效率。同时，微服务间隔离还提高了系统的容错能力和故障恢复能力。许多用户通过微服务架构实现了业务的弹性负载，优化了组织架构。在微服务框架中，目前最受欢迎的是 Spring Cloud，其使用占比达 76%，这主要是因为 SpringCloud 适用于 Java 应用，并且能够提供相对完整的全套解决方案；此外，中国本土开源的微服务框架 Dubbo 也有相当多的用户群体；ServiceComb、Service Mesh 技术、Istio、Consul、Linkerd 也都是用户的可选框架；甚至目前还有一部分用户采用自主研发的架构构建微服务。

通常，选择 Serverless 技术的一个主要原因是该技术可以大大降低部署成本。对有数据安全保密需求的行业用户来说，可以采用其进行私有化部署。在 Serverless 众多私有化部署的技术框架中，兼容 Kubernetes 生态的技术框架更受用户欢迎。其中，Knative、Kubeless、OpenFaaS、Open Whisk、Fission 都是接受度很高的技术框架。当然还有少量用户选用自主研发的 Serverless 技术框架。在公有云 Serverless 服务上，我国客户主要选择阿里云和腾讯云，这两种基本各占 30%。在函数计算时，35%的用户采用基于阿里云函数计算构建 Serverless 应用；腾讯云的函数服务主要依托小程序的用户群体，大约有 32%的用户选用腾讯云云函数服务（Serverless Cloud Function，SCF）；另外 AWS Lambda、IBM Functions、百度云函数计算 CFC（Cloud Function Compute）、京东云函数服务也都有各自的用户群体。

国内云原生的龙头企业，诸如阿里云、腾讯云、中移软件、有孚网络、国家电网、浪潮云、世纪互联、中体彩科技、浩鲸科技、联通数科、京东、中国电信、新智云、信华信、中软国际等，在政府相关职能部门的牵头下，都在努力树立业内服务标杆，明确云原生行业发展方向，从而促进产业进一步成熟。

在技术使用领域，目前我国云原生行业有 60%以上的用户已在生产环境中应用容器技术，其中 50%的用户已经使用微服务架构进行应用开发。由于云原生的产业生态体系自身庞杂且发展迅速，因此我国云原生技术的标准建设还需要不断统筹规划。

习　　题

1. 什么是容器？其对比虚拟机有什么优点？
2. 什么是微服务？微服务与容器之间有什么关系？

3．什么是 Serverless？

4．Serverless 适用于什么类型的应用？

5．什么是 Service Mesh？

6．什么是 DevOps？

7．CI/CD 与 DevOps 的区别是什么？

8．什么是 CI/CD?

第 2 章　云原生的技术全景图

云原生的技术全景图（CNCF Landscape）是 CNCF 的一个重要项目。CNCF 年度报告中每年都会提及 CNCF Landscape，该项目的目标是为云原生应用者提供一个资源地图，帮助企业和开发人员快速了解云原生体系的全貌。CNCF Landscape 始于 2016 年 11 月，其受到了广大开发人员和使用者对的关注和重视。CNCF Landscape 通过对云原生技术中的大多数产品及项目进行分类，来追踪整个生态中的应用。CNCF Landscape 最重要的产出之一就是全景图。

在使用开源项目及云原生技术整个实践过程中的每个环节时，云原生用户都需要了解有哪些具体的软件和产品选择，这就是 CNCF Landscape 全景图发挥作用的地方。全景图从云原生的层次结构以及不同的功能组成上向用户展示了云原生体系的全貌，并帮助用户在不同组件层次去选择恰当的软件和工具。CNCF 的云原生全景图如图 2-1 所示。

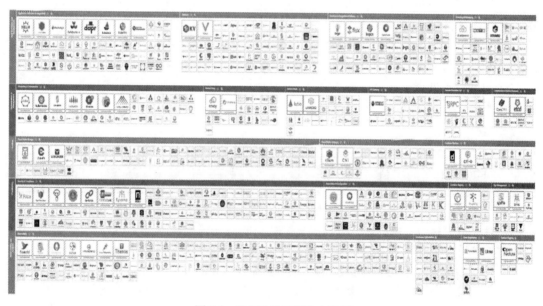

图 2-1　CNCF 的云原生全景图

2.1　云原生技术全景图的层次关系

全景图虽然看着很复杂，但实际上，可按照类别将众多不同的技术分类、归并整理出来全景图层次，如图 2-2 所示。与其他软件技术架构相似，云原生按照技术分类分层，不同类别的技术处在不同的层次。总体来说，处在越底层的技术越基础，越上层的技术越接近应用。本章将从最底层开始，逐层进行讲解。

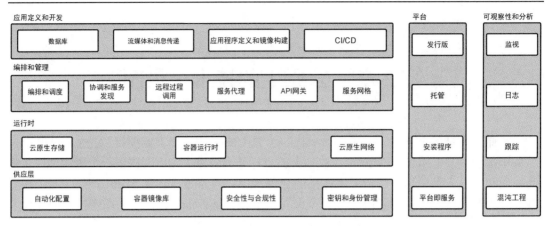

图 2-2　CNCF 的云原生全景图层次

2.2　供应层

　　云原生全景图中从下向上的第一层是供应层（Provisioning），如图 2-3 所示。物理机或虚拟机在运行容器化服务之前，需要给容器准备标准化的基础环境，供应层就提供了准备标准基础环境所涉及的工具。其包含用于创建和强化构建云原生应用的基础工具，例如用于自动创建、管理和配置的基础结构以及扫描、签名和存储容器的镜像。该层还包含了与安全性相关的项目，例如，支持设置和实施策略、将身份验证和授权内置到应用程序和平台及处理机密分发的工具①。供应层还可以进一步划分为四个单元，下面依次展开介绍。

图 2-3　CNCF 的云原生全景图-供应层

2.2.1　自动化与配置

　　自动化与配置（Automation & Configuration）单元的项目与产品是为了帮助工程师在无须人工干预的情况下即可构建计算环境。传统上，IT 流程依赖于冗长且劳动密集型的手动发布，其周期通常在三到六个月。这些周期伴随着大量的人工流程和控制，减少了对生产环境的更改。这些缓慢发布周期和静态环境与云原生开发并不兼容。为了满足快速开发周期，必须动态配置基础架构且无须人工干预。此类别的工具尽管可能采用不同的方法，但它们都旨在减少通过自动化提供资源所需的工作，允许工程师在没有人工干预的情况下构建计算环境。通过编码环境设置，只需单击一个按钮即可重现所需要的计算环境。自动化与配置单元包含的产品有很多，如图 2-4 所示。由于篇幅限制，本章无法一一详细介绍，下面以 Chef Infra 产品为例介绍自动化平台的作用。

---

① Catherine Paganini，An Introduction to the Cloud Native Landscape，The New Stack，July 2020.

图 2-4 CNCF 的云原生全景图-供应层-自动化与配置单元

Chef Infra 是一个强大的自动化平台，其可将基础设施转换为代码。无论是在云中、本地还是混合环境中，无论基础设施规模如何，Chef Infra 都能自动配置、部署和管理整个网络中的基础设施。图 2-5 显示了如何开发、测试和部署 Chef Infra 基础结构代码，其中包含了三个主要的环节。

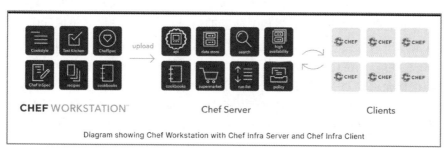

图 2-5 Chef Infra 基础结构转换为代码的流程

1）环节一：使用 Chef Workstation

Chef Workstation 允许客户创作说明书和管理自己的基础架构。Chef Workstation 可在日常使用的计算机上运行，无论操作系统是 Linux、MacOS 还是 Windows。Chef Workstation 自带 Cookstyle、ChefSpec、Chef InSpec 和 Test Kitchen 测试工具。这些测试工具，可以确保 Chef Infra 代码在部署到新的使用环境后与之前（如暂存或生产）的预期一致。

在编写代码时，可以使用资源来描述基础架构。资源对应基础结构的某部分，例如文件、模板或包。每个资源会说明系统的对应部分应该处于什么状态，但不会说明如何到达该状态；Chef Infra 可以处理这个问题，并提供相应的资源给用户；用户还可以利用社区说明书中附带的资源或基于特定的基础架构设定资源。

2）环节二：将代码上传到 Chef 基础设施服务器

在本地工作站上完成代码开发和测试后，需将其上传到 Chef Infra Server。Chef Infra Server 用来充当配置数据的中心。其存储说明书，这些说明书记录着基础架构的系统策略及描述每个系统的元数据。Knife 命令允许用户从工作站与 Chef Infra Server 进行通信。例如，可以使用该命令来上传用户的说明书。

3）环节三：使用 Chef Infra 基础结构客户端配置节点

Chef Infra 的构造使得大部分计算工作发生在节点上，而不是 Chef Infra Server 上。节点代表需要管理的系统（通常是虚拟机、容器实例或物理服务器），包含基础架构中由 Chef Infra 管理的所有计算资源。所有节点上都安装了 Chef Infra Client，其可用于多个操作系统，包括 Linux、MacOS、Windows、AIX 和 Solaris。

Chef Infra Client 会定期联系 Chef Infra Server 以检索是否存在最新的说明书。如果（且仅当）节点的当前状态不符合说明书所说的状态，那么 Chef Infra Client 将执行说明书命令。此迭代过程可确保整个网络收敛到业务策略所设想的状态。

2.2.2 容器镜像库

容器镜像库单元的产品与项目主要用于存储应用程序的可执行文件。在了解容器镜像库（Container Registry）这个概念之前，需要先了解什么是容器镜像。容器镜像（Container Image）包含了一个打包的应用以及该应用的依赖关系。应用启动时运行的进程信息，在创建容器镜像后会形成一种模板。镜像可以被理解为一个独立的只读文件系统，包含了运行容器所需要的信息。通过镜像，可以创建容器的实体。所以，通常，一个容器的工作流程是从制作容器镜像开始的。在容器镜像制作完成后，需要一个位置来保存和访问创建的这些镜像，这正是容器镜像库的作用。镜像会被上传到容器镜像库中。如图 2-6 所示，容器镜像库用来存储容器镜像，并可通过上传（推送）和下载（拉取）过程进行共享。

容器镜像包含执行程序（在容器内）所需的信息，并存储在容器镜像库中，而容器镜像库又在注册表中被分类和分组。构建、运行和管理容器的工具需要访问这些镜像时，通过引用注册表就可以获得访问权限，从而获得访问镜像的路径。

容器镜像库允许容器引擎通过注册表存储和检索镜像。因为许多注册表提供接口，所以允许使用签名工具增强其存储的镜像的安全性。任何使用容器的环境都需要使用一个或多个注册表。容器镜像库单元的产品及项目如图 2-7 所示。下面介绍两个主要的容器镜像模块产品，以说明这一单元相关主要产品的功能和作用。

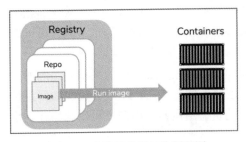

图 2-6　容器镜像库工作原理图

图 2-7　CNCF 的云原生全景图-供应层-容器镜像库单元

2.2.2.1 Docker Hub

Docker Hub 是 Docker 提供的一项托管存储库服务，用于查找容器镜像，并与团队共享容器镜像。它除了包含超过 15,000 个可用来下载和构建容器的镜像，还提供认证、工作组结构、工作流工具（如 Webhooks）、构建触发器及私有工具（如私有仓库，可用于存储并不想公开分享的镜像）。该产品的主要特点包括：

（1）私有存储库：推送和拉取容器镜像。

（2）自动化构建：利用 GitHub 和 Bitbucket 自动构建容器镜像，并推送到 Docker Hub。

（3）团队和组织：管理对私有仓库的访问。

（4）官方镜像：拉取并使用 Docker 提供的高质量容器镜像。

（5）发布者镜像：拉取和使用外部供应商提供的高质量容器镜像。发布者镜像还包括支持和保证与 Docker Enterprise 的兼容性。

（6）Webhooks：在成功推送到存储库并将 Docker Hub 与其他服务集成后触发操作。

2.2.2.2 Harbor

Harbor 是一个开源注册表，通过策略和基于角色的访问控制来保护镜像，确保存储的镜像被扫描且没有漏洞，并将镜像标记为可信。使用 Harbor 可以搭建私有镜像库，确保同一内网的用户均可以使用，又因为是部署在自己的服务器上，因此对于安全性方面更有保障。Harbor 可以安装在任何 Kubernetes 环境或支持 Docker 的系统上。该产品的主要特点包括：

（1）云原生注册表：同时支持容器镜像和 Helm Charts。Harbor 可以充当容器运行时和编排平台等云原生环境的注册表。

（2）基于角色的访问控制：用户通过"项目"访问不同的存储库，并且可以针对项目下的镜像或 Helm 镜像表具有不同的权限。

（3）基于策略的复制：可以使用筛选器（存储库、标记和标签），基于策略在多个注册表实例之间复制（同步）镜像和图表。

（4）漏洞扫描：Harbor 会定期扫描镜像中的漏洞，并具有策略检查功能，以防止部署易受攻击的镜像。

2.2.3 安全性与合规性

默认情况下，容器的运行及编排等相关的访问控制都比较宽松，使其易成为恶意破坏者的攻击目标，给系统带来很大的安全隐患。为确保代码和操作环境的安全性，工程师访问容器需要获得授权。为保障容器运行安全，也需要对其进行扫描，查找已知漏洞，并对其进行签名以确保它们未被篡改。安全性与合规性（Security & Compliance）单元所包含的安全类相关工具和项目可对平台和应用程序加强监控并提高实施安全性。安全性与合规性单元的产品及项目如图 2-8 所示。

图 2-8 CNCF 的云原生全景图-供应层-安全性与合规性单元

这个单元包含的工具和项目种类繁多，涉及安全领域的方方面面。例如，审计与合规性检查、代码扫描、漏洞扫描、镜像签名、策略制定和执行、网络层安全等。下面简要介绍两个主要项目。

2.2.3.1 The Update Framework（TUF）

The Update Framework（TUF）用以协助开发人员维护软件更新系统的安全性，并提供保护措施，防止破坏存储库或签名密钥。TUF 提供了一个灵活的框架和规范，开发人员可以将其应用到任何软件更新系统中。

TUF 的建立者是纽约大学安全系统实验室的 Justin Cappos 教授。TUF 由 Linux 基金会托管，作为云原生计算基金会（CNCF）的一部分，被各种科技公司和开源组织用于生产中。例如，一种名为 Uptane 的 TUF 变体被广泛用于汽车的无线更新系统。

2.2.3.2 Notary

Notary 和 TUF 是这个领域两个主要的项目，前面提到的 TUF 如果理解为是一个开源的安全标准，那么 Notary 就是业界成熟的 TUF 规范实现之一。

2.2.4 密钥和身份管理

云原生环境中涉及很多身份验证和授权的工作，用到了大量的密钥和其他敏感数据。

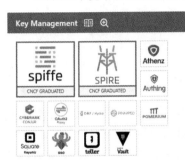

图 2-9 CNCF 的云原生全景图-供应层-密钥和身份管理单元

密钥和身份管理（Key & Identity Management）单元的工具和项目用于安全地存储密码和其他机密信息（敏感数据，如 API 密钥、密钥等）以及从微服务环境中安全删除密码和机密信息等。虽然不同的工具或项目可能采用不同的方法，但是它们都提供了自己的密钥安全分发机制以及身份验证、授权或两方面都相关的服务或规范。密钥和身份管理单元的产品及项目如图 2-9 所示。

这部分项目可以分为两大类：一类主要是关于密钥的生成、存储、管理；另一类是关于单点登录和身份管理的。下面介绍该单元下的两个主要项目。

2.2.4.1 SPIFFE

分布式设计模式和实践（如微服务、容器编排器和云计算）的引入导致生产环境越来越动态和异构，传统的安全实践（如仅允许特定 IP 地址之间的流量传输的网络策略）在这种复杂性下难以扩展，则可以用 SPIFFE 来解决这一问题。

SPIFFE，即普适安全生产身份框架（Secure Production Identity Framework for Everyone），是一套开源标准，用于在动态和异构环境中安全地进行身份识别。采用 SPIFFE 的系统无论在哪里都可以轻松可靠地相互认证。SPIFFE 开源规范的核心是：通过简单 API 定义一个短期的加密身份文件 SVID。然后，工作负载在进行认证时可以使用该身份文件，建立 TLS 连接或签署和验证 JWT 令牌等。SPIFFE 已经在云原生技术中得到了大量的应用，尤其是在 Istio 和 Envoy 中。

2.2.4.2 Vault

现代系统需要访问大量的安全信息，如数据库凭据、外部服务的 API 密钥、SOA 通信的凭据等，如果没有密钥滚动（重新生成密钥的过程）、安全存储和详细的日志审核等方面的工具，可能很难掌握谁在访问哪些机密，Vault 因此应运而生。

Vault 是一个基于身份的强大的密码管理系统。其具有严格控制访问 API、加密密钥、密码和证书等安全方面的工具。Vault 提供由身份验证和授权方法控制的加密服务。使用

Vault 的可视化界面、CLI 或 HTTP API，可以安全地存储和管理对机密和其他敏感数据的访问，且有严格的控制（限制）和审核机制。

　　Vault 主要通过令牌（Tokens）来实现，每个令牌与客户端的策略相关联。每个策略都是基于路径的，策略规则限制客户端对路径的操作和可访问性。使用 Vault 时，可以手动创建令牌并将其分配给客户端，客户端也可以通过登录获取令牌。

2.3　运行时层

　　本节介绍全景图从下至上的第二层——运行时层（Runtime），如图 2-10 所示。与很多 IT 术语一样，运行时没有严格的定义，且根据语境可以有不同的用法。狭义上讲，运行时是指特定机器上准备运行应用程序的沙盒——也就是保障应用程序正常运行所需的最低配置；广义上讲，运行时是运行一个应用程序所需的所有工具。在 CNCF 的云原生全景图中，运行时保障了容器化应用程序组件的运行和通信。这一层包括云原生存储、容器运行时和云原生网络三个单元。下面逐一介绍各个单元及其包含的代表性项目。

图 2-10　CNCF 的云原生全景图-运行时层

2.3.1　云原生存储

　　云原生架构的灵活性特点使得持久数据保存成为一个关键问题。用于存储的磁盘可以协助保证程序重启后数据不会丢失。容器化的应用程序由于存在创建实例、删除实例等操作，可能就会存在物理位置改变的情况，因此，这里用到的存储方式就需要与节点无关。云原生存储（Cloud Native Storage）单元的产品及项目如图 2-11 所示。

图 2-11　CNCF 的云原生全景图-运行时层-云原生存储单元

2.3.1.1　CSI

Kubernetes 原生支持一些持久化存储（Persistent Volume，PV），如 iSCSI、NFS、CephFS 等，其将 in-tree 类型的存储代码放在 Kubernetes 代码仓库中。但是 Kubernetes 代码与第三方存储厂商的代码强耦合，会导致很多问题，如修改成本高、存在安全隐患等问题。CSI 是一类容器存储接口标准，其将第三方存储代码与 Kubernetes 代码解耦，第三方存储厂商只需实现 CSI 接口。CSI 将是未来 Kubernetes 第三方存储插件的标准方案。

2.3.1.2　Ceph

Ceph 是当前非常流行的开源分布式存储系统，具有高扩展性、高性能、高可靠性等优点，其设计思路是利用网络协议将通用服务器和硬盘设备建成一套存储集群，外部访问通过接口进行调用，实现持久数据存储。Ceph 在存储的时候充分利用了存储节点的计算能力，其在存储每个数据时都会通过计算得出该数据的位置，尽量做到分布均衡。Ceph 目前也是 OpenStack 的主流后端存储。

2.3.1.3　Rook

在运行时层中还存在一类产品或者项目，这类产品不直接提供数据存储方案，而是集成了各种存储解决方案，并提供一种自管理、自扩容、自修复的云原生存储服务。Rook 就是这类产品，其简化了 Ceph 在 Kubernetes 集群中的部署和维护工作，是产品级可用的部署和运维 Ceph 的编排工具。基于 Rook+Ceph 的存储方案能为云原生环境提供文件、块及对象存储服务。

2.3.2　容器运行时

容器运行时（Container Runtime）是运行和管理容器进程、镜像的工具。其在容器中启动应用，并根据容器镜像，为应用程序提供所需的资源。

图 2-12　CNCF 的云原生全景图
运行时层-容器运行时单元

容器运行时不仅要以标准化的方式在所有环境中启动应用，还要设置安全边界。另外，其还要为容器设置资源限制，否则应用可能会不断根据需要消耗资源，从而导致占用其他应用的资源。容器运行时单元的产品及项目如图 2-12 所示。

CRI-O 和 Containerd（著名的 Docker 产品的一部分）是标准的容器运行时实现；还有一些工具可以将容器的使用扩展到其他技术，如 Kata，它允许将容器作为 VM 运行；另外一些产品旨在解决与容器相关的特定问题，如 gVisor，它在容器和操作系统之间提供了额外的安全层。下面分别介绍这四个项目。

2.3.2.1　CRI-O

CRI-O 是 Kubernetes CRI（容器运行时接口）的实现，用来支持使用 OCI（Open Container Initiative 开放容器规范）兼容运行时。它是使用 Docker 作为 kubernetes 运行时的轻量级替代方案。它允许 Kubernetes 使用任何符合 OCI 的运行时作为运行 Pod 的容器运行时。

Docker、Kubernetes 等工具运行一个容器时会调用容器运行时，比如 Containerd、CRI-O，其通过容器运行时来完成容器的创建、运行、销毁等实际工作。

2.3.2.2　Containerd

继 Kubernetes、Prometheus、Envoy 和 CoreDNS 后，2019 年 2 月 28 日，Containerd 正式成为 CNCF 项目。Containerd 是从 Docker 项目中分离出来的一个遵循了 OCI 规范的开源容器运行时。

Docker 对容器的管理和操作基本都是通过 Containerd 完成的。Containerd 是一个工业级标准的容器运行时，其可以在宿主机中管理完整的容器生命周期。例如，容器镜像的传输和存储、容器的执行和管理、容器的网络管理等。

2.3.2.3　Kata

Kata-container 通过轻量型虚拟机技术构建了一个安全的容器运行时，其表现像容器一样，但利用硬件虚拟化技术提供强隔离，作为第二层的安全防护。Kata 容器的性能与一般容器的类似，但它结合了容器和虚拟机的优势。Kata Containers 符合 OCI（Open Container Initiative）标准，与 Docker 容器及 Kubernetes 的容器运行时接口（CRI）共享相同的标准。对于 Kata 容器而言，每个 Container/Pod 都是作为一个轻量级 VM 启动的，有自己独有的内核。由于每个 Container/Pod 都通过自己的 VM 运行，因此它们不需要访问主机内核，从而获得 VM 的所有安全方面的优势。这简化了为保护主机内核和容器漏洞所制定的安全策略。

2.3.2.4　gVisor

gVisor 是 Google 发布的安全容器，以非特权用户运行的 gVisor 通过截获应用程序的系统调用，将应用程序和内核完全隔离，为容器提供额外的安全边界。它能够为容器提供安全的隔离措施，同时继续保持远优于虚拟机的轻量化特性。gVisor 能够与 Docker 及 Kubernetes 实现集成，从而在生产环境中更轻松地建立起沙箱化的容器系统。gVisor 的核心为一套运行非特权进程的内核，且支持大多数 Linux 系统调用。该内核使用 Go 语言编写，这主要是考虑到 Go 语言拥有良好的内存管理机制与类型安全性。

2.3.3　云原生网络

在网络方面，业界目前没有一个完美的、普适性的解决方案，因此不同的用户和企业使用不同的网络方案。实现这些方案接口和使用方法之间的适配如果没有统一的标准，那么就会带来很多重复工作，增加开发的难度。云原生网络（Cloud Native Network）单元的项目主要是围绕帮助分布式系统的节点（机器或进程）连接和通信而产生的，其包含的产品及项目如图 2-13 所示。

图 2-13　CNCF 的云原生全景图-运行时层-云原生网络单元

2.3.3.1　CNI

为解决上述困境，Google 和 CoreOS 公司发布了 CNI（Container Network Interface）标准协议。该协议是在 rkt 网络协议的基础上发展起来的，目的是为容器平台提供网络方案的标准化。这个协议考虑到了灵活性、扩展性、IP 分配、多网卡等因素。

该协议涉及两个组件：容器管理系统和网络插件，并通过 JSON 格式的文件进行通信，实现容器的网络功能。CNI 协议本身并不是接口的具体实现，而是一个标准。参照这个标准，不同开发商可以提供不同的实现方案。目前 CNI 官方在 GitHub 上提供了 CNI 同名的代码库，其中包含了许多 CNI 插件。

2.3.3.2 CNM

CNM（Container Networking Model）是云原生技术中的一种标准化的容器网络模型，它主要定义了 Docker 容器和 Docker 守护进程之间的网络交互方式。CNM 旨在简化容器网络的配置和管理，提高容器网络的可伸缩性和可移植性。

CNM 标准将 Docker 容器网络分解为三个主要组件：终端（Endpoints）、网络（Networks）和网络驱动程序（Network Drivers）。终端是容器网络的最终端点，每个终端都有唯一的标识符和 IP 地址。网络是连接终端和网络驱动程序的逻辑实体，每个网络都有唯一的名称和标识符。网络驱动程序负责将容器网络连接到计算机的物理网络。

通过 CNM 标准，容器网络可以更加灵活和可靠。CNM 容器网络的优点包括：

（1）容易配置和管理；

（2）支持多租户；

（3）支持跨主机容器网络通信；

（4）支持多种网络驱动程序，例如本地、覆盖、MACVLAN 等；

（5）支持网络策略和安全性。

总之，CNM 标准提供一种更加标准化和可扩展的方式来管理容器网络，它为容器网络的可移植性和可伸缩性奠定了基础。

CNM 标准与 CNI 协议解决的问题有很多相似之处，但目前 CNM 主要实现 Docker 中的网络功能，相比之下，CNI 协议更具有普适性，适用于任何容器运行时。

2.4 编排和管理层

编排和管理层（Orchestration & Management）是全景图从下向上的第三层，如图 2-14 所示。在处理编排和管理层工具之前，用户通常已经按照安全性和合规性标准（配置层）自动化了基础架构配置，并为应用程序设置了运行时（运行时层）。接下来，只需要编排和管理所有应用程序组件。本层的工具负责组件之间的相互识别、通信和协调，以实现共同目标。依赖于这些工具的自动化和弹性，云原生应用具有了可扩展性。

图 2-14　CNCF 的云原生全景图-编排和管理层

2.4.1 编排和调度

很多人将容器编排器类比为操作系统，通过单机上的操作系统管理其上的所有应用程序，协调 CPU 时间和其他的资源。处于云原生时代的应用程序，如何协调管理分布式运行在各个容器里的组件呢？我们需要一个新型的工具——容器编排工具。云原生架构中的应用程序是由众多分布在不同容器中的小组件或微服务构成的。每个微服务都需要资源管理和问题修复。面对数百个容器，逐一手动执行各个服务是不可行的，因此需要容器编排工具提供自动化的流程。编排和调度单元包含的产品及项目如图 2-15 所示。本节通过介绍 Kubernetes 项目来简单说明编排和调度单元的功能和作用。

图 2-15 CNCF 的云原生全景图-编排和管理层-编排和调度单元

云原生环境下的应用会包含多个容器，这些容器通常情况下会跨越多个服务器主机部署。Kubernetes，简称 K8s，是一个可移植、可扩展的开源平台，用于管理容器化的工作负载和服务。Kubernetes 提供了大规模部署容器的编排与管理能力。Kubernetes 编排使用户能够构建多容器的应用服务，并在集群上调度这些容器，管理它们的健康状态。Kubernetes 也需要与网络、存储、安全、监控等其他服务集成才能提供综合性的容器基础设施。本书第 5 章将对 Kubernetes 进行更加详细的介绍。

2.4.2 协调和服务发现

在分布式环境中，各容器中的应用程序需要通过网络通信进行协调。通信之前，各服务需要被定位。因为云原生体系结构是动态变化的，例如当容器在某一节点上崩溃后，会有新容器在其他节点上替代前一容器，所以需要有特定的工具追踪这些服务，以便于后期使用时，能够及时定位该服务。

服务发现工具能够帮助用户解决上述问题。这类工具通过提供注册和发现中心来查找和标识单个服务。因此该类别工具还可以细分为两种：

（1）服务发现引擎：主要功能是保存服务信息以及这些服务的定位信息。

（2）名称解析工具：接收服务位置请求并返回服务的网络地址信息（如 Core DNS）。

协调和服务发现（Coordination & Service Discovery）单元的产品及项目如图 2-16 所示，etcd 是该单元的代表性产品。

etcd 是 CoreOS 团队于 2013 年 6 月发起的开源项目，其目标是构建一个高可用的分布式键值（Key-Value）数据库，用来可靠而快速地保存关键数据并提供访问。通过分布式锁、leader 选举和写屏障（Write Barriers）来实现可靠的分布式协作。etcd 集群是为高可用、持久性数据存储和检索而准备的。

图 2-16 CNCF 的云原生全景图-编排和管理层-协调和服务发现单元

2.4.3 远程过程调用

云原生架构下，服务可能运行在独立的进程中，而服务之间采用轻量级的通信机制互相沟通。远程过程调用（RPC）采用 CS 的架构方式实现跨进程通信，因此客户使用该协议无须了解底层网络实现。RPC 仅是一个协议，具体实现需要研发厂商来完成。通过 RPC，能够让分布式或者微服务系统中不同服务之间的调用像本地调用一样简单。远程过程调用单元的产品及项目如图 2-17 所示。

图 2-17　CNCF 的云原生全景图-编排和管理层-远程过程调用单元

gRPC 是该单元的代表性产品，由 Google 开发，是一种语言中立、平台中立、开源的远程调用过程。通过 gRPC，客户端应用程序可以直接连接、调用和操作分布式异构应用程序中的方法，从而使用户更轻松地创建分布式应用程序和服务。与许多 RPC 系统一样，gRPC基于定义服务的思想，指定可以使用其参数和返回类型的远程调用方法。在服务器端，服务器实现此接口并运行 gRPC 服务器来处理客户端调用。在客户端有一个存根（在某些语言中称为客户端），它提供与服务器相同的方法。

2.4.4　服务代理

应用程序发送和接收网络流量是需要在受控方式下完成的。传统情况下，启用数据收集和网络流量管理的代码是包含在应用程序中的。为了让开发人员专注于应用程序的业务逻辑，所以将处理流量的通用任务改为由平台完成。服务代理（Service Proxy）即将管控应用程序接收和发送网络流量的任务"外部化"，目的是对服务通信施加更多控制，而不对通信本身添加任何内容。服务代理单元的产品及项目如图 2-18 所示。由于服务代理通过单个公共位置集中管理和分发全局所需的服务功能（如路由或 TLS 终止），因此服务之间的通信能够更加安全、可靠和高效。

图 2-18　CNCF 的云原生全景图-编排和管理层-服务代理单元

服务代理有很多，Envoy 是其中一款由 Lyft 开源的、采用 C++语言实现、面向 ServiceMesh 的高性能网络服务代理。它与应用程序并行，通过与平台无关的方式提供通用功能来抽象网络。当基础架构中的所有服务流量都通过 Envoy 网格时，可以通过一致的可观测性，查看问题区域，优化调整整体性能。

2.4.5　API 网关

应用程序和系统之间互相调用和传输数据是通过 API 调用来完成的。API 的出现解决了在此之前的数据传输和交换并没有标准方式的问题。此前，数据传输和交换大部分是通过数据库、Excel 表格、文本或者是 FTP 的方式完成的，不同的系统和程序可以通过各种不同的方式来实现，这就导致了开发成本高和安全隐患大的问题。API 的出现使开发人员只需要专注其他系统对外暴露的 API 即可，无须关心底层实现和细节。

　　API 网关（API Gateway）是负责 API 生命周期管理的关键基础组件，如图 2-19 所示，其包括 API 的配置、发布、版本回滚、安全、负载均衡等功能。所有终端流量都通过 API 网关，终端的 API 请求通过 API 网关路由到正确的上游服务，服务处理解决后，再将返回的结果通过 API 网关发送到服务的请求方。API 网关肩负着此过程中安全性、可靠性和低延迟性方面的重任。

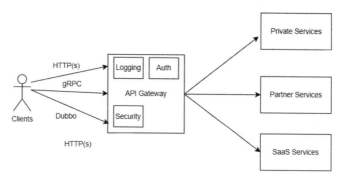

图 2-19　API 网关

　　API 网关最初完成的工作相对简单，包括简单的路由转发、反向代理和负载均衡，另外一些功能则由上游服务实现，例如身份认证、限流限速、日志等。为了更好地实现版本管理和升级维护，更多的通用功能被从上游应用的逻辑代码中分离出来了。API 网关单元的产品及项目如图 2-20 所示。

　　APISIX 是 API 网关单元的产品中较有代表性的，是基于 OpenResty + etcd 实现的云原生、高性能、可扩展的微服务 API 网关，由中国开源，目前已经被引入 Apache 进行孵化。APISIX 通过插件机制，提供动态负载平衡、身份验证、限流限速等功能，并支持用户自己开发插件进行拓展。APISIX 的主要特点包括：

图 2-20　CNCF 的云原生全景图-编排和管理层-API 网关单元

　　（1）动态负载均衡：跨多个上游服务的动态负载均衡，目前已支持 round-robin 轮询和一致性哈希算法。

　　（2）身份验证：支持 key-auth、JWT、basic-auth、wolf-rbac 等多种认证方式。

　　（3）限流限速：可以基于速率、请求数、并发等维度进行限制。

　　APISIX 还支持 A/B 测试、金丝雀发布（灰度发布）、蓝绿部署、监控报警、服务可观测性、服务治理等高级功能，这些是作为微服务 API 网关非常重要的特性。

2.4.6　服务网格

　　正如我们在第 1 章中介绍的，服务网格（Service Mesh）可以为每个微服务提供与网络相关的通用功能，如配置、路由、遥测、记录、断路等，为服务之间均匀地增加了可靠性、可观察性和安全性，且无须触及应用程序代码。它们与任何编程语言都能兼容，这使开发团队可以专注于编写业务逻辑。服务网格单元的产品和项目如图 2-21 所示。

图 2-21　CNCF 的云原生全景图-编排和管理层-服务网格单元

其中，Istio 是一个包含了作为服务网格的整套解决方案的开源平台，提供了安全、连接和监控微服务的统一方法。Istio 得到了 IBM、Google 和 Lyft 等行业领军者的支持，是目前最流行、最完善的解决方案之一，其高级特性适用于各种规模的企业。

Linkerd 是 Buoyant 为 Kubernetes 设计的开源、超轻量级的服务网格。通过对 Rust 完全重写以使其超轻量级和高性能，它提供运行时调试、可观察性、可靠性和安全性，且无须在分布式应用中更改代码。

2.5　应用程序定义和开发层

应用程序定义和开发层（Application Definition & Development）是云原生全景图从下向上的第四层，如图 2-22 所示。应用程序定义和开发层包含的产品及项目主要是使工程师能够构建应用程序并运行的工具。这一层主要包含四个单元：数据库（Database），该单元包含的产品主要用于协助应用程序有组织地收集数据；流媒体和消息传递（Streaming & Messaging），该单元包含用于对消息进行排队和处理的工具，以协助应用程序发送和接收消息（事件和流）；应用程序定义与镜像构建（Application Definition &Image Build），该单元用于配置、维护容器运行及镜像构建；持续集成和持续交付（CI/CD），该单元的产品使开发人员能够自动测试代码、自动打包，还可以将应用自动部署到生产环境中。下面分别介绍以上四个单元。

图 2-22　CNCF 的云原生全景图-应用程序定义和开发层

2.5.1　数据库

数据库作为存储和检索数据的工具，为人们所熟知。随着云原生技术的兴起和普及，出现了新一代可以应用于容器的数据库。这些新型的云原生数据库，继承了云原生的扩展性和可用性优势。本单元包含的产品和项目很多，如图 2-23 所示。本节选择性地介绍两个，以说明这一类型的产品的功能和作用。

图 2-23　CNCF 的云原生全景图应用定义和开发层-数据库单元

2.5.1.1　YugaByte

YugaByte 是一种高性能分布式事务性的数据库，可以在分布式环境中运行多个节点，支持多数据中心部署。YugaByte 是基于 Google Spanner、Apache HBase 和 Apache Cassandra 等开源技术进行开发的，兼容 PostgreSQL 和 SQL 语言，为用户提供了一个高可用、高可扩展、分布式事务性的解决方案。

YugaByte 具有以下特点：

（1）分布式事务：YugaByte 使用分布式事务（ACID）保证了数据的一致性和可靠性。

（2）高性能：YugaByte 通过使用分布式复制和分片技术实现了高性能和高吞吐量。

（3）全局数据一致性：YugaByte 支持跨多个数据中心，以维护全局数据的一致性。

（4）高可用性：通过数据复制和自动故障转移，YugaByte 提供了高可用的数据库解决方案。

（5）多数据模型：YugaByte 支持多种数据模型（关系型、文档型、键值对型）和 SQL 语言，以满足不同类型的应用需求。

作为云原生数据库，它可以轻松地部署在公有云、私有云及 Kubernetes 环境中。

YugaByte 作为一个事务数据库，满足了云原生应用程序的四个必备需求，即 SQL 作为灵活的查询语言、低延迟性能、持续可用性和全球分布式可扩展性。

总的来说，YugaByte 是一种强大、高可用、高可扩展的分布式数据库，能够处理大规模数据应用，实现了对分布式事务、全局数据一致性、自动故障转移和多个数据模型的支持。

2.5.1.2　Vitess

Vitess 是 2019 年 11 月进入 CNCF 的项目，始建于 2010 年。Vitess 是一个开源分布式数据库系统，旨在解决大型互联网公司在数据库方面的扩展性问题。它最初是由 YouTube 开发的，后来成为了 CNCF 的一部分。

Vitess 是一个能够在多个 MySQL 实例之间进行分片和复制的分布式系统，提供了水平扩展和故障转移等关键功能。它还提供了一种抽象层，使得应用程序可以继续访问 MySQL 实例，而不必了解底层基础设施变化。此外，Vitess 也提供了一些高级功能，例如查询重写和垂直切分，以便更好地管理和优化数据。

Vitess 的一些关键特点包括：

（1）分片：Vitess 允许管理员将数据分片为更小的数据集，以便更好地管理跨多个存储节点的数据。

（2）可扩展性：通过增加节点来扩大系统容量，Vitess 可以相对轻松地进行水平扩展。

（3）高可用性：通过配置多个副本和自动故障转移，Vitess 可以提供高可用性和可靠性。

（4）负载均衡：Vitess 通过平衡查询负载来提高性能，以便在多个节点上分配任务并避免瓶颈。

（5）管理工具：Vitess 提供了一些管理工具，包括监控、自动垃圾回收、部署管理及从非分片到分片数据的转换等，从而使运维更加简单和可靠。

总的来说，Vitess 是一种专门用于分布式 MySQL 实例的数据库系统，可以让大型互联网公司更好地管理和扩展它们的 MySQL 实例。它提供了许多功能，可以帮助运维人员更轻松地管理和优化数据库系统，从而最大限度地提高性能、可用性和可靠性。

2.5.2　流媒体和消息传递

早在云原生技术成为事实标准之前，消息传递和流媒体传输工具就已经很常见了。全景图中流媒体和消息传递单元包含的产品及项目如图 2-24 所示。下面将介绍云原生上下文中的消息传递和流传输时常见的几种消息队列工具。

2.5.2.1　CloudEvents

对事件缺少统一性的描述是服务使用方和提供方进行沟通的阻力之一。不一致的供需双方沟通字段的定义、属性的设计以及后期对属性的增加和修改都增加了时间和人力成本。这些在使用云原生架构的时候，更要花费大量的时间，因此需要新的统一的事件定义和描述规范，以提高跨服务、跨平台的交互能力。统一使用 CloudEvents 规范就可以避免上述问题。

图 2-24　CNCF 的云原生全景图-应用定义和开发层-流媒体和消息传递单元

CloudEvents 是一个开放的规范，用于描述云原生应用程序之间的事件并在应用程序和服务之间传递这些事件。它的目标是创建一个可移植的事件规范，使其可以被任何云平台、服务和应用程序使用。

CloudEvents 规范定义了一种通用的事件格式，包括事件类型、数据格式、数据内容及事件发生的时间和位置等元数据。这些元数据使得事件可以轻松地路由到特定的操作，同时确保事件被正确解释并且使事件处理程序之间的通信更加安全和可靠。

CloudEvents 规范的优点包括：

（1）可移植性：CloudEvents 规范是云原生技术的核心部分，可以被多个云平台、服务和应用程序使用。

（2）灵活性：CloudEvents 规范可以适应不同的应用程序和服务之间的差异，因为它允许定义自定义的事件类型和数据格式。

（3）可观察性：由于 CloudEvents 规范定义了事件发生的位置和时间等元数据，因此可以轻松地追踪和监视事件。

（4）安全性：CloudEvents 规范使用标准的加密和签名方法，以确保事件在处理程序之间传递时是安全的。

总之，CloudEvents 是云原生技术领域的一个重要规范，它能够有效地描述云原生应用程序之间的事件，并提供一种通用的、可移植的格式来传递这些事件。作为一种开放的规范，它可以被不同的云平台、服务和应用程序使用，并提供灵活、可观察和安全的事件传递方式。

2.5.2.2　Nats

Nats 是一个开源的云原生消息系统，基于 EventMachine 开发，其原理基于消息发布订阅机制。部署 Nats 的每台服务器上的每个模块都会根据自己的消息类别向 MessageBus 发布多个消息主题，同时也向自己需要交互的模块按照需要的主题订阅消息。其能够达到每秒传递 8~11 百万个消息，同时整个程序很小，生成的镜像只有 3MB，但它不支持持久化消息，如果用户离线，就不能获得消息。使用 Nats streaming 则可以进行数据的持久化，并可对消息进行缓存。

2.5.3　应用程序定义与镜像构建

应用程序定义与镜像构建单元的工具主要包含两类：一类是为业务开发服务的，可以协助开发人员正确编写、打包、测试或运行自定义应用程序；另一类是为运维服务的，可以帮助运维人员部署和管理应用程序。应用程序和镜像构建单元包含的产品及项目如图 2-25 所示。本节选取两个产品加以介绍。

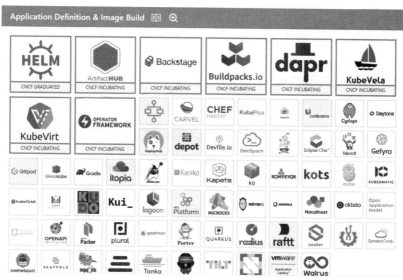

图 2-25　CNCF 的云原生全景图-应用定义和开发层-应用程序定义与镜像构建单元

2.5.3.1　HELM

包管理器又称软件包管理系统，它是计算机中自动安装、配置、卸载和升级软件包的工具集合，在各种系统软件和应用软件的安装管理中均被广泛应用。通过包管理工具安装 Kubernetes 是快速搭建开发环境的重要途径。如果 Kubernetes 是一个操作系统，那么 HELM 就是包管理器。

HELM 将打包的应用程序部署到 Kubernetes 上并将它们构建成图表（Helm Chart）。这些图表包含应用程序的所有版本及其预配置的资源。HELM 使用简单的 CLI 命令进行操作，以简化在 Kubernetes 上进行安装、升级、获取依赖项和配置部署的过程。HELM 通过将信息打包到图表并将其通告给 Kubernetes 集群，自动维护 Kubernetes 对象的 YAML 清单。HELM 通过跟踪每个图表安装和更改的版本历史记录，使得回滚到以前的版本或升级到较新版本通过易于理解的命令就可完成。

HELM 于 2015 年由 Deis 创建，后来被微软收购。现在被称为 Helm Classic 的产品是在 2015 年 11 月的首届 KubeCon 上推出的。2016 年 1 月，Helm Classic 与 Google 的 Kubernetes 部署管理器被合并到现在的 HELM 项目中。

2.5.3.2　Buildpacks

Buildpacks 也是一个原生打包工具，其目标是实现统一的应用打包生态系统。Buildpacks 负责将部署的代码转换为 slug（一个独立的、只读的程序实例），然后在 dyno 上执行。Buildpacks 由一组脚本组成，根据编程语言的不同，这组脚本将检索依赖项并输出生成的 assets 或编译的代码等。此输出由 slug 编译器进行组装并生成一个 slug。

Buildpacks 项目是在 2011 年由 Heroku 发起的，被以 Cloud Foundry 为代表的 PaaS 平台广泛采用。

2.5.4　持续集成和持续交付

持续集成和持续交付（Continuous Integration & Delivery，CI/CD）工具能够协助开发人员自动测试代码、自动打包、自动部署到生产环境，保证开发工作高质量、快速、高效地进行。

持续集成（CI）通过立即构建和测试代码来确保代码能够产生可部署的应用程序，从而自动执行代码更新。持续交付（CD）则向前迈出了一步，推动应用程序进入部署阶段。本单元包含的产品和项目如图 2-26 所示。下面通过 Argo 项目来简单说明该单元的功能和作用。

图 2-26　CNCF 的云原生全景图-应用定义和开发层-持续集成和持续交付单元

作为 CNCF 的项目，Argo 是一组 Kubernetes 原生工具，用于在 Kubernetes 上运行管理作业和应用程序。Argo 提供了一种简单的方法来整合三种计算模式（服务、工作流和基于事件的计算）。Argo 包括了四个子项目，分别是：

（1）Argo Workflow：适用于 Kubernetes 的容器原生工作流引擎，支持 DAG（Directed Acyclic Graph，有向无环图）和基于步骤的工作流。

（2）Argo Events：Kubernetes 的基于事件的依赖管理器。

（3）Argo CD：支持任何 Kubernetes 资源的基于 GitOps 的声明式部署，包括跨多个 Kubernetes 集群的 Argo 事件、服务和部署。

（4）Argo Rollouts：支持声明式、渐进式交付策略，如金丝雀、蓝绿和更通用的实验形式；定义工作流，工作流中的每个步骤都是一个容器。

所有 Argo 工具都通过控制器和自定义资源实现。它们使用或集成其他 CNCF 项目，如 gRPC，Prometheus，NATS，Helm 和 CloudEvents。

2.6　可观察性和分析

为了确保服务的正常运行，运维人员需要时刻了解系统及服务的运行状态，并通过对各项指标诸如 CPU 时间、内存、磁盘空间、延迟、错误的分析，尽快检测和纠正异常情况。可观察性和分析（Observability & Analysis）工具运行在所有层，因此这部分工具纵向出现在全景图中，如图 2-27 所示。

2.6.1　监视

在应用程序运行过程中，监视（Monitoring）工具或者项目可以通过观察单个节点上的磁盘空间、CPU 使用率、内存消耗、执行的事务等来判断系统或应用程序是否正确，并及时做出响应。运维人员还可以根据需要，让监视工具完成特定的任务，如授权用户访问等。

图 2-27　CNCF 的云原生全景图-可观察性和分析

在云原生环境下的监控，类似于传统应用程序监控，主要区别在于云原生环境下某些被监控对象生命周期是短暂的。监视单元如图 2-28 所示。

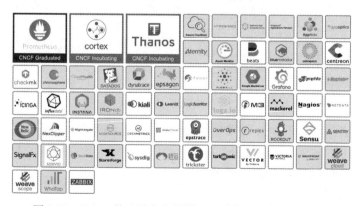

图 2-28　CNCF 的云原生全景图-可观察性和分析-监视单元

Prometheus 是一款开源的监控系统和时序数据库，它特别适用于云原生技术堆栈中的监控和告警。它由 SoundCloud 开发，于 2012 年发布，并于 2016 年加入 CNCF，成为继 Kubernetes 后的第二个托管项目。Prometheus 采用一个基于 HTTP 的多维度数据模型，可以用来存储来自大量数据源的时间序列数据，并支持灵活的查询语言和图形化查询界面。

在云原生技术中，Prometheus 可用于监控和分析各种不同类型的应用程序，包括容器化应用、微服务架构和分布式系统。它使用服务发现机制和标准 API 来自动发现和监控新的应用程序实例，并管理监控终端。

Prometheus 的主要特点包括：

（1）多维度数据模型：Prometheus 提供基于标签的多维时间序列数据模型，使用户可以方便地利用标签进行数据聚合和查询。

（2）灵活的查询语言：Prometheus 提供 PromQL 查询语言，能够灵活地处理各种监控指标。

（3）支持多种展示方式：Prometheus 可通过内置的简单 Web UI、Grafana 等工具展示监控数据。

（4）可扩展性：Prometheus 具有高度的可扩展性。它使用一种中央服务器进行数据采集，并支持分布式数据存储，这使得它适用于监控大规模的分布式系统。

（5）支持告警：Prometheus 可以根据定义的规则生成告警，并将其发送到邮件、Slack 等。

总之，Prometheus 在云原生技术堆栈中是一款非常强大和流行的监控系统和时序数据库。它支持多维度的数据模型，提供灵活的查询语言和多种展示方式，具有高可扩展性并支持告警。因此，它是云原生技术堆栈中一个非常重要的组件。

2.6.2　日志

在计算机中，日志（Logging）文件是记录操作系统或应用程序运行中发生的事件的文件。当前各种软件平台基本都会包含收集、存储和分析日志的功能。这些日志消息可以用以跟踪错误、发现问题。

在云原生模式下，处理日志的方式发生了重大变化。由于多个服务实例被部署在不同的物理机或虚拟机上，因此日志文件也被分散储存在不同的物理机或虚拟机上，这时候就需要在云原生环境下记录日志的工具。

日志单元的主要产品及项目如图 2-29 所示。本节以 Fluentd 为例介绍日志工具。

图 2-29　CNCF 的云原生全景图-可观察性和分析-日志单元

Fluentd 是一个通用的日志收集和分发系统，支持多种数据源和数据输出方式。Fluentd 的设计目标是高可扩展性、高性能和多功能，可以支持每天数百 GB 的数据处理和流式传输。Fluentd 是一个开源项目，拥有一个很活跃的社区。

Fluentd 的主要特点如下：

（1）多功能：Fluentd 支持多种数据源和数据输出方式，可以采集来自服务器、容器、应用程序和工具等多种来源的日志数据，并将其传输到多种目标存储环境，包括 Hadoop、AWS S3、Elasticsearch、Kafka 等。

（2）高可扩展性：Fluentd 的设计目标是高可扩展性，可以通过添加多个 Fluentd 实例来实现水平扩展，同时支持大容量并行处理。

（3）高性能：Fluentd 通过 C 语言实现，采用事件驱动的编程模型，因此具有高性能。

（4）支持多种数据格式：Fluentd 支持多种数据格式，包括文本、JSON、XML 等，因此可以实现数据的实时聚合、清洗、解析和转换。

（5）多种数据过滤和转换功能：Fluentd 提供多种数据过滤和转换功能，可以对数据进行过滤、解析、聚合和转换等操作，满足不同场景下的用户需求。

（6）开源：Fluentd 是一个开源项目，拥有一个很活跃的社区，因此可以很方便地进行定制和扩展。

Fluentd 由 Sadayuki 于 2011 年构建，2016 年 11 月 8 日被 CNCF 录取，并于 2019 年达到毕业项目的成熟度级别。

2.6.3　跟踪

云原生软件开发依赖于微服务，服务之间又通过网络相互通信。因此，要想掌握单个服务的操作对整个应用程序的影响，需要通过跟踪（Tracing）来完成。分布式跟踪是一种在微服务的复杂交互中查看和理解整个事件链的方法。当用户在应用中发出请求时，许多单独的服务会进行响应，并生成结果。应用中单个功能的实现可能需要调用数十个相互交互的不同服务，开发人员和工程师如何在出现问题或请求运行缓慢时隔离问题？这就需要一种方法来跟踪所有链接，这也是分布式跟踪的用武之地。跟踪通常作为服务网格的一部分来运行，是一种管理和观察微服务的方法。跟踪单元如图 2-30 所示。本节将介绍该单元的两个产品，以说明其功能和特点。

图 2-30　CNCF 的云原生全景图-可观察性和分析层-跟踪单元

2.6.3.1　Jaeger

Jaeger 是一个开源的分布式跟踪系统，用于监测和解决微服务架构中的瓶颈和故障，由 Uber 公司于 2015 年开发为开源项目，2017 年被接受为 CNCF 的孵化项目，并于 2019 年晋升为毕业状态。

Jaeger 具有以下特点：

（1）高度可扩展性：Jaeger 可以轻松地扩展到数万个服务实例，同时支持多种存储后端，如 Cassandra、ElasticSearch 等。

（2）高度灵活性：Jaeger 支持自定义采样策略、Span 格式、Span 标签等，方便用户根据自己的需要进行适配。

（3）规范统一：Jaeger 采用了 OpenTracing 规范，可以与其他遵循该规范的跟踪系统进行集成。

（4）支持多种语言：Jaeger 支持多种语言，包括 Java、Go、Python 等。

（5）优秀的 UI 界面：Jaeger 提供了一个漂亮、易用、交互性强的 UI 界面，方便用户查看、分析、跟踪。

总之，Jaeger 是一个非常优秀的日志系统，可以帮助用户快速定位和解决微服务架构中的瓶颈和故障。

2.6.3.2　Open Tracing

Open Tracing 是一种跨语言、跨框架的分布式追踪标准，它提供了一种机制来记录和描述分布式系统中的工作负载。和 Jaeger 类似，OpenTracing 项目也是由 Uber 公司的团队发起的，因此它们彼此兼容。这两个项目都旨在解决基于微服务的架构中存在的分布式跟踪的问题。

Open Tracing 项目旨在为检测提供一种标准机制，该机制不会将任何库或包绑定到任何特定供应商。Jaeger 和 Open Tracing 的主要区别在于 Jaeger 是一个端到端的分布式跟踪工具，而 OpenTracing 是一个旨在标准化代码检测过程以生成和管理遥测数据的项目。

Open Tracing 的主要特点包括：

（1）分布式追踪：Open Tracing 提供了一种机制来记录和描述分布式系统中的工作负载，方便进行系统调优和故障排查。

（2）跨语言、跨框架：Open Tracing API 可以由 Java、Go、Python 等多种编程语言和框架实现，实现了不同语言和框架之间的兼容性。

（3）开放标准：Open Tracing 遵循开放标准，不绑定任何特定的追踪系统，使不同的追踪系统可以相互兼容，从而实现一致的跟踪标准，提升系统的可观察性和可维护性。

（4）易于使用：Open Tracing 提供了易于使用的 API 和 SDK，可以快速接入并查看应用程序的追踪数据，从而进行调优和故障排查。

（5）可扩展性：Open Tracing 定义了轻量级的数据模型和接口，方便用户在不同的追踪系统之间进行数据传递和扩展。

（6）平台无关性：Open Tracing 不依赖于特定的部署平台，可以在云环境、容器环境、虚拟机环境等多种场景中使用。

2.6.4　混沌工程

混沌工程（Chaos Engineering）是指模拟开发、测试和生产环境中可能发生的各种异常，从而发现系统中的潜在问题。混沌工程工具提供了一种通过受控方式来引入故障的方法，使开发人员能够在生产环境中的软件系统上进行试验，并通过引入随机和不可预知行为的受控实验来识别系统的弱点。混沌工程单元如图 2-31 所示。本节将介绍该单元的两个产品，以说明其功能和特点。

图 2-31　CNCF 的云原生全景图-可观察性和分析层-混沌工程单元

2.6.4.1　Chaos Mesh

Chaos Mesh 是一种开源的混沌工程工具，可以用于在分布式系统中模拟真实的故障场景，以测试和优化系统的可靠性建模。Chaos Mesh 支持多种类型的故障模拟，如网络分区、进程挂起、容器故障、磁盘失效等。用户可以通过配置 Chaos Mesh 来模拟不同类型的故障并观察系统的响应情况，从而更好地了解系统的稳定性和性能。

Chaos Mesh 可以与 Kubernetes、Docker、云原生等技术框架配合使用。它是由 PingCAP 创建的开源产品，支持多平台和多语言，被广泛应用于生产环境和测试场景。通过 Chaos Mesh，用户可以在 Web UI 上轻松设计混沌方案并监视混沌实验的状态。

Chaos Mesh 主要包含三个组件：混沌仪表板（Chaos Dashboard）、混沌控制器管理器（Chaos Controller Manager）和混沌守护进程（Chaos Daemon）。

Chaos Mesh 的主要特点包括：

（1）灵活性：Chaos Mesh 提供了多种故障模拟方式和丰富的配置选项，用户可以根据自己的需求进行灵活的设置。

（2）可观测性：Chaos Mesh 提供了详细的日志记录和指标监控功能，用户可以随时查看系统的运行情况和故障模拟效果。

（3）安全性：Chaos Mesh 的所有操作都经过认证和授权，保证了系统的安全性和稳定性。

（4）兼容性：Chaos Mesh 支持多种技术框架和操作系统平台，可以与不同的应用程序和系统环境集成使用。

（5）开源：Chaos Mesh 是完全开源的，用户可以自由地使用、修改和分发，促进了人才、技术和开源社区的合作和发展。

2.6.4.2　Litmus Chaos

Litmus Chaos 和 Chaos Mesh 的功能和应用场景类似，也是一种用于混沌工程的开源工具，旨在帮助开发和运维团队测试和验证系统和应用程序在异常场景下的响应能力。它可以通过在运行时注入故障来模拟真实环境下的事件，并通过集成在 CI/CD 管道中的测试报告来提供反馈，以帮助团队构建更强健和可靠的系统。

Litmus Chaos 的主要特点包括：

（1）支持多种云原生环境：Litmus Chaos 支持多种云原生环境，包括 Kubernetes、OpenShift、Anthos 和 EKS 等。

（2）支持多种混沌实验：Litmus Chaos 支持多种混沌实验，如节点故障、网络故障、应用故障等。

（3）可与 CI/CD 管道集成：Litmus Chaos 可以与 CI/CD 管道集成，并可以结合其他 CD 工具进行验证，以确保应用程序和系统在不同环境和场景下的稳定性和可靠性。

总之，Litmus Chaos 是一种非常有用的混沌工程工具，可以帮助开发和运维团队构建更健壮和可靠的系统和应用程序。

2.7　平台

前面的章节介绍了 CNCF 云原生全景图的横向层级：供应层、运行时层、编排和管理层及应用程序定义和开发层。本节介绍平台（Platform），如图 2-32 所示。前面各层的每个单元都是针对某一类特定问题的工具集合，最终需要由平台来整合以便解决问题。Kubernetes 作为云原生技术栈的核心，所有的平台都是围绕它进行演化的。

图 2-32　CNCF 的云原生全景图-平台

2.7.1 发行版

随着 Kubernetes 的普及，其使用变得越来越容易，但是查找和使用开源安装程序可能会面临挑战。用户需要了解使用哪个版本，在何处获取以及特定组件是否能兼容。此外，还需要决定在集群上部署什么软件，要进行哪些设置来确保平台的安全性、稳定性和高性能。所有这些问题都需要丰富的 Kubernetes 专业知识来解决，但这些知识可能并不容易获得。

发行版（Distribution）是指供应商将开源的 Kubernetes 打包以进行重新发行。通常这个过程需要查找和验证 Kubernetes 软件，并提供集群安装和升级的机制。许多 Kubernetes 发行版都包含其他闭源或开源的应用程序。

Kubernetes 发行版提供了一种安装 Kubernetes 的可靠方式，并提供了合理的默认值以创建更好、更安全的操作环境。同时，Kubernetes 发行版为供应商和项目提供了所需的掌控度和可预测性，以支持客户部署、维护和升级 Kubernetes 集群。这种可预测性使发行版提供商在客户遇到生产问题时可为其提供支持。发行版常常提供经过测试和受支持的升级路径，以使用户的 Kubernetes 集群保持最新版本。此外，发行版通常还提供可在 Kubernetes 上部署的软件，使其更易于使用。该单元包含的产品及项目如图 2-33 所示。

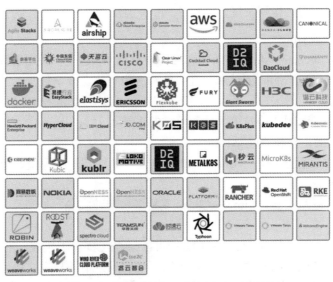

图 2-33　CNCF 的云原生全景图-平台-发行版单元

大多数发行版都会捆绑一些经过测试的扩展或附件，以确保用户可以尽快使用新集群。以 Kublr 为例，其以 Kubernetes 为核心，主要捆绑了来自供应层、运行时层、编排和管理层的工具。其所有模块都预先配置了一些选项以保证开箱即用。不同的平台聚焦不同的功能，就 Kublr 而言，其聚焦的重点是在运维方面，而其他平台则可能聚焦在开发工具上。

2.7.2 托管

托管（Hosted）是由 Amazon Web Services（AWS）、DigitalOcean、Azure 和 Google 等基础设施提供商（云厂商）联合提供的服务，允许客户按需启动 Kubernetes 集群。云厂商负责管理 Kubernetes 集群的一部分，通常称为控制平面。Kubernetes 托管服务与发行版相似，但由云厂商在其基础架构上进行管理。

由于 Kubernetes 托管服务提供商负责管理所有细节，因此使用托管的 Kubernetes 是开始云原生之路的最简单方法。托管单元允许用户启动 Kubernetes 集群并立即开始工作，同时对集群可用性承担一些责任。该单元包含的产品及项目如图 2-34 所示。

图 2-34 CNCF 的云原生全景图-平台-托管单元

2.7.3 安装程序

安装程序（Installer）单元的产品及项目如图 2-35 所示。这些产品可帮助用户在机器上安装 Kubernetes，自动化 Kubernetes 的安装和配置过程，甚至可以帮助用户升级。安装程序通常与发行版或托管产品结合使用，其简化了 Kubernetes 的安装过程。与发行版一样，安装程序为源代码和版本提供经过审核的源，并自带 Kubernetes 环境配置参数。

图 2-35 CNCF 的云原生全景图-平台-安装程序单元

kubeadm 是 Kubernetes 生态系统中至关重要的工具，可用于启动和运行 Kubernetes 集群，是 CKA（Kubernetes 管理员认证）测试的一部分。它和 Minikube、kind、kops、kubespray 等都是 CNCF 中的 Kubernetes 安装工具。

2.7.4 平台即服务

平台即服务（PaaS）是一种环境，允许用户运行应用程序而不必了解底层计算资源。PaaS 和容器服务是一种机制，可为开发人员托管他们可以使用的服务。PaaS 为组合运行应用程序所需的开源和闭源工具提供了选择。许多 PaaS 产品包含处理 PaaS 安装和升级的工具以及将应用程序代码转换为正在运行的应用程序的机制。此外，PaaS 可以处理应用程序实例的运行时需求，包括按需扩展单个组件、可视化单个应用程序的性能和日志消息。该单元包含的产品及项目如图 2-36 所示。

与构建自定义应用程序平台相比，PaaS 可快速让组织实现价值。Heroku 或 Cloud Foundry Application Runtime 之类的工具可帮助组织快速启动并运行新的应用程序，并提供运行云原生应用程序所需的工具。任何 PaaS 都有自身的限制。大多数 PaaS 只支持一种语

图 2-36　CNCF 的云原生全景图-平台-平台即服务单元

言或一部分应用程序类型，其自带的一些工具选项也并不符合用户的需求。无状态应用程序通常在 PaaS 中表现出色，而数据库等有状态应用程序通常不太适合 PaaS。目前 PaaS 领域没有 CNCF 项目。

2.8　中国云原生技术全景

企业数字化转型进程的加快，"新基建"万亿级的投资，带给云原生产业前所未有的发展机遇，使云原生进入快速发展期。然而，当前中国的部分用户对云原生的概念、内涵的认知尚不够深入。信通院基于对云原生的深入分析和全面调研，结合国内云原生产业发展现状和趋势，牵头包括 BoCloud 博云在内的多家云计算技术厂商编写了《云原生发展白皮书（2020 年）》（以下简称"白皮书"），并在 2020 年可信云大会上进行了正式发布与解读。白皮书对中国的云原生产业规模、产业生态及生态伙伴、核心开源项目等内容进行了详细介绍。结合中国市场上的云原生应用实践，白皮书从产业、技术、应用价值三大角度重新解读了云原生，明确了云原生是面向云应用设计的一种思想理念，是能够充分发挥云效能的最佳实践路径，能够帮助企业构建弹性可靠、松耦合、易管理可观测的应用系统、提升交付效率、降低运维复杂度，其代表技术包括不可变基础设施、服务网格、声明式 API 及 Serverless 等。白皮书还提出了国内首个云原生技术生态图景，如图 2-37 所示。与前面介绍的云原生全景图相似，中国云原生技术生态图景着重对国内云原生技术进行详细梳理，从云原生底层技术、云原生应用编排及管理、云原生应用、云原生安全技术、云原生监测分析共五大类、20 个细化分类的角度，详细展示国内云原生技术生态的全景视图，为用户掌握国内云原生技术生态全貌提供了重要参考。

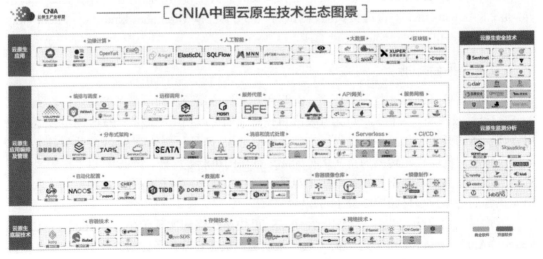

图 2-37　中国云原生技术生态图景

2.9　小结

本章详细介绍了 CNCF 的云原生全景图的层级及每层中细分出来的不同单元。每个单元包含针对相同或相似问题的可选择的工具以及这些工具在实现和设计方法上的区别。没有完美的技术能够符合用户的所有需求，大多数情况下，用户需要根据技术水平和架构进行选择与取舍。

在选择技术时，用户必须仔细考虑每种工具的能力和需要权衡取舍的地方，以确定最合适的选项。例如，根据自身的实际情况，选择应用程序所需的最适合的数据存储、基础设施管理、消息系统等。合理的选择将为云原生技术提供更强大的灵活性。

习　　题

1. 云原生全景图的作用是什么？
2. 供应层在全景图中所处的位置以及该层工具的主要作用是什么？
3. 运行时层在全景图中所处的位置以及该层工具的主要作用是什么？
4. 编排和管理层在全景图中所处的位置以及该层工具的主要作用是什么？
5. Kubernetes 是哪一层的产品？
6. 应用程序定义和开发层在全景图中所处的位置以及该层工具的主要作用是什么？
7. 可观察性和分析的作用是什么？
8. 平台的作用是什么？

第3章　云原生架构

3.1　云原生架构定义

从技术角度出发，云原生架构是基于云原生技术的一组架构原则和设计模式的集合，旨在将云应用中的非业务代码部分进行最大化的剥离，从而让云设施接管应用中原有的大量非功能特性（如弹性、韧性、安全、可观测性、灰度等）需求，使业务不再有非功能性困扰的同时，具备轻量、敏捷、高度自动化的特点。

CNCF 给出了云原生应用的三大特征：

（1）容器化封装：以容器为基础，提高整体开发水平，对代码和组件进行重用，简化云原生应用程序的维护流程。同时，在容器中运行应用程序和进程，将其作为应用程序部署的独立单元，实现高水平资源隔离。

（2）动态管理：通过集中式的编排调度系统实现动态的管理和调度。

（3）面向微服务：应用程序被分解为较小的服务单元，每个服务单元都可以被开发、便于扩展和部署。这种模块化的方法使得应用程序更加灵活和易于维护，而且明确了服务间的依赖，便于互相解耦。

3.2　架构模式演进

随着互联网的快速发展，软件系统所提供的业务也在飞速发展，进而导致软件系统架构模式不断演进，以满足持续升级的业务能力要求。总体来讲，系统架构模式大致经历了以下五个阶段的演进：单体架构、分布式系统架构、SOA 架构、微服务架构、云原生架构。

3.2.1　单体架构

单体架构（Monolithic Architecture）是一种软件设计模式，它将整个应用程序作为单个代码库进行开发和部署。应用程序通常由前端用户界面、后端业务逻辑和数据库组成，并且在同一个操作系统进程中运行。

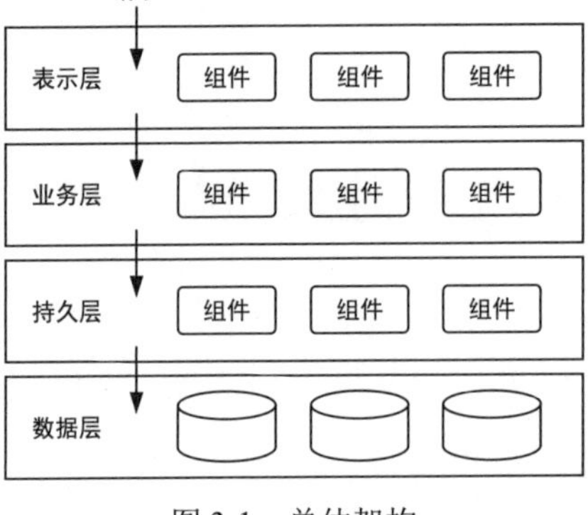

最初的 Web 应用系统，因其用户量、数据量规模都比较小，所以项目所有的功能模块都放在一个进程中。这样的架构既简单实用、便于维护，成本又低，因此成为那个时代的主流架构方式。

单体架构将业务功能的实现全部放在一个进程内完成。如图 3-1 所示，用户请求的接收、相关业务逻辑的调用、从数据库中获取数据等全部在一个进程内。相比于后续陆续出现的复杂架构模式，单体架构具备以下典型优点：

图 3-1　单体架构

（1）高效开发：项目前期开发节奏快，团队成员少的时候能够快速迭代；

（2）架构简单：主要采用 MVC 架构，只需要借助 IDE 开发、调试即可；

（3）易于测试：只需要采用单元测试或者浏览器测试；

（4）易于部署：打包成单个可执行的 jar 包或者 war 包放到生产环境中即可启动。

由于单体结构规模小、结构相对简单，其能力具有以下明显缺陷：

（1）耦合性高：使用单体架构的软件，所有模块是耦合在一起的，每个模块的边界比较模糊、依赖关系错综复杂，功能的调整容易带来不可知的影响和潜在的 bug 风险。

（2）服务性能问题：使用单体架构的系统遇到性能瓶颈问题时，只能横向扩展，通过增加服务实例进行负载均衡分担压力；无法纵向扩展，做模块拆分。

（3）扩缩容能力受限：单体架构应用只能作为一个整体进行扩展，影响范围大，无法根据业务模块的需要进行单个模块的伸缩。

（4）无法做故障隔离：当所有的业务功能模块都聚集在一个程序集中时，如果其中的某一个小功能模块出现问题（如某个请求堵塞），那么有可能会造成整个系统的崩溃。

（5）发布的影响范围较大：每次发布都是基于整个系统的发布，会导致整个系统的重启，对于大型的综合系统挑战比较大。

单体架构应用比较容易部署、测试。对于规模不大，业务并不复杂的系统，单体架构可以很好地运行。然而，随着需求的不断增加，越来越多的人加入开发团队，代码库也在飞速地膨胀，单体应用变得越来越臃肿，可维护性、灵活性逐渐降低，维护成本越来越高。

3.2.2 分布式系统架构

20 世纪 80 年代以来，计算机系统向网络化和微型化发展的趋势越发明显，单体架构在很多应用场景中无法满足用户的要求，分布式系统架构逐渐发展成为大型计算机软件系统的主流架构模式。

分布式系统架构指一个硬件或软件组件分布在不同的计算机上，彼此之间仅仅通过消息传递进行通信和协调。分布式系统是将一个业务拆分成多个子业务，这些子业务分布在不同的服务器节点，通过组合这些节点共同构成的系统。同一个分布式系统中的服务器节点在空间部署上是随意分布的，这些服务器可能放在不同的机柜中，也可能在不同的机房中，甚至可能分布在不同的城市。

开发人员为解决单体架构所面对的各种问题，将软件系统进行了垂直或水平维度的拆分，把大型应用拆分为若干个独立的小应用系统。这些小应用系统通过分布式服务等方式进行交互，从而构成分布式系统架构。

分布式系统架构具有如下的特性：

（1）分布性：空间上随机分布。这些服务器可以分布在不同机房、不同城市，甚至不同的国家；

（2）对等性：分布式系统架构中的服务器没有主从之分，组成分布式系统的所有服务器都是对等的；

（3）并发性：同一个分布式系统的多个节点，可能会并发地操作一些共享资源，如数据库或分布式存储；

（4）缺乏全局时钟：各个服务器之间是依赖于交互信息来进行相互通信的，很难定义两件事情的先后顺序，缺乏全局统一控制；

（5）单点故障：组成分布式系统的服务器，有可能在某一时刻突然全部崩溃。分布的服务器节点越多，出现崩溃的概率就越大。如果再考虑设计程序的异常故障，那么也会加大出现故障的概率。

3.2.3　SOA 架构

随着企业 IT 建设的不断深入，软件系统越来越多，这些系统往往会形成彼此独立的垂直式结构，虽然系统之间的交互势在必行，但不易实施。早期的点对点集成方案很快被业界摒弃，因为采用 RMI、CORBA、DCOM 等中间件的技术方案扩展性有限，在此背景下，SOA 架构方案成为更加行之有效的解决方案。

SOA（Service-Oriented Architecture，面向服务的架构）是一种设计原则，旨在构建可重用和可组合的松散耦合服务。它将应用程序的不同功能单元（称为服务）进行拆分，并通过这些服务之间定义好的接口和协议进行联系。接口采用中立的方式进行定义，独立于实现服务的硬件平台、操作系统和编程语言，这使得构建在各种各样的系统中的服务可以以一种统一和通用的方式进行交互。

SOA 可以根据需求通过网络对松耦合的粗粒度应用组件进行分布式部署、组合和使用。

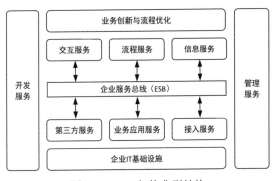

图 3-2　SOA 架构典型结构

SOA 架构按照应用领域拆分服务，形成粒度较粗的服务。虽然每个服务都拥有独立的技术栈，但严重依赖外部其他共享服务。SOA 架构运行主体为众多的服务，因此可以以服务为维度进行更新维护。

如图 3-2 所示，SOA 架构站在系统的角度解决企业不同系统间的通信问题，把散乱、无规划的应用系统梳理成为结构清晰、可治理的连接结构，在这个过程中需要引入企业服务总线（ESB）。ESB 是 SOA 解决方案的核心技术，它为企业级应用服务之间的互联互通提供了一个基于网络的、中心化的连接中枢。ESB 通过一整套标准化的协议适配器来支持服务之间的动态调用，同时还可以结合 BPEL 等技术实现服务流程化编排、聚合基础服务，从而支持较为复杂的业务流程。

随着去中心化思想的发展，基于 ESB 这种典型中心化模式的 SOA 架构也日渐被业界淘汰，并逐步被微服务等新技术取代。

3.2.4　微服务架构

随着互联网时代的到来，软件系统面临着负载压力大、需求变更频繁以及软件规模巨大等挑战。通过互联网企业的不断探索，微服务架构在大流量、高并发的场景下取得了令人瞩目的应用效果。

微服务架构的典型特点即为"微"。一般来讲，专门完成一件不可再分割的业务操作的服务，即可称为"微服务"。从单个实体角度看，一个微服务就是一个独立的部署；从整体角度看，服务和服务之间通过网络调用进行通信，服务提供方与调用方遵循"服务接口契约"。所以对于一个服务来说，需要明确什么需要暴露，什么应该隐藏，微服务一定是高内聚、低耦合的。

微服务架构解决了业务的复杂性问题。它将原本庞大的单体应用程序分解为一组服务。虽然功能总量不变，但应用程序已被分解为多个可管理的业务或服务。每个服务都有一个以 RPC 或消息驱动的 API 形式定义好的边界。相比单体应用程序，单个服务的开发速度要快得多，并且更容易理解和维护。微服务架构使每个服务都可以由专注于该服务的团队独立开发。开发人员虽然可以自由选择任何合适的技术，但前提是服务遵守 API 约定。在编写新服务时，他们也可以选择使用当前的技术。此外，由于服务相对较小，使用当前技术重写旧服务也变得可行。

微服务架构模式使每个微服务都可以独立部署。开发人员可以在修改服务之后立即部署该服务，而不需要重新部署其他服务。微服务架构模式使每个服务都可以独立扩展，只要部署的数量满足其容量和可用性限制即可。此外，微服务架构还可以灵活地使用最符合服务资源要求的硬件。

与其他所有技术一样，微服务架构也有其缺点。微服务过分强调服务规模，但对于服务的粒度大小并没有统一的标准。虽然小型服务更可取，但重要的是它们只是达到目的的手段，而不是主要目标。微服务的目标是充分分解应用程序，以促进敏捷应用程序的开发和部署，因此基于业务将服务设计为不可分割的原子功能是更加合适的。

微服务一个必须解决的问题是由分布式带来的复杂性。开发人员需要解决选择并实现基于消息传递或 RPC 的服务间通信机制以及处理服务调用失败等问题。这些问题与微服务的治理是微服务架构需要解决的核心问题。

3.2.5 云原生架构

随着微服务技术的持续发展，将其与云计算等技术相结合，形成了充分利用云计算资源的，更适合于云环境开发部署的一套技术方案，即云原生架构。

云原生架构本质上也是一种软件架构，其最大的特点是在云环境下运行，是对微服务的一种延伸。云可以被视为一种提供稳定计算存储资源的对象，其具备虚拟化、弹性扩展、高可用、高容错性、自恢复等基本属性。云原生架构的发展经历了以下三个阶段：

第一阶段，容器化封装+自动化管理+面向微服务；

第二阶段，DevOps、持续交付、微服务、容器；

第三阶段，DevOps、持续交付、容器、服务网格、微服务、声明式 API。

云原生架构引入了基于 DevOps 的持续交付环境，并在整个产品生命周期中嵌入了自动化，从而提高了应用程序开发的速度、质量和灵活性。跨职能团队由设计、开发、测试、运维和业务的成员组成，在整个 SDLC（Software Development Life Cycle）过程中无缝协作和协同工作。通过开发部分的自动化 CI/CD 管道和运营部分的基于 IaC（Infrastructure as Code）的基础设施的协同工作，可以更好地控制整个过程，使整个系统快速、高效且无误，整个环境也保持透明，所有这些元素都明显缩短了软件开发周期。

3.3 云原生架构模式

云原生架构有非常多的模式，本节选取七种应用较多的模式进行讲解。

3.3.1 服务化架构模式

服务化架构是云时代构建云原生应用的标准架构模式，它要求以应用模块为粒度划分软件、以接口契约（如 IDL）定义业务关系、以标准协议（HTTP、gRPC 等）确保应用模块的互联互通，结合 DDD（领域模型驱动）、TDD（测试驱动开发）、容器化部署等技术提升每个模块的代码质量和迭代速度。服务化架构的典型模式是微服务和小服务（Mini Service），其中小服务可以看作是一组关系非常密切的服务的组合，这组服务会共享数据。小服务模式通常适用于非常大型的软件系统，其能避免接口的粒度太细而导致过多的调用损耗（特别是服务间调用和数据一致性处理）问题并降低治理复杂度。

通过服务化架构，把代码模块关系和部署关系进行分离，使每个接口可以部署不同数量的实例并单独扩缩容，从而使得整体的部署更经济。此外，由于在进程级实现了模块的分离，使每个接口都可以单独升级，从而提升了整体的迭代效率。但也需要注意，服务拆分导致要维护的模块数量增多，如果缺乏服务的自动化能力和治理能力，会让模块管理和组织技能不匹配，反而导致了开发和运维效率的降低。

3.3.2 Mesh 化架构模式

Mesh 化架构模式是一种分布式系统架构模式，它的目标是管理和解决一组微服务之间的通信问题。在这种模式中，所有的微服务都通过一个名为 Mesh 的共享基础设施进行通信。这个基础设施提供了服务发现、负载平衡、安全性、可观察性等功能。

Mesh 化架构是把中间件框架（如 RPC、缓存、异步消息等）从业务进程中分离出来，让中间件 SDK 与业务代码进一步解耦，从而使得中间件升级对业务进程没有影响，甚至迁移到另外一个平台的中间件也对业务透明。分离后在业务进程中只保留很"薄"的 Client 部分，由于 Client 通常很少变化，其只负责与 Mesh 进程通信，所以原来需要在 SDK 中处理的流量控制、安全等逻辑均由 Mesh 进程完成。

应用 Mesh 化架构后，熔断、限流、降级、重试等工作都由 Mesh 进程完成，使得系统获得更好的安全性（如零信任架构能力），并能够按流量进行动态环境隔离、基于流量做冒烟/回归测试等。

当应用发布时，Service Mesh 将为每个服务实例自动注入 Sidecar 代理，即使在不知道或者不关心的情况下，它们也会自动生效。此后，所有请求都将传递到代理进行处理。Sidecar 代理负责处理通信细节，它与相邻的另一个代理进行交流，并通过使用 DNS 分辨主机名来定位其他微服务实例。

3.3.3 Serverless 模式

和大部分计算模式不同，Serverless 模式将"部署"这个动作从运维过程中"收走"，使开发人员不用关心应用在哪里运行，更不用关心装什么操作系统、怎么配置网络、需要多少 CPU……从抽象上看，当业务流量到来/业务事件发生时，云会启动或调度一个已启动的业务进程进行处理，处理完成后，云自动关闭/调度业务进程，等待下一次触发。该过程就是把应用的整个运行时都委托给云。

目前，Serverless 还没有达到任何类型的应用都适用的程度，因此架构决策者需要关心应用类型是否适合 Serverless 模式。如果应用是有状态的，那么云在进行调度时可能导致上下文丢失，毕竟 Serverless 的调度不会帮助应用做状态同步；如果应用是长时间后台运行的密集型计算任务，那么会感知不到 Serverless 的太多优势；如果应用涉及频繁的外部 I/O（网络或者存储，以及服务间调用），那么该模式也会因为繁重的 I/O 负担、延时大而不适合。总之，Serverless 非常适合通过事件驱动的数据计算任务、计算时间短的请求/响应应用，不适合有复杂相互调用关系的长周期任务。

3.3.4　存储计算分离模式

存储计算分离模式采用 C/S 架构（Client/Server Architecture），是一种常见的计算机网络架构。该架构将系统划分为客户端和服务端两个不同的组件，客户端通过各种协议与服务端进行通信，请求所需的数据或服务。而服务端则负责处理客户端请求并返回相应的数据或服务结果。

在这种架构中，客户端通常运行在本地设备上，如计算机、手机等终端设备，来执行用户交互操作；而服务端则托管于远程服务器，并将其资源用于响应客户端的请求。该模式在大型企业、云计算环境等场景下被广泛使用。

C/S 架构最主要的优点是可以实现计算、存储分离，从而提高整个系统的可靠性、安全性和可维护性。通过不同的客户端提供不同的前端展示界面，服务端集中管理数据及业务逻辑，使这种模式更易于开发、调试和维护。该模式的缺点是需要处理好客户端与服务端之间的通信，解决安全性、可伸缩性等问题，此外对于某些复杂场景，可能需要较高的硬件投入。

在云环境中，建议把各类暂态数据（如 session）、结构化和非结构化持久数据都采用云服务的方式来保存，从而实现存储计算分离。但仍然有一些状态如果保存到远端进行缓存，会造成交易性能的明显下降，比如交易会话数据太大、需要不断根据上下文重新获取等，对于这类需求则可以考虑通过采用 Event Log + 快照（或 Check Point）的方式，实现重启后快速增量恢复服务，减少不可用时长对业务的影响。

3.3.5　分布式事务模式

微服务模式提倡每个服务使用私有的数据源，而不是像单体这样共享数据源，但往往大粒度的业务需要访问多个微服务，这必然带来分布式事务问题，如果处理不好就会导致数据不一致。因此，架构师需要根据不同的场景选择合适的分布式事务模式。

分布式事务模式（Distributed Transaction Pattern）是一种用于处理分布式系统中多个事务相互协调的模式。在分布式系统中，不同的服务或应用程序可能会涉及多个事务，而这些事务需要协调才能保证系统的一致性和可靠性。

分布式事务模式通常包括以下四个组件：

（1）事务管理器（Transaction Manager）：负责协调和管理分布式系统中的多个事务，保证它们按照预定的顺序执行并能够回滚或提交事务。

（2）参与者（Participants）：指需要参与到分布式事务中的不同服务或应用程序，它们可能分布在不同的节点或服务器上。

（3）协调器（Coordinator）：负责协调不同参与者之间的交互关系，确保它们按照协议进行通信和协作。

（4）日志（Log）：用于记录分布式事务的执行过程和结果，以便后续的回滚或恢复操作。

分布式事务模式可以采用不同的实现方式，主要包括两阶段提交协议（Two-Phase Commit Protocol）、三阶段提交协议（Three-Phase Commit Protocol）、补偿事务（Compensating Transaction）等。这些实现方式都需要考虑分布式系统中的网络延迟、故障恢复、数据一致性等问题，以保证分布式事务的正确性和可靠性。

3.3.6　可观测架构

可观测架构（Observability Architecture）旨在提高系统的可观测性和可维护性，帮助开发人员和运维人员更好地理解和管理系统的运行状态和行为。可观测架构包含以下五个方面：

（1）日志（Log）：记录系统的运行状态和事件，包括错误日志、访问日志、性能日志等，以便后续的排查和分析。

（2）监控（Monitoring）：实时监控系统的各项指标和性能参数，包括 CPU 使用率、内存占用、网络流量、请求响应时间等，以便及时发现和解决问题。

（3）追踪（Tracing）：跟踪分布式系统中的请求和响应，记录每个请求经过的服务和组件，以便分析和优化系统的性能和可靠性。

（4）诊断（Diagnosing）：通过分析日志、监控和追踪数据，诊断系统的故障和瓶颈，提出解决方案和优化建议。

（5）可操作性（Operability）：设计和实现易于管理和维护的系统，包括自动化部署、运维工具、健康检查、灰度发布等，以便快速响应和解决问题。

其中日志提供多个级别（verbose/debug/warning/error/fatal）的详细信息跟踪，由应用开发人员主动提供；追踪提供一个请求从前端到后端的完整调用链路，对于分布式场景尤其有用。

架构决策者需要选择合适的、支持可观测的开源框架（如 OpenTracing、OpenTelemetry），提供上下文的可观测数据规范（如方法名、用户信息、地理位置、请求参数等），规划这些可观测数据在哪些服务和技术组件中传播，利用日志和追踪信息中的 span id/trace id，以确保进行分布式链路分析时有足够的信息进行快速关联。

由于建立可观测性的主要目的是对服务 SLO（Service Level Objective）进行度量，从而优化 SLA，因此架构设计上需要为各个组件定义清晰的 SLO，使其包括并发度、耗时、可用时长、容量等参数。

可观测架构的设计和实现需要考虑系统的复杂性和变化性，采用合适的工具和技术来收集、存储和分析数据，以提高系统的可靠性和性能。常用的工具和技术包括 ELK Stack、Prometheus、Grafana、Jaeger、Zipkin 等。

3.3.7　事件驱动架构

事件驱动架构（Event Driven Architecture，EDA）本质上是一种应用/组件间的集成架构模式。事件和传统的消息不同，事件具有 schema，可以校验 event 的有效性，此外 EDA 具备 QoS 保障机制，能够对事件处理失败的结果进行响应。事件驱动架构不仅可以用于（微）

服务解耦，还可应用于下面六种场景：

（1）增强服务韧性：由于服务之间是异步集成的，也就是下游的任何处理失败甚至宕机都不会被上游感知，自然也就不会对上游带来影响；

（2）CQRS（Command Query Responsibility Segregation）：对服务状态有影响的命令由事件来发起，而对服务状态没有影响的查询使用同步调用的 API 接口；通过结合 EDA 中的 Event Sourcing 可以用于维护数据变更的一致性，当需要重新构建服务状态时，只需把 EDA 中的事件重新"播放"一遍即可；

（3）数据变化通知：在服务架构下，一个服务中的数据发生变化，另外的服务也会感兴趣，比如用户订单完成后，积分服务、信用服务等都需要得到事件通知并更新用户积分和信用等级；

（4）构建开放式接口：在 EDA 下，事件的提供者并不用关心有哪些订阅者，不像服务调用的场景——数据的产生者需要知道数据的消费者在哪里以及如何调用它，因此保持了接口的开放性；

（5）事件流处理：可应用于大量事件流（而非离散事件）的数据分析场景，典型应用是基于 Kafka 的日志处理；

（6）基于事件触发的响应：在 IoT 时代，大量传感器产生的数据，不会像人机交互一样需要等待处理结果的返回，因此适合用 EDA 来构建数据处理应用。

3.4　云原生架构原则

云原生架构作为一种架构，其自身有若干原则可以作为应用架构的核心控制面，通过遵从这些原则可以让技术主管和架构师在做技术选择时不会出现大的偏差。

3.4.1　服务化原则

云原生架构离不开微服务。分布式环境下的限流降级、熔断隔仓、灰度、反压、零信任安全等，本质上都是基于服务流量（而非网络流量）的控制策略。云原生架构强调使用服务化的目的是从架构层面抽象化业务模块之间的关系，标准化服务流量的传输，从而帮助业务模块进行基于服务流量的策略控制和治理，而不管这些服务是基于什么语言开发的。

当代码规模超出小团队的合作范围时，就有必要对其进行服务化拆分了，通常可拆分为微服务架构和小服务（Mini Service）架构两种。通过服务化架构把不同生命周期的模块分离出来，分别进行业务迭代，从而避免迭代频繁的模块被慢速模块拖慢进度，从而加快整体的进度并提高稳定性。此外，服务化架构面向接口编程，服务内部的功能高度内聚，模块间通过对公共功能模块的提取提高软件的复用程度。

3.4.2　弹性原则

大部分系统部署上线前需要根据业务量的估算结果准备一定规模的机器备用。从提出采购申请到供应商洽谈、机器部署上电、软件部署、性能压测，往往需要几个月甚至一年的周期，而这期间如果业务发生变化了，重新调整是非常困难的。

弹性原则是指系统的部署规模可以随着业务量的变化进行自动伸缩，无须根据事先的容量规划准备固定的硬件和软件资源。好的弹性原则不仅缩短了从采购到上线的时间，而且让企业不用额外操心软硬件资源的成本支出（闲置成本），降低了企业的 IT 成本，更关键的是当业务规模发生海量突发性扩张的时候，不再因为平时软硬件资源储备不足而"说不"，进而保障了企业收益。

3.4.3　可观测原则

如今大部分企业的软件规模都在不断增长，原来利用单机就可以对应用做完所有调试，但在分布式环境下需要对多个主机上的信息进行关联，才可能回答清楚服务为什么宕机、哪些服务违反了其定义的 SLO（Service Level Object）、目前的故障影响哪些用户、最近这次变更对哪些服务指标带来了影响等，这些都要求系统具备更强的可观测能力。

可观测原则要求架构在设计阶段就要考虑如何实现对软件运行时的状态、性能、容错和安全等关键参数进行监控、诊断和调试。该原则可以通过技术手段来保证系统的健壮性，这些手段包括但不限于日志记录、度量、监控、追踪与自动化操作等。

可观测性与监控、业务探索、APM 等系统提供的能力不同，其在云这样的分布式系统中，主动通过日志、链路跟踪和度量等手段，使一次 App 单击产生的多次服务调用的耗时、返回值和参数都清晰可见，甚至可以下钻到三方软件调用、SQL 请求、节点拓扑、网络响应等。这样的能力使运维、开发和业务人员可以实时掌握软件运行情况，并结合多个维度的数据指标，获得前所未有的关联分析能力，不断对业务健康度和用户体验进行数字化衡量和优化。

3.4.4　韧性原则

业务上线后，最不能接受的就是业务不可用，即用户无法正常使用软件，这会影响用户体验和业务收入。韧性代表了当软件所依赖的软硬件出现各种异常时，软件表现出来的抵御能力。这些异常通常包括硬件故障、硬件资源瓶颈（如 CPU/网卡带宽耗尽）、业务流量超出软件设计能力、影响机房工作的故障和灾难、软件 bug、黑客攻击等会对业务不可用带来致命影响的因素。

韧性原则从多个维度诠释了软件持续提供业务服务的能力，其核心目标是提升软件的 MTBF（Mean Time Between Failure，平均无故障时间）。从架构设计角度来说，韧性原则包括服务异步化能力、重试/限流/降级/熔断/反压、主从模式、集群模式的高可用、单元化、跨区域容灾、异地多活容灾等。

3.4.5　过程自动化原则

容器、微服务、DevOps 等第三方组件的使用，在降低分布式复杂性和提升迭代速度的同时，因为从整体上增大了软件技术栈的复杂度和组件规模，所以不可避免地增加了软件交付的复杂性，如果此时控制不当，人们就无法体会到云原生技术的优势。通过 IaC（Infrastructure as Code）、GitOps、OAM（Open Application Model）、Kubernetes operator 和大量自动化交付工具在 CI/CD 流水线中的实践，一方面实现了企业内部软件交付过程的标准化，另一方面，在标准化的基础上进行自动化，通过配置数据自描述和面向终态的交付过程，让自动化工具理解交付目标和环境差异，从而实现整个软件交付和运维的自动化。

分布式应用的开发成本和运维开销随着自动化流水线的普及逐渐降低。除了传统的 CI/CD，还有持续运营（CO），其从业务上线提供服务开始，到业务下线终止服务结束，在此期间包含各种运维、运营操作。基于全生命周期管理的思想，通过精益思想、自动化流水线，来完善应用设计、开发、运维、运营的各个阶段，将自动化覆盖到应用的全生命周期。

3.4.6　零信任原则

零信任原则对传统边界安全架构思想进行了重新评估和审视，并针对安全架构思路给出了新建议。其核心思想是默认情况下不信任网络内部和外部的任何人/设备/系统，并基于认证和授权，重构访问控制的信任基础。诸如 IP 地址、主机、地理位置、所处网络等信息均不能作为可信的凭证。零信任对访问控制进行了范式上的颠覆，引导安全体系架构从"网络中心化"走向"身份中心化"，其本质是以身份为中心进行访问控制。

零信任的核心问题就是身份（Identity）。通过赋予不同实体（Entity）不同的身份（Identity），保证在任何时间、任何地点，只有经过身份验证和授权的用户和设备才能访问敏感数据和应用，解决是谁在什么环境下访问某个具体资源的问题。在研发、测试和运维微服务的场景下，Identity 及其相关策略不仅是安全的基础，更是众多隔离机制（资源、服务、环境）的基础；在员工访问企业内部应用的场景下，Identity 及其相关策略通过灵活的机制来提供随时随地的接入服务。

3.4.7　持续演进原则

如今技术和业务的演进速度非常快，很少有一开始就清晰定义了架构并保证其在整个软件生命周期中都适用的情况，往往需要对架构进行一定范围内的重构，因此云原生架构本身也必须是一个具备持续演进能力的架构，而不是一个封闭式架构。除了增量迭代、目标选取等因素，还需要考虑组织（如架构控制委员会）层面的架构治理和风险控制，特别是在业务高速迭代的情况下，架构、业务、实现平衡三者之间的关系。云原生架构对于新建应用的架构控制策略来说，相对容易选择（通常考虑弹性、敏捷、成本等因素），但从存量应用向云原生架构迁移，则需要从架构上考虑遗留应用的迁出成本/风险和到云上的迁入成本/风险，以及从技术上考虑通过微服务/应用网关、应用集成、适配器、服务网格、数据迁移、在线灰度等应用和流量来进行细颗粒度控制。

对于演进式架构，需要考虑四方面的因素，分别是：解耦性、增量变更、决策后置、引导性。

解耦性：反映了应用的各个组件的独立性。应用的不同组件间的耦合性在很大程度上决定了应用端持续演进的能力。清晰解耦的应用易于演进，充满耦合性的应用则会妨碍演进工作。

增量变更：是指功能的增加是个逐步递进的过程，可以理解为功能级别的扩展性。

决策后置：表示尽量把涉及技术选型、应用运行管理等的决策延后，可以理解为将应用架构与最终实现、运行方式、运维模式解耦。

引导性：反映了应用架构的最终目标，可以理解为如何指导应用进行演进。

3.5　小结

本章介绍了互联网平台的典型架构模式如何逐步演进至云原生架构，以及云原生架构模式的主要解决方案。云原生架构模式并非全新的技术方案，其与微服务架构方案具有极其紧密的联系，并且仍在快速地发展演进。

习　　题

1．虽说面向微服务是云原生架构的特征之一，但云原生架构与微服务架构并不相同，请说明二者的区别。

2．随着互联网的快速发展，系统架构模式经历了多个阶段的演进，请总结各个架构模式产生的技术背景，及其需要解决的技术问题。

3．请辨析，随着系统架构模式的发展，当前开发软件系统是否都应采用更新的云原生架构模式，单体架构等稍早的技术均应被淘汰。

4．云原生计算基金会给出了云原生应用的三大特征：容器化封装、动态管理、面向微服务。请根据对本章内容的理解总结除此之外云原生应用还有哪些特征。

5．本章介绍了多种云原生的架构模式，试分析各种架构模式的关系，以及在同一个项目中是否可同时应用这些架构模式。

6．请分析在云原生架构模式的技术和方法中如何实现自动化开发。

7．弹性原则是云原生架构的重要原则之一，请说明哪些技术用以保证云原生应用具备良好的扩展弹性。

8．可观测原则是云原生架构的重要原则之一，试分析需要监测哪些数据信息。

9．事件驱动是一种典型的云原生架构模式，试分析在面向服务的系统架构方案中哪些消息通信适合采用事件驱动技术来实现。

10．请结合自己的开发经验总结，开发过程中的何种做法体现了云原生架构模式中的哪条原则。

第4章　容器及管理平台

4.1　容器技术背景

我们可以利用容器快速方便地进行软件系统的标准化部署。标准商用软件的生命周期包括：软件需求分析、软件系统设计、软件系统编码实现、编译、测试、打包、安装、升级、备份、回滚、运行和监控等。利用容器，这些工作可以被大大简化。早期的软件开发主要是在物理机上直接开发和部署，整个软件生命周期需要做大量繁重的工作。

4.1.1　物理机时代

如图 4-1 所示，物理机时代的软件系统都部署在物理机器上，这种方式存在许多弊端，如系统部署周期长、操作复杂等。

在部署软件系统时，首先要安装操作系统，然后要进行软件安装、环境检测及各种所需中间件的部署，最后要进行必要的运行配置。例如，.NET 平台程序需要运行 Framework，JavaEE 程序需要安装 Nginx、Tomcat、JVM 等，但如果版本不兼容，那么可能会导致很多问题，包括：

图 4-1　物理机时代的软件系统部署方式

（1）成本较高：购买物理机需要耗费大量成本，为确保软件系统的性能，通常需要较高的物理机配置。此外，系统开发、测试、实施、运维等方面的费用也很高。

（2）扩容升级及迁移困难：物理机的横向扩展是一件麻烦的事，若内存不足，则需要停机增加内存。迁移主机也是个麻烦的问题，如果要将运行环境从 Windows 系统改为 Linux 系统，就更为棘手。

（3）资源利用率低：不同类型的应用对资源有不同的需求。例如，计算密集型、存储密集型、网络 I/O 密集型等不同类型的应用，有些对 CPU、GPU 有较高要求，有些对存储器有很高的要求，而有些程序主要是要求网络带宽充足。在这种情况下，可能会导致空闲资源得不到充分利用。

空闲资源难以得到充分利用，部署异构系统时又需要重新采购物理资源，在这样的情况下，如何降低基础设施的管理成本便成为急需解决的问题。

4.1.2　虚拟化时代

为了解决物理机带来的问题，人们研究出了虚拟化技术。通过硬件底层对虚拟化的支持，来运行多台虚拟机。虚拟化技术的出现可以让我们的硬件资源得到更充分的利用。

如图 4-2 所示，以 VMware 为代表的虚拟机的出现，使得用户在一台物理机上能够独立运行多个相互隔离的系统，通过对资源的抽象使得主机资源能够被有效复用，这对企业

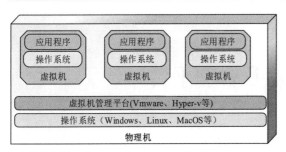

图 4-2　虚拟机时代的软件系统部署方式

IT 管理十分有益。

虚拟机具有以下特点：

（1）易于多机部署：每台虚拟机像是一台独立的主机，不同虚拟机相互隔离，拥有自己的虚拟化硬件与软件资源，如 CPU、内存、硬盘、网卡等，同时也有对应的操作系统和应用程序。任何一台虚拟机的故障都不会对其他虚拟机造成影响。

（2）易于硬件资源共享：虚拟化技术使得我们可以把硬件资源看成一个池子，这个池子里的资源可以被共享。宿主机上安装有操作系统，在操作系统上安装虚拟机管理程序，虚拟机管理程序完成了主机资源分配和虚拟机管理的工作。常见的虚拟机管理程序有 Hyper-V（Windows）、KVM（Linux 内核）、VMware、VirtualBox 等。

（3）资源隔离：虚拟机管理程序为每台虚拟机分配的资源是独享的，这些资源彼此隔离互不影响。

（4）易于扩展：如果某台虚拟机的内存、CPU 及 GPU 等资源不够，那么可以通过虚拟机管理程序命令去调整，并为其增加相应的资源，这个过程通常是动态完成的，不需要像物理机一样停机。

（5）操作系统重复安装导致资源浪费：虚拟机技术的缺点也很明显，例如每台虚拟机都需要安装独立的操作系统，即使应用程序只有几百 KB，也需要安装庞大的操作系统来支持其运行。目前最小的操作系统一般也要几百 MB，而且占用的硬件资源要比微小的应用程序多得多，这样不可避免地会造成资源的浪费。

（6）硬件信息抽象不统一或虚假：有些商业软件需要运行在特定的硬件上，如某些软件与网卡的 MAC 地址绑定，如果不是指定的 MAC 地址则不能运行，那么需要对真实的硬件特征进行获取，这时可能存在获取失败或者伪造的情况。

从上面的叙述中可以看出，虚拟机技术由于存在大量独立系统的运行，占用了许多额外开销，消耗了宿主机资源，在发生资源竞争时可能会严重影响系统响应；此外，每运行一台新的虚拟机都需要重新配置一遍环境，这和在物理机上的情况基本无异，重复的环境配置操作会消耗开发和运维人员的大量时间。因此如何减少虚拟化时的资源损耗，同时还能保证隔离性，使应用的上线周期更短，是人们更加关注的问题，这便推动了容器化技术的发展。

4.1.3　容器化时代

如果我们能够借助虚拟化技术的设计思想，定制应用程序所需的环境，那么既可解决使用物理机时带来的问题，又可解决虚拟化技术带来的问题。容器化技术的出现就解决了上述问题。

容器技术发展演进路径如图 4-3 所示。

容器技术的演变由来已久，最早可以追溯到 1979 年 UNIX 系统中的 chroot，其最初仅是为了方便切换 root 目录，却在提供进程文件系统资源隔离的同时，奠定了操作系统虚拟化思想的基石。1999 年，BSD 基于 chroot 技术开发出了商用化的 OS（Operating System）虚拟化技术——FreeBSD，它实现了文件系统、用户和网络资源的隔离。在 2004 年，原 SUN

公司发布了 Solaris Containers，其作为 Solaris10 中的特性被发布，是 Solaris 平台上的一种基于容器的虚拟化技术，实现了 Solaris Zones 和 System Resource Controls。2005，SWsoft 公司开发了开源软件 OpenVZ，是基于 Linux 平台的操作系统级服务器虚拟化解决方案，实现了与 Solaris Containers 相似的功能，成为操作系统级别主流的虚拟化技术之一。

图 4-3　容器技术发展演进路径

2006 年，Google 开源了内部使用的 Process Container（后以 Cgroup 作为底层实现），其可以在容器中控制资源配额，记录和隔离每个进程的资源使用情况，包括 CPU、内存、硬盘 I/O 和网络等，成为了 Linux 内核 2.6.24 版本的一部分。2008 年，LXC（Linux Container）项目出现，它利用 Cgroup 和 Namespace 实现了轻量级虚拟化，以便隔离进程和资源，并通过在任何 vanilla 内核的 Linux 上运行，将命令解释机制和全虚拟化的其他复杂性简化。

2011 年，Cloud Foundry 发布了 Warden，它可以作为守护进程运行在任何操作系统上，并提供了管理容器的 API。2013 年，Google 成立了开源容器技术栈 LMCTFY（Let Me Contain That For You），其目的是通过容器实现高性能、高资源利用率，支持资源共享和使用具有批处理工作负载的机器，并提供接近零开销的虚拟化技术。LMCTFY 项目孕育了许多重要的技术创新，如目前 Kubernetes 中的监控工具 cAdvisor。2015 年，Google 将 LMCTFY 的核心技术贡献给了 libcontainer，并与 Microsoft、RedHat 等公司合作创立了 CNCF。

现在，让我们来谈谈 Docker 的诞生。2010 年，dotCloud 公司推出了 dotCloud 平台，该平台利用了 Linux 的 LXC 容器技术。后来，dotCloud 公司基于 Google 公司推出的 Go 语言开发了一套内部工具，并在 2013 年正式将其命名为 Docker。Docker 最初也采用了 LXC，因此其成为 Docker 的基础架构。随后，LXC 被 libcontainer 替代。

Docker 的思想来源于集装箱。与集装箱中各种各样的货物被标准化并且规整排列不同，Docker 通过容器技术构建了一套完整的生态系统。这一生态系统包括：容器镜像标准、容器 Registry、RESTAPI、CLI（Command-Line Interface）及容器集群管理工具 Docker Swarm。

为了改进 Docker 在安全方面的缺陷，2014 年，CoreOS 公司创建了 rkt。rkt 是一个重写的容器引擎。此外，相关改进安全缺陷的容器工具产品还包括：服务发现工具 etcd 和网络工具 flannel 等。

那么容器技术与前面提到的虚拟化技术有什么区别呢？

图 4-4 是容器技术与虚拟化技术的系统结构。

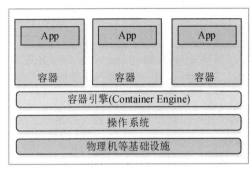
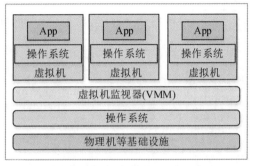

（a）容器技术的系统结构　　　　　　　（b）虚拟化技术的系统结构

图 4-4　容器技术与虚拟机技术的系统结构

容器技术之所以成为目前主流的应用程序隔离技术，是因为它具有很多的优点，主要体现在以下几方面：

（1）物理资源共享：由图 4-4 可以看出，容器只对应用程序进行了隔离，而底层的软件操作系统和硬件资源都是共享的。

（2）灵活小巧易于移植：每个容器极其轻量，只需要打包必要的 Bin/Lib。容器一般没有内置操作系统，所以非常小，大部分是兆字节（1 兆字节=1MB）数量级，并且实现了一次构建，随处部署，方便在各环境灵活迁移，这极大减少了开发和部署的工作量，提高了开发效率，降低了开发及运行成本。

（3）方便版本跟踪：在生成容器的镜像时，可以给它们加上版本信息，这样可以对容器进行版本控制，对历史版本进行追踪和差异比较。

（4）方便快捷的应用程序创建和部署：与虚拟机镜像相比，容器镜像更容易创建，更加轻量，且运行效率更高，使得程序分发和迁移的速度更快。根据镜像的不同，容器的部署一般在毫秒至秒之间就可以完成。

（5）为持续开发、集成和部署提供极大便利：容器具有快速高效的回滚和集成机制，为可靠且频繁的容器镜像的构建和部署提供了极大便利。

（6）开发、测试和生产环境一致：由于应用程序被封装在容器中，因此只要安装了容器运行时环境，将程序放在容器中，那么无论是在个人计算机还是在云上都可以运行。比如在 Ubuntu、RHEL、CoreOS、本地、公共云等都可以运行。

（7）松耦合、分布式、弹性的微服务：容器可以将应用程序分解成小的、独立的部分，每部分作为一个微服务，这些微服务可以动态部署到不同的机器上，而不是必须在一台大型的有足够资源的机器上运行。Kubernetes、Swam、Mesos 这些开源、便捷、好用的容器管理平台都有着非常强大的弹性管理能力，可以有效地减少资源的消耗和冲突。

（8）资源隔离：容器在操作系统级别虚拟化 CPU、内存、存储和网络资源，为开发人员提供了在逻辑上与其他应用相隔离的沙盒化操作系统接口，当某个应用程序出现问题时不会对其他应用程序造成影响。

4.1.4　容器技术带来的变化

B/S 架构的软件做到了一次安装随处可用，而容器技术则更进一步简化了软件的构建工作，能够做到一次构建，随处可运行，这给我们的应用程序研发及运维协同带来了巨大的变化。

如果不使用容器，在项目开发完成后，软件开发人员要把应用程序及相关库进行打包并将数据库的创建脚本、软件部署方案及各种参数配置文件整理在一起，然后交给部署人员，部署人员根据相关安装配置文档，一步一步地进行软件部署。部署工作经常会因为部署环境及开发环境存在差异而导致失败，部署工作烦琐且容易出错，效率非常低。

容器技术标准化的迁移方式，使我们可以把应用程序需要的资源一起打包成一个文件，比如静态网站文件、数据库及其他相关资源等，在部署时自动将文件展开，便可以得到一个与之前完全相同运行环境；也可以把应用程序及所有生产环境需要的资源放入多个容器，制成容器镜像，并上传到镜像库，部署人员通过远程控制或现场直接从镜像库拉取镜像就可以快速完成一个标准化的应用部署。

容器技术使我们能够进行统一的参数配置。将与应用程序相关的各种配置参数在打包的时候进行设置，可以非常方便我们对参数的统一管理，此外，进行镜像还原的过程是自动的，无须人为参与。

如果安装集群管理平台，那么通过容器编排工具可以很方便地发布标准应用。通过对应用集群进行监控，我们可以实时了解集群情况，且能够做到故障自动恢复，这给运维带来极大便利。

容器技术的诞生解决了 PaaS（Platform as a Service）层的技术实现问题。Google 的 AppEngine 是一种典型的 PaaS 服务。在该服务中，服务提供商为用户提供了用于部署、运行应用的相关软件环境，用户可以通过网络将自己创建的或者从别处获取的应用软件部署到服务提供商的环境上。

在软件开发及部署中使用容器技术，不仅能提高现有应用的安全性和可移植性，还能节约成本。即使是传统的单体应用，也同样可以使用容器进行重新打包以增强安全性和可移植性，并且可以扩展额外的服务或者将应用转移到微服务架构上。

容器应用可以方便快捷地实现持续集成和持续部署（CI/CD），大大提高了交付速度。在实现 CI/CD 的过程中，开发人员完成工作后将代码提交到代码仓库，自动触发测试，测试通过后按照脚本进行下一步工作，如构建容器镜像并推送到镜像仓库，然后将应用部署到生产环境。CI/CD 作为开发运维方法的基础，创建了一种实时反馈机制，通过持续传输小型迭代更改，加快软件升级部署速度，提高质量，让用户更快地感受到应用程序的更新。

容器的隔离技术使开发人员可以选择最适合于每种服务的工具和技术栈，使其不存在任何潜在的冲突。这些容器可以独立于应用的其他服务组件，轻松地被共享、部署、更新和瞬间扩展。Docker 的端到端安全功能让团队能够构建和运行最低权限的微服务模型，使服务所需的资源（其他应用、涉密信息、计算资源等）适时被创建和访问。

4.2　容器技术的基本概念

云计算解决了基础资源层的弹性伸缩问题，却没有解决 PaaS 层应用随基础资源层弹性伸缩带来的批量、快速部署问题，而容器技术很好地解决了此问题。

4.2.1　什么叫容器

容器来源于英文中的"Container"一词，它的本义是"集装箱"或者"货柜"。为什么要把容器比作集装箱呢？这是因为集装箱一般都采用同一尺寸，可以承载各种货物并进行打包隔离。只要把货物装好，集装箱就可以轻松地运输它们。这种思想可以应用到计算机技术中，通过使用容器技术可以把软件的交付过程视为将货物装进集装箱中进行运输。集装箱的特点是易打包、标准化和易运输，而容器技术的特点是标准化、轻量级和易移植。

目前主流的容器技术基于 LXC，它能很好地解决软件系统打包和传递的问题。LXC 是一种内核轻量级的操作系统层虚拟化技术，可以用于 Linux 内核。通过使用强大的 API 和简单的工具，Linux 用户可以轻松地创建和管理系统或应用程序容器。

LXC 是系统隔离出来的一个或多个进程，可以将操作系统和其他基础设施及运行这些进程所需的文件打包到镜像中。这意味着 LXC 在从开发、测试到最终生产的整个过程中是可移植的和一致的，相比于传统的软件开发和部署方法更快、更高效。由于其受欢迎的程度和易用性，使得容器技术成为 IT 安全的重要组成部分。LXC 主要通过 Namespace 和 Cgroup 两个机制来保证其实现。Namespace 的作用与磁盘中的文件夹类似，主要用于隔离。但是除了隔离，资源管理也非常重要，Cgroup 就负责进行资源管理和控制，例如对使用 CPU/MEM 的进程组进行限制、优先级控制、进程组的挂起和恢复等。

通过容器可以将软件打包成标准化单元，用于开发、集成、测试、交付和部署。容器中有必要的代码、运行时环境、系统工具、系统库和配置，因此我们可以在生产环境中移动它而不会产生副作用。容器由模板生成，容器化软件适用于基于 Linux 和 Windows 操作系统的应用，在任何环境中都能够始终如一地运行。容器赋予了软件独立性，使其免受外在环境差异（如开发和演示环境的差异）的影响，从而减少团队间在相同基础设施上运行不同软件时的冲突。容器作为一种轻量级操作系统隔离技术，在软件的整个生命周期中发挥着重要作用。这种轻量级的打包技术将微服务与配置文件打包，并生成标准化的镜像，由于内部环境与外部环境的隔离，确保了应用程序在不同环境下的移植。同时，利用容器编排引擎，可以轻松完成超大规模集群的分发调度，实现云端的互联互通。使用容器技术，需要每一台计算机都配置能够运行容器的引擎，目前市场上主流的就是 Docker 容器引擎。Docker 容器引擎的配置很简单，通常比配置应用程序运行的环境简单。

综上所述，容器就是将软件打包成标准化单元的一种机制，以方便开发、交付和部署。容器镜像是轻量的、可执行的独立软件包，其包含软件运行所需的所有内容，即代码、运行时环境、系统工具、系统库和设置。容器化软件适用于基于 Linux 和 Windows 操作系统的应用，在任何环境中都能够始终如一地运行。容器赋予了软件独立性，使其免受外在环境差异的影响，从而有助于减少团队间在相同基础设施上运行不同软件时的冲突。

4.2.2　容器的规范

如今，Docker 已经成为众所周知的容器化工具，甚至有人认为 Docker 就是容器。但事实上，在容器技术领域内，Docker 并不是唯一的选择，还有其他优秀的容器生态，比如 rkt、LXC 和 LMCTFY 等。但这些产品都有各自的技术标准，导致了容器技术的碎片化问题，使得容器技术生态难以扩大和维护。因此，制定一个关于容器化的标准已经势在必行，这样可以避免由于采用不同技术而导致的冲突和冗余。

2015 年，Docker 倡导成立了开放容器倡议（OCI）组织，联合 Google、CoreOS、IBM、Microsoft、RedHat 等厂商共同制定并维护容器镜像格式和容器运行时规范。OCI 组织的主要工作是创建容器运行时标准和镜像标准，并且负责管理与这些标准相关的开源项目，同时协调不同标准之间的关系。2016 年 4 月，OCI 推出了第一个开放容器规范，该规范包括运行时规范（runtime-spec）和镜像规范（image-spec），规定了容器的配置、执行环境和生命周期管理等方面的内容。通过遵守这些规范，企业能够放心地使用容器技术，并且能够轻松地在各个主流操作系统和平台之间进行容器的移植。

从长远来看，OCI 的出现非常有利于容器生态的快速发展。用户可以根据自己的需求选择不同的容器运行时，并且可以按照统一的规范对容器的镜像打包、建立、认证、部署、命名等步骤进行操作。此外，OCI 规范了容器的配置、执行环境和生命周期管理，可以帮助用户更加规范地应用容器化技术，并进一步实现 Docker 所提出的"Build、Ship and Run any app、anywhere"的愿景。

下面分别对运行时规范（runtime-spec）和镜像规范（image-spec）进行说明。

4.2.3　容器运行时规范

容器运行时规范规定了容器的配置、执行环境和生命周期。该规范将容器的配置信息保存在 config.json 文件中，详细说明了创建容器时所用的字段，指定了容器执行环境以确保在容器内运行的应用程序在不同运行时之间具有一致的环境；规范还定义了容器生命周期中的各种操作。为了达到 Docker 所提出的"Build、Ship and Run any app、anywhere"的愿景，OCI 在标准化容器上提出了以下 5 个原则：

1）标准操作

为容器定义一组标准操作，包括如何使用工具创建、启动和停止容器、如何使用标准文件系统工具复制和创建快照、如何使用标准网络工具对镜像及快照进行下载和上传等。

2）内容无关

容器是与内容无关的。无论内容如何，所有标准操作都具有相同的执行效果。无论是包含 MySQL 数据库、PHP 应用程序及其依赖项和应用程序的服务器，还是 Java 构建的工件，它们的容器操作方式都相同。

3）与基础设施无关

容器与基础架构无关，它们可以在任何 OCI 支持的基础架构中运行。

例如，容器可以运行在笔记本电脑上，也可以上传到云端或从云端下载下来放在某台服务器上运行。

4）为自动化而设计

标准容器是为自动化而设计的。因为它们提供相同的标准操作，而不管内容和基础设施如何，所以标准容器非常适合自动化。事实上，自动化是容器的主要特性之一，其使得许多曾经需要耗时且容易出错的人工工作现在都可以通过编程实现。

制定容器统一标准，使得容器操作与内容和平台无关，这样可以使容器操作全平台自动化。

5）工业级交付

标准容器使工业级软件交付成为现实。

符合规范的容器使大、中、小型企业都能够实现自动化软件交付。标准容器使我们可以构建自动化的软件交付流水线。使用容器技术的 DevOps 流程及外部的软件交付机制，正在一点点改变我们对软件打包和交付的认识。

4.2.4 容器镜像规范

容器镜像（Image）规范定义了容器运行时使用的镜像的打包方法，是容器实现"ship any where"的基础。它规定一个 OCI 镜像由清单（manifest）、镜像索引（index）（可选）、一组文件系统层（file system layers）和配置（configuration）组成。此规范的目标是创建镜像操作工具，用于构建、传送和准备要运行的容器镜像。

OCI 的镜像规范最终落地体现为 Runtime 中的 bundle，并以此为基础为用户提供一致的运行时依赖环境。要了解容器镜像规范就要首先了解镜像媒体类型文档的结构。该规范的高级组件包括：

镜像清单（manifest）：用于描述组成容器镜像的组件的文档。

镜像索引（index）：镜像清单的带注释的索引。

镜像布局（image layout）：表示镜像内容的文件系统布局。

文件系统层（file system layers）：描述容器文件系统的变更集。

镜像配置（image configuration）：确定镜像的层排序和应用参数、环境等信息。

转换（conversion）：描述如何解析镜像。

描述符（Descriptor）：描述引用内容的类型、元数据和地址。

签名（Signatures）（可选）：基于签名的图像内容的地址。

命名（Naming）（可选）：基于联合 DNS，可以授权。

下面对几个重要的部分做具体说明。

1）镜像清单

镜像清单有三个主要目标。

第一个目标是内容可寻址，镜像模型规定可以对其配置进行哈希处理，以便为镜像及其组件生成唯一的 ID。

第二个目标是通过胖清单（fat manifest）构建多体系结构镜像，使得镜像可以引用某特定平台的镜像清单。

第三个目标是使其能被解析成为 OCI 运行时规范。

2）镜像索引

镜像索引是指向特定镜像清单的高级清单，非常适合于一个或多个平台。虽然镜像提供者可以选择是否使用镜像索引，但镜像消费者应做好处理这些索引的准备。

3）文件系统层

文件系统层描述了如何将文件系统和文件系统更改（如删除的文件）序列化为一个称为层的 blob。Blob 存储的内容除了各镜像 layer 的压缩后文件，还包括名为 Manifest 的 JSON 文件（未压缩）。一个或多个层相互叠加，组成一个完整的文件系统。

4）镜像配置

OCI 镜像配置是根文件系统更改和执行相应参数的有序集合，可在容器运行时（running time）中使用。本规范概述了用于容器运行时和执行工具的镜像的 JSON 格式及其与文件系统变更集的关系。

4.3　容器技术之 Docker

4.3.1　什么是 Docker

Docker 是一个用于开发、发布和运行应用程序的开放平台，是前面提到的容器技术的具体实现。Docker 将应用程序与基础架构分离，以便快速交付软件。借助 Docker，使用者可以像管理应用程序一样管理基础架构。利用 Docker 可以快速交付、测试和部署代码，以减少编写代码和在生产环境中运行代码之间的延迟。

Docker 是一种容器化技术，它提供了一个可靠的环境或容器，让应用程序可以在其内部运行。Docker 最初是由 dotCloud 启动的一个业余项目，在 2013 年被正式开源发行。最初，它是用 Go 语言编写的，并使用 LXC 技术进行容器性能优化。因此，Docker 容器具有和 LXC 容器相似的特性，都可以在不过度消耗系统资源的情况下启动。

然而，与 LXC 不同，Docker 作为一个平台不仅提供了容器运行环境，还提供了应用程序的打包、分发和运行功能。它通过高级 API 接口为进程单独提供一个隔离的轻量级虚拟环境，并利用操作系统的功能来运行应用程序。Docker 技术在底层利用了 LXC、Cgroup 及 Linux 自带的内核功能，但 Docker 容器并不包含单独的操作系统，而是使用宿主机的操作系统提供的功能来运行应用程序。

通过将应用程序和所有依赖项打包到一个镜像中，Docker 实现了开发和部署时环境配置的标准化。这个镜像可以轻松地基于任何环境来执行，无须重新配置或制定部署计划。因此，Docker 解决了应用程序的构建、部署和运行过程中的环境配置问题。规范化应用交付和部署降低了部署测试的复杂度及开发和运维之间的耦合度。Docker 极大程度地提高了容器移植的便利性，并且可以帮助开发人员构建自动化的部署和交付流程，从而在应用程序交付时提供更高效、更持久的计算服务。

Docker 提供了在容器这种隔离环境中进行打包和运行应用程序的功能。这种隔离和安全性使我们可以在主机上同时运行多个容器。容器是轻量级的，通常包含除基础设施之外的运行应用程序需要的所有内容，因此无须依赖主机上当前安装的软件。

Docker 提供了相应的工具和平台来管理容器的生命周期，具体来说有以下三方面：

（1）对使用容器开发的应用程序及其支持组件进行管理。

（2）对利用容器进行分发和测试的应用程序进行管理。

（3）应用程序开发完毕后，将应用程序作为容器或编排服务部署到生产环境中。无论生产环境是本地数据中心、云还是两者的混合体，其工作原理都是一样的。

使用 Docker 最主要的目的是使开发人员能够快速、一致地交付应用程序。Docker 允许开发人员使用本地容器在标准化环境中开展工作，从而简化了开发的生命周期。容器非常适合持续集成和持续交付（CI/CD）的工作流。

下面是一个典型的应用场景：

（1）开发人员在本地编写代码，并使用 Docker 容器与同事共享他们的工作成果。

（2）开发人员使用 Docker 将他们的应用程序推送到测试环境中，并执行自动和手动测试。

（3）当开发人员发现 Bug 时，他们可以在开发环境中修复 Bug，并将其重新部署到测试环境进行测试和验证。

（4）测试完成后，将修补好的程序重新打包生成镜像推送到仓库，客户只需直接拉取镜像然后启动新镜像即可。

使用 Docker 可以轻松地移植应用程序。Docker 容器可以在开发人员的本地笔记本电脑上运行，也可以在数据中心的物理机器或虚拟机器上运行，亦可在各种云供应商上的云服务中或混合环境中运行。Docker 的可移植性和轻量级特性是使动态管理工作负载变得容易的关键，根据业务需求几乎可以在实时的情况下进行应用程序和服务的扩展或拆卸。Docker 是一种轻量级和快速的技术，为基于虚拟机的应用部署提供了一种可行且经济高效的替代方案，使得我们可以利用更多的计算能力来实现业务目标。对高密度环境和中小型企业部署来说，Docker 非常适合，因为它可以使用较少的资源来处理较多的事情。通过使用 Docker 技术，我们可以遵循一致的部署标准，实现应用程序的可移植性和可伸缩性，提高生产力并降低成本。

4.3.2　Docker 与虚拟机的区别

前面简单说明了容器与虚拟机的区别，本节我们将介绍 Docker 这种容器技术的具体实现与虚拟机的区别，以便更好地理解 Docker。Docker 和虚拟机都是资源虚拟化发展的产物，从前面的叙述我们看出二者在架构上存在较大区别。虚拟机通过利用虚拟机监视器（Virtual Machine Monitor）虚拟计算机硬件资源来构建客户机操作系统，并通过宿主机的管理软件进行各种管理；而 Docker 直接运行于宿主机上，其内部只打包一些必要的运行时库及相关配置信息，这样确保了 Docker 中的应用程序从交付到部署再到运维的独立性。Docker 容器无论在启动时间上还是硬盘使用上一般都远远小于虚拟机。

通常一个应用程序的基本运行环境包括软件环境和硬件环境。作为基础设施（Infrastructure）的硬件环境可以是个人计算机、数据中心服务器或者是云主机。软件环境的底层是主机操作系统（Host Operating System），其可以是 MacOS、Windows 或者某个 Linux 发行版。无论是使用 Docker 还是虚拟机，上述资源都是必需的。

通过虚拟机管理系统（Hypervisor），我们可以在宿主机操作系统上虚拟出多个不同的客户机操作系统。但是为了运行这些虚拟机操作系统，我们需要足够的资源，比如 CPU、内存、硬盘空间等。现在有很多成熟的虚拟机管理系统可以选择，比如 MacOS 的 HyperKit、Windows 的 Hyper-V、支持 Linux 的 KVM 以及 VirtualBox 和 VMware 等。虚拟机通常都非常大，小的至少也是几百 MB，大的则可以达到几个 GB 或十几个 GB，同时运行时会占用大量的 CPU 和内存资源。此外，如果应用程序用到了第三方库，那么每次安装到虚拟机上时都需要安装许多依赖库，比如使用 PostgreSQL 需要安装 libpq-dev，使用 Ruby 需要安装 gems 等，这些操作工作烦琐且出错率较高。

Docker 守护进程取代了虚拟机管理系统，它是运行在操作系统上的后台进程，负责管理 Docker 容器。Docker 容器可以运行于不同的宿主机操作系统上，即从镜像仓库拉取的镜像直接可以运行于主流的 Linux、MacOS 和 Windows 操作系统。对于 Docker，应用程序和它的依赖库都打包在 Docker 镜像中，不同的应用需要不同的 Docker 镜像；不同的应用运行在不同的 Docker 容器中，它们是相互隔离的。部署打包在 Docker 中的应用程序时，直接拉取 Docker 镜像到宿主机就可以，而不需要在宿主机上安装任何依赖库，使得工作简单、不易出错。

虚拟机是在物理资源层面实现的，即硬盘、CPU、内存等都是各自独立的，而 Docker 是在应用层面实现的，并且省去了虚拟机操作系统。Docker 守护进程直接与宿主机操作系统进行通信，为各个 Docker 容器分配资源，使各个应用可以弹性使用宿主机资源。

虚拟机要对硬件资源进行虚拟化，而容器 Docker 直接使用宿主机的硬件资源。因此两者在隔离性、运行效率、资源利用率等方面存在许多差异。

隔离性方面，虚拟机对操作系统也进行了虚拟化，使隔离更加彻底；而 Docker 共享宿主机的操作系统，隔离性较差。Docker 的隔离具体体现在文件系统的隔离，即每个容器进程运行在完全独立的根文件系统里。在资源隔离上，Docker 通过使用 Cgroup 为每个进程容器分配不同的系统资源。在网络隔离方面，Docker 的每个容器运行在自己的网络命名空间里，拥有自己的虚拟接口和 IP 地址。

虚拟机和容器在运行效率方面，如果使用相同的硬件资源，那么虚拟机的效率大大低于容器 Docker 的效率。比如 VMware 创建一台虚拟机至少是分钟级别的，而 Docker 可以做到在几秒钟之内创建大量容器，且它们的启动速度差距很大。

在资源利用率上，由于每台虚拟机都要虚拟出所需要的各种硬件资源，还要有一套独立的操作系统，因此利用率也会相对较低。对于 Docker 来说，运行在容器里的应用进程，跟宿主机上的其他进程一样，都由宿主机操作系统统一管理，只不过这些被隔离的进程拥有额外配置过的 Namespace 参数。由于虚拟机使用虚拟化技术作为应用沙盒，就必须要由 Hypervisor 来负责创建虚拟机，这台虚拟机是真实存在的，并且它里面必须运行一个完整的操作系统才能执行用户的应用进程，这就不可避免地带来了额外的资源消耗和占用。为了提高效率，Docker 采用了写时复制方式创建根文件系统，这让部署变得极其快捷，并且节省内存和硬盘空间。在记录日志时，Docker 会收集和记录每个进程容器的标准流（stdout/stderr/stdin），以便用于实时检索或批量检索。在变更管理上，Docker 容器文件系统的变更可以提交到新的镜像中，并可重复使用以创建更多的容器，而无须使用模板或手动配置。

正是由于这些优点，使 Docker 技术成为目前主流的软件打包方法。

4.3.3　Docker 的架构

Docker 使用的是 C/S（Client/Server，客户端/服务器）体系架构。如图 4-5 所示，在 Docker 客户端与服务端通信时，守护程序（Docker daemon 守护程序也称为 dockerd）负责构建、运行和分发 Docker 容器及其镜像的工作。Docker 客户端和守护程序在同一系统上运行，守护程序负责将 Docker 客户端连接到远程 Docker 服务端。Docker 客户端和守护程序使用 RESTAPI（Representational State Transfer Application Interface）通过 UNIX 套接字或网络接口进行通信。

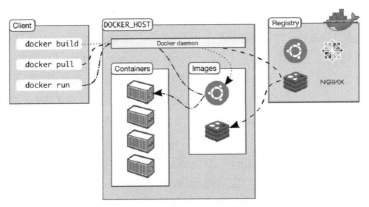

图 4-5　Docker 的架构

此外还有一个用于管理 Docker 客户端的工具——Docker-Compose，其被称为容器管家，可以对一组 Docker 容器进行管理，是一个单机环境的 Docker 编排工具。当有多个容器或者应用需要启动的时候，手动一个一个操作非常耗时，使用 Docker-Compose 只需要一个配置文件就可以帮我们完成这些工作。但是 Docker-Compose 只能管理当前主机上的 Docker，不能去管理其他主机上的服务。Docker-Compose 是基于 Docker 的编排工具，不仅能使容器的操作批量地执行，还可以解决容器之间依赖关系的问题，将容器按要求的顺序依次启动。

下面对与 Docker 相关的一些组件进行具体介绍。

1）Docker 守护程序（即 dockerd）

Docker 守护程序侦听 Client 的 DockerAPI 请求并管理 Docker 对象，如镜像、容器、网络和卷等。守护程序还可以与其他程序通信以管理 Docker 服务。

2）Docker 客户端

Docker 客户端是使用人员与 Docker 容器进行交互的主要方式。当使用者执行 docker run 等命令时，客户端会将这些命令发送到 dockerd，dockerd 会执行这些命令，完成所有工作并返回结果。Docker 客户端可以与多个守护程序进行通信。

3）Docker 桌面（Docker Desktop）

Docker 桌面是一款适用于 MacOS、Windows 或 Linux 环境的易于安装的应用程序，用来构建和共享容器化应用程序和微服务。Docker 桌面包括 Docker 守护程序 dockerd、Docker 客户端、Docker Compose、Docker 中的内容信任、Kubernetes 和凭证帮助程序等。其中内容信任允许使用远程 Docker Registry 来执行操作，以强制要求客户端对镜像的标记进行签名和验证。内容信任提供了使用数字签名来收发远程 Docker Registry 数据的能力。这些签名允许客户端验证特定镜像标签的完整性和发布者。

4）Docker 注册中心（Registry）

Docker 注册中心（如 DockerHub）是一个用于托管和共享 Docker 镜像的平台。它是一个线上的存储和分发系统，分为公有和私有两种类型。Docker 公司提供了公有的镜像仓库 hub.docker.com（Docker 称为 Repository），DockerHub 是公有的 Docker 注册中心。用户可以在 DockerHub 上注册账号，分享并保存自己的镜像或拉取公有的镜像。尽管 DockerHub 提供了公有容器镜像，但很多云服务提供商，比如 AWS 和 GCP 等，也有自己的私有容器镜像注册中心以供使用。

我们通常使用 Docker 拉取命令，从注册中心找到需要的 Docker 镜像，并从 DockerHub 中拉取镜像到本地。当使用 Docker 推送命令时，镜像将被推送到 DockerHub 并注册相应信息。一个 Docker Registry 中可以包含多个仓库（Repository），每个仓库可以包含多个标签（Tag），每个标签对应一个镜像。标签用于区分镜像的不同版本，在指定镜像版本时，通常使用<仓库名>：<标签>的格式，如果不指定版本，则默认使用 latest 标签。

在使用 Docker 时，可以使用自己的私有 Registry，可以在本地搭建私有的 Registry，以保存私有的镜像。Docker 还支持第三方版本的 Registry，比如 Harbor、Quay 等。

5）镜像

镜像是只读模板的，其中包含了一个根文件系统（Root File System），这个文件系统里面包含可以运行在 Linux 内核的程序及相应的数据。通常，一个镜像都是基于另一个更基础的镜像的，并在此基础上增加一些额外的自定义信息。当需要部署自己的应用时，可以使用其他人创建并在注册中心发布的镜像，在此基础上将自己的应用加入进去来创建新的镜像，这样可大大简化应用分发、部署、升级的流程。例如，可以构建一个基于 Ubuntu 镜像的新镜像，其中安装了 ApacheWeb 服务器和应用程序，以及运行这些应用程序所需的配置信息。

Docker 平台提供了生成标准镜像的语法，通过简单的语法可以创建 Dockerfile 文件，该文件中一般包含创建及运行镜像所需的步骤。Docker 文件中的每条命令都会在镜像中创建一层（layer）。更改 Docker 文件并重新构建镜像时，只会重新构建已更改的层，其他的层不会发生变化，与其他虚拟化技术相比，这是使镜像如此轻量级、小巧且快速的部分原因。

多个 App 可以共用相同的底层镜像（初始的操作系统镜像）；容器中应用程序运行时的 I/O 操作和镜像文件是隔离的;通过挂载包含不同配置/数据文件的目录或者卷（Volume），单个应用程序镜像可以用来运行多个不同的业务容器。

6）容器

这里所说的容器与前面章节中提到的略有不同，下面介绍这里所说的容器与镜像的关系。在容器技术中，镜像是静态的组件，相当于一个只读的文件系统，包含了应用程序、依赖项、库和其他所需的文件等信息。镜像可以通过 Dockerfile 构建，并在 DockerHub 等注册中心进行分享和下载。容器是镜像的实例，是运行时的动态组件，其提供了一个隔离的环境，使应用程序可以运行。用户可以使用 DockerAPI 或 CLI 创建、启动、停止、移动或删除容器。容器可以连接到一个或多个网络，可以附加存储，并且根据容器当前的状态创建新镜像或容器快照。

镜像和容器之间的关系可以类比为"类"和"实例"之间的关系，即镜像相当于"类"，容器相当于"实例"。用户可以基于一个镜像创建多个容器，这些容器之间默认情况下是隔离的。但是，我们可以通过控制容器的网络、存储或其他基础子系统来实现容器之间或容器与主机之间的隔离，并实现更细粒度的资源管理。容器具有轻量级、快速初始化、易于管理、易于复制和可移植等优点，因此在软件开发和部署过程中被广泛使用。

容器中的信息由创建它的镜像、创建或启动容器时的命令来决定。删除容器后，未存放在持久性存储介质中的任何信息都将消失。

7）镜像分层

Docker 支持通过扩展现有镜像来创建新的镜像。实际上，DockerHub 中 99% 的镜像都是通过在 base 镜像中安装和配置需要的软件构建出来的。

从图 4-6 中可以看出，新镜像是通过基础（Base）镜像一层一层叠加生成的。每安装一个软件，就在现有镜像的基础上增加一层。镜像分层最大的一个好处就是共享资源，比如有多个镜像都从相同的 Base 镜像构建而来，那么 DockerHost 只需在磁盘上保存一份 Base 镜像就够了；容器运行时的内存中也只需加载一份 Base 镜像就可以为所有容器服务，而且镜像的每一层都可以被共享。但需要注意的是，多个容器共享一份 Base 镜像时，当某个容器修改了 Base 镜像的内容，比如/etc 下的文件，其他容器的/etc 是不会被修改的，修改只会被限制在单个容器内，这就是容器的 Copy-on-Write 特性。

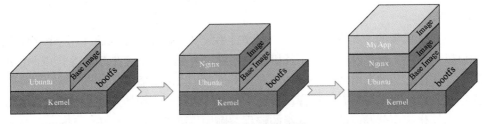

图 4-6　Docker 镜像分层

8）可写的容器层

如图 4-7 所示，当容器启动时，一个新的可写层（Writable）被加载到镜像的顶部，这一层通常被称作容器层，容器层之下的都叫镜像层。

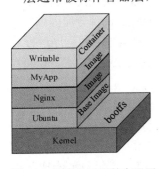

所有对容器的改动，如添加、删除或修改文件都只会发生在容器层中，因为只有容器层是可写的，容器层下面的所有镜像层都是只读的。

镜像层的数量可能会很多，所有镜像层会联合在一起组成一个统一的文件系统。如果不同层中有一个相同路径的文件，比如/app，那么上层的/app 会覆盖下层的/app，也就是说，用户只能访问到上层中的/app 文件。在容器层，用户看到的是一个叠加之后的文件系统，只有当需要修改时才复制一份数据。可见，容器层保存的是镜像变化的部分，并不会对镜像本身进行任何修改。

图 4-7　顶层为可写的容器层

9）数据卷

数据卷是用来保存容器中持久化数据的，其实它并不存在于镜像和容器之中。容器就像是一个简化了的操作系统，只不过其中只安装了应用程序运行时所需要的环境。容器是可以删除的，一旦删除了，容器中程序产生的需要持久化的数据怎么办呢？容器运行的时候我们可以进入容器去查看数据，但容器一旦删除就什么都没有了。数据卷就是来解决这个问题的，其被用来将数据持久化到宿主机上，与容器间实现数据共享。简单地说，就是将宿主机的目录映射到容器的目录，应用程序在容器的目录读写数据时会同步到宿主机上，这样容器产生的数据就可以持久化了，比如数据库容器就可以把数据存储到宿主机上的真实磁盘中。

综上所述：

Docker 使用的是 C/S 体系架构。

Server，即 dockerd，是一个守护进程，会一直运行在后台。

Client，是用户编写和执行命令的地方，俗称 shell，主要包括 DockerCLI 和 ComposeCLI。

Docker 中的 RESTAPI，即 DockerAPI，用于执行 Client 与 Server 交互的命令，主要有 Engine API、RegistryAPI、Docker Hub API 和 DVP Data API（API for Docker Verified Publishers）等。

Image，俗称镜像。

Container，俗称容器，用于装载和运行镜像。

容器的 Network，俗称容器网络，容器通过将内部端口与主机端口进行绑定，接收来自主机的信息。

Volume，俗称卷，为了能够持久化数据并共享容器间的数据，Docker 提出了 Volume 的概念。

4.3.4　Docker 容器原理

Docker 的基础是 LXC 和 AUFS（Advanced Unification File System）等技术（AUFS 一开始叫 Another Union FS，后来又叫 Alternative Union FS，最后直接改为 Advance Unification FS）。AUFS 是一个高级多层统一文件系统（Advanced Multi-layered Unification File System），是对 Linux 原生的 Union FS 的重写和改进。

LXC 负责资源管理，Docker 在 LXC 的基础上做了进一步封装，使用户不需要去关心容器的管理，进而使得操作更为简便。AUFS 负责镜像管理，其主要功能是把多个目录结合成一个目录并对外使用。

4.3.4.1　LXC 的组成

LXC 主要包括 Cgroup（Control group），Namespace，chroot（change to root）等组件。Docker 容器通过 Namespace（命名空间）实现进程隔离，通过 Cgroup（控制组）实现资源隔离，通过 AUFS 实现文件系统隔离。Docker 容器原理如图 4-8 所示。

Cgroup 提供了四大功能，分别是：

（1）优先级分配：通过分配的 CPU 配额和磁盘 I/O 来控制任务运行的优先级。

（2）资源统计：Cgroup 可以统计系统的资源使用量，比如 CPU 使用时长、内存用量等。这个功能非常适合当前云端产品按使用量进行计费。

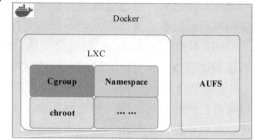

图 4-8　Docker 容器原理

（3）任务控制：Cgroup 可以对任务执行挂起、恢复等操作。

（4）物理资源隔离：隔离容器使用的物理资源，如 CPU、内存、磁盘 I/O、网络 I/O 等。这样虽然所有的容器都共享宿主机的资源，但是互不影响。每个 Cgroup 都可以为容器进行资源的分配，并通过修改对应的参数就可以修改资源。Cgroup 只在需要对容器使用的资源进行限制时才会生效，而无法单纯根据某个容器的 CPU 份额来确定有多少 CPU 资源分配给它。资源分配的结果取决于同时运行的其他容器的 CPU 分配和容器中进程运行的情况。

对于 Docker 来说，通过参数调用子系统实现对资源的分配与控制，因此我们只需要关注如何配置参数即可。比如在 Docker 中使用 cpu-shares（一个权重值）参数指定容器所使用的 CPU 份额值（默认为 1024）。假设有三个容器，我们可以根据实际需要分别设置 C1 的 cpu-shares 是 1500，C2 是 1000，C3 是 500，那么在 CPU 进行资源分配的时候，C1 获得的 CPU 资源是 C2 的 1.5 倍、是 C3 的 3 倍。参数配置好之后，在 sys/fs/cgroup/cpu/docker/<containerid>/cpu.shares 下可以找到生成的值。

由于 Docker 使用了很多 Linux 的隔离功能，使容器看起来像是一台轻量级虚拟机，在独立运行，但容器的本质是逻辑上独立的文件系统，是操作系统中的一个进程。

下面我们再介绍一下 Docker 中的 Namespace。

Linux 通过将系统资源放在不同的 Namespace 中，来实现资源隔离的目的。Namespace 是 Linux 为我们提供的用于分离进程树、网络接口、挂载点及进程间通信等资源的方法。如果服务器上启动了多个服务，这些服务其实会相互影响，每个服务都可以访问宿主机上的任意文件，互相抢占资源，很多时候，我们不希望这种事情发生，那么通过 Namespace 就可以将宿主机上同时运行的多个服务划分成相互独立、互不影响的多组服务。

Namespace 是容器的重要构建块，它将应用程序在单个或多个容器内进行隔离。当多个进程/服务在多个容器（单个主机系统）上运行时，从安全性和稳定性的角度来看，这种隔离是必要的。当运行容器时，Docker 会为该容器创建一组 Namespace，这组 Namespace 提供隔离层，使得容器的每个模块都在单独的 Namespace 中运行，其访问权限仅限于该 Namespace。

Docker 中的主要 Namespace 及其功能如下：

（1）IPC Namespace：主要对信号量、消息队列和共享内存进行隔离。IPC 代表进程间通信，默认情况下在所有容器上均启用，隔离共享内存、信号量和消息队列，使它们不会在多个容器之间发生冲突。在一个 IPC Namespace 中运行的进程，无法访问另一个 Namespace 中的资源。IPC Namespace 是用于托管数据库和高性能应用程序的容器。

（2）MNT Namespace：对挂载点（文件系统）进行隔离。通过 MNT Namespace，容器可以拥有自己的一组已挂载文件系统和根目录。通过 MNT Namespace，每个独立进程都可以拥有自己的根，并具有完全不同的文件结构视图。

（3）NET Namespace：对网络设备、网络栈及端口等进行隔离。使用 NET Namespace，可以通过容器（和主机）管理不同的网络接口。

（4）PID Namespace：对进程编号进行隔离。PID Namespace 使来自每个容器的进程可以有自己的标识符、序列和进程层次结构。在此类层次结构中，来自父 Namespace 的进程可以查看和影响子 Namespace 中的进程，但来自子 Namespace 的进程无法反向执行此操作。

（5）USER Namespace：对用户和用户组进行隔离。用户名被允许基于 Namespace 来映射用户和组，在这种情况下，来自主机系统的用户在容器中可以具有不同的用户 ID。

（6）UTS Namespace：对主机名与域名进行隔离。UTS（UNIX Timesharing Service）是指 UNIX 分时系统共享服务。每个 UTS Namespace 拥有一个独立的主机名。UTS Namespace 使得我们可以在 Docker 的每个容器中设置不同的主机名，同时保存内核名称、版本及底层体系结构类型等信息。

4.3.4.2　AUFS

上面介绍了 Docker 对 LXC 进行封装后实现的主要功能，下面再介绍一下 Docker 底层的 AUFS。

关于 Docker 的分层镜像，除了 AUFS，Docker 还支持 btrfs，device mapper 和 VFS。在 Ubuntu 下，Docker 默认使用 AUFS，但由于 AUFS 还没有进入 Linux 内核，因此在 RedHat 上使用的是 device mapper。

AUFS 作为先进联合文件系统，它能够将不同文件夹中的层联合（union）到同一个文件夹中，这些文件夹在 AUFS 中被称作分支，整个"联合"的过程称为联合挂载（Union Mount）。在 union 文件系统里，文件系统可以被装载在其他文件系统之上，其结果就是一个分层的累积变化。AUFS 在主机上使用多层目录存储，每个目录在 AUFS 中都被称为分支，而在 Docker 中则被称为层（layer），但最终呈现给用户的是一个普通的单层文件系统，我们把多层目录以单一层的方式呈现出来的过程称为联合挂载。其原理如图 4-9 所示。

当未用镜像创建容器时，AUFS 的存储结构如下：

diff 文件夹：存储镜像内容，每一层都存储在以镜像层 ID 命名的子文件夹中。

layers 文件夹：存储镜像层关系的元数据，在 diff 文件夹下的每个镜像层在这里都会有一个文件，文件的内容为该层镜像的父级镜像的 ID。

mnt 文件夹：联合挂载点目录，未生成容器时，该目录为空。

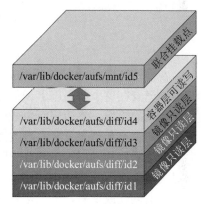

图 4-9　AUFS 原理图

当一个镜像已经生成容器时，AUFS 存储结构会发生如下变化：

diff 文件夹：当容器运行时，会在 diff 目录下生成容器层。

layers 文件夹：增加容器层相关的元数据。

mnt 文件夹：容器的联合挂载点，和容器中看到的文件内容一致。

在 Docker 的镜像设计中，用户创建镜像的每一步操作都是多增加一个目录（Docker 中称为层 layer）。启动 Docker 容器时，通过 AUFS 把相关的层全放在一个目录里，作为容器的根文件系统，而容器启动后，创建可写层来对 Docker 容器进行操作。

镜像中的每一层都是根据描述文件 Dockerfile 中的命令进行构建的。Dockerfile 里包含描述该层应当如何构建的命令，其会随着镜像层的逐层叠加，将一个完整的镜像所需要的信息全部包含在内。外部则通过统一文件系统将相互叠加的层整合起来，以只读的统一文件（Union Read-Only File System）形式展现。

4.3.5　Docker 运行流程

当我们执行容器创建命令来创建一个容器的时候，Docker 管理系统首先检查是否存在要运行容器的镜像，如果本地已经存在该镜像，则使用本地镜像创建容器；如果本地找不到镜像，则到指定的镜像仓库中去拉取，拉取成功后创建新的容器，如果在镜像仓库也找不到镜像，则容器创建失败，具体流程如图 4-10 所示。

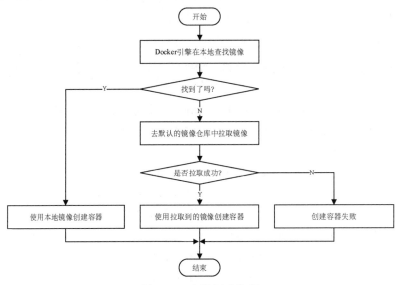

图 4-10　容器创建流程

　　在创建容器时，会分配 union 文件系统并挂载一个可读写的层，任何修改容器的操作都会被记录在这个读写层上。如果要在新创建的容器中包含这些修改，那么就要使用该容器生成新的镜像，然后用新生成的镜像创建容器；如果还用原来的镜像创建新容器，那么这个容器中不会包含上次的修改操作。

　　创建容器的过程中还要分配网络接口。创建一个允许容器与本地主机通信的网络接口，即寻找一个可用的 IP 地址并将其分配给创建的容器。

　　容器创建成功后，可以运行指定的程序。用户可以在创建镜像时将要启动的应用程序设置为自动运行，这样容器启动后，应用程序就会自动运行起来。容器运行过程中，我们可以通过发送命令对容器进行操作。Docker Client 负责接收命令，与 Docker Host 下的守护进程 Docker Daemon 进行交互。Docker Host 提供了运行应用程序的完整环境，其中，Docker Daemon 用于管理 Docker 镜像、容器、网络和存储卷，负责所有与容器相关的操作，如拉取镜像、创建容器等，它会一直侦听 Docker API 请求并进行处理；Registry 则是管理镜像的仓库，用户可以将创建的镜像提交到仓库进行存储，以便从仓库拉取镜像为自己和他人使用。

4.4　Docker 的使用

　　Docker 是一个开源的引擎，可以轻松地为任何应用创建一个轻量级、可移植的容器。Docker 包含三个基本概念，分别是镜像（Image）、容器（Container）和仓库（Repository）。Docker 容器是镜像运行的一个实例，仓库是存放镜像的场所，镜像是 Docker 的核心。

　　下面分别讨论镜像的创建、仓库的使用及容器的操作。Docker 镜像创建主要有三种方式，它们分别是基于 Dockerfile 命令创建、基于已有容器创建及基于本地模板创建。

4.4.1　Dockerfile 命令

　　镜像相当于是容器的模板，从前面的讲解中可以看出，它不是一个单一的文件，而是由多层文件构成的。容器只是在镜像的最上面加了一个读写层，在运行的容器里做的任何文件改动，都会写到这个读写层。如果删除了容器，那么也就删除了其最上面的读写层，文件改动也就丢失了。Docker 使用存储管理系统管理镜像的每层内容及容器的可读写层。

Docker 镜像是一个特殊的文件系统，除了提供容器运行时所需的程序、库、资源、配置等文件，还包含了一些为运行时准备的配置参数（如匿名卷、环境变量、用户等）。镜像不包含任何动态数据，其内容在构建之后也不会被改变。

定制镜像实际上就是定制每一层所添加的配置及文件。我们可以把每一层修改、安装、构建、操作的命令都写入一个脚本，用这个脚本来构建、定制镜像，通常这个脚本就是 Dockerfile。通过 docker build 命令，可以根据 Dockerfile 的内容来构建镜像。

Dockerfile 脚本大致可分为四部分：镜像基础信息、维护者信息、镜像操作命令和容器启动时执行的命令。

下面是一个简单的例子：

```
# 镜像基础信息
# This dockerfile uses the Ubuntu image
# VERSION 2-EDITION 1
# Author：docker_user
# Command format：Instruction [arguments / command] ..
# Base image to use，this must be set as the first line
FROM ubuntu

#维护者信息
# Maintainer：docker_user <docker_user at email.com>（@docker_user）
MAINTAINER docker_user docker_user@email.com

#镜像操作命令
# Commands to update the image
RUN echo "deb http：//archive.ubuntu.com/ubuntu/ raring main universe" >> /etc/apt/sources.list
RUN apt-get update && apt-get install -y nginx
RUN echo "\ndaemon off；" >> /etc/nginx/nginx.conf

# 容器启动时执行的命令
# Commands when creating a new container
CMD /usr/sbin/nginx
```

Dockerfile 中每行是一条命令，每条命令可有多个参数，以"#"号开头的行为注释行，这些注释不会作为命令被执行。在构建镜像的过程中，每条命令都会创建一个新的镜像层，镜像层可以缓存和复用。随着每条命令的执行，Docker 将在其缓存中查找可重用的现有镜像，而不是创建一个新的（重复）镜像。如果不想使用缓存，那么可以在 docker build 命令中通过使用--no-cache=true 选项来实现。当 Dockerfile 的命令修改了、复制的文件变化了或者构建镜像时指定的变量不同了，对应镜像层的缓存就会自动销毁，该镜像层及其之后的镜像层缓存都会失效。镜像层是不可变的，如果在某一层中添加了一个文件，然后在上面一层中删除它，那么镜像中依然会包含该文件，只是这个文件在 Docker 容器中不可见了。

常见的 Dockerfile 命令，如表 4-1 所示。

表 4-1　Dockerfile 命令表

命　　令	含　　义
FROM 镜像	指定新镜像所基于的镜像，Dockerfile 中的第一条命令必须为 FROM 命令
MAINTAINER 名字	说明新镜像的维护人信息
RUN 命令	在所基于的镜像上执行命令，并提交到新创建的镜像中，它是创建镜像过程中执行的命令
CMD["executabl","Param1", "param2"]#使用 exec 执行 CMD command param1 param2#在/bin/sh 上执行 CMD["Param1","param2"]#提供给 ENTRYPOINT 作为默认参数	这三种都是用于指定启动容器时要运行的命令或脚本，Dockerfile 只能有一条 CMD 命令，如果指定多条那么只有最后一条被执行。推荐使用第一种方式
EXPOSE 端口号	指定新镜像加载到 Docker 时要开启的网络端口
ENV 环境变量 变量值	设置一个环境变量的值，可以为后面的 RUN 命令使用
ADD 源文件/目录 目标文件/目录	将源文件复制到目标文件，源文件要与 Dockerfile 位于相同目录中或者是一个 URL
COPY 源文件/目录 目标文件/目录	将本地主机上的文件/目录复制到目标位置，"源文件/目录"要与 Dockerfile 在相同的目录中
VOLUME ["目录"]	创建一个可以从本地主机或其他容器挂载的挂载点，主要用于数据的持久化，一般用来存放数据库和需要保存的数据等
USER 用户名/UID	指定运行容器时的用户名或 UID，后续的 RUN 命令也会使用该指定用户。 当服务不需要管理员权限时，可以通过该命令指定运行命令的用户，并且可以创建临时需要的用户，例如 RUN group add -r postgres && user add -r -g postgres postgres。要临时获取管理员权限，可以使用 gosu，不推荐使用 sudo。
WORKDIR 路径	为后续的 RUN、CMD、ENTRYPOINT 命令指定工作目录
ONBUILD 命令	ONBUILD 是一个特殊的命令，它后面跟的是其他命令，比如 RUN，COPY 等，而这些命令，在当前镜像构建时并不会被执行。只有以当前镜像为基础镜像，去构建下一级镜像的时候才会被执行
HEALTHCHECK	健康检查，当一个镜像指定了 HEALTHCHECK 命令，用该镜像创建容器时，初始状态会为 starting，在 HEALTHCHECK 命令检查成功后变为 healthy，如果连续一定次数失败，则会变为 unhealthy

4.4.2　基于 Dockerfile 命令创建镜像

通过 docker build 命令创建镜像，是 Docker 引擎最常用的功能之一。构建镜像是软件开发生命周期的关键部分，通过将代码及其运行所需要的文件进行打包，可以将软件发布到任何地方。

Docker 引擎由多个组件和工具组成。发出创建镜像的命令后，由 CLI 将请求发送到 Docker 引擎来执行构建过程。Docker 引擎有两个组件可用于构建镜像。从 18.09 版本开始，默认情况下引擎随 Moby BuildKit 一起被提供。BuildKit 是从旧版构建器演变而来的，它对原构建方法做了许多改进，成为一个高性能的构建工具，并且它还引入了对复杂场景的支持。

构建镜像的基本过程如下。

4.4.2.1 打包软件

构建并打包应用程序，打包后应用程序就可以在任何地方运行，如在本地使用、在云上使用和在 Kubernetes 中使用。

下面是一个简单的 Dockerfile 示例。这里以一个显示"Hello cloud native！"的 Python 程序为例，将其打包成一个可直接部署的 Docker 镜像，使其可以在本地或云上部署运行。

假设这个 Python 程序名为 hi.py，其作为一个 Web 程序部署并运行，包含以下内容：

```
from flask import Flask
app=Flask（__name__）

@app.route（"/"）
def hello（）：
    return "Hello cloud native！"
```

下面将 hi.py 创建成镜像的 Dockerfile 文件。

```
# syntax=docker/dockerfile：1
FROM ubuntu：22.04

# install app dependencies
RUN apt-get update && apt-get install -y python3 python3-pip
RUN pip install flask==2.1.*

# install app
COPY hi.py /

# final configuration
ENV FLASK_APP=hi
EXPOSE 8000
CMD flask run--host 0.0.0.0--port 8000
```

下面对这个 Dockerfile 文件做具体说明：

文件中首先指定正在使用的 Dockerfile 语法的版本：

```
#syntax=docker/dockerfile：1
```

作为最佳实践，通常把它作为文件的第一行来告知 BuildKit 使用正确的版本。

接下来，定义第一条命令：

```
FROM ubuntu：22.04
```

这条 FROM 命令表明文件的基础运行环境是 Ubuntu，其版本为 22.04。后面的命令都在这个基础镜像上执行，"ubuntu：22.04"遵循 Docker 镜像命名规范 name：tag。通常构建镜像时都使用这种命名规范，即"name"为镜像名，"tag"为版本号，如果不指定 tag，那么会使用版本为 latest 的镜像。

底层运行环境具备了，通常还要安装程序本身运行所需要的运行环境及相应的依赖文件。我们这个小程序是 Python 编写的，所以要安装 Python 环境。下面的命令是对系统进行更新后安装 Python 环境的说明。

```
# install app dependencies
RUN apt-get update && apt-get install -y python3 python3-pip
```

这条 RUN 命令执行 shell 语句，由于操作系统环境为 Ubuntu，因此可以使用包管理器 apt 提供的命令更新我们的包列表，然后安装 Python3 和 Python3-pip。

注意："#install app dependencies"是一条注释。Dockerfiles 中的注释以"#"号开头，其可以对相应的操作做一些说明，方便人们更快地理解命令的含义和目的。

```
RUN pip install flask==2.1.*
```

这条命令是指在之前安装的 Python3-pip 层上执行 pip 命令来安装 flask（flask 是一个使用 Python 编写的轻量级 Web 应用框架）。我们编写的 hi.py 要基于该框架运行。

```
COPY hi.py /
```

基本环境安装好后，接着把程序打包到镜像中。使用 COPY 命令来复制 hi.py 文件。将本地的 py 文件放到镜像的根目录中，该命令执行之后 hi.py 被复制到镜像的根目录，也可以根据需要指定不同的目录。

```
ENV FLASK_APP=hi
```

ENV 命令设置了稍后需要的 Linux 环境变量。这是一个 flask 特定的变量，在运行 hi.py 时会用到，这条命令告诉 flask 要运行哪个程序。

```
EXPOSE 8000
```

这条命令标明最终镜像有一个通过端口 8000 提供的服务。这不是必需的，但其可以方便用户通过工具来了解镜像的功能。

```
CMD flask run --post 0.0.0.0 --port 8000
```

这条命令设置了用户在启动容器后运行的命令，这里是在启动容器后运行 flask，使其监听本机所有 IP 地址的 8000 端口。

下面是我们创建该镜像时的基本操作步骤：

（1）在机器上创建一个目录，然后在此目录中编辑 Dockerfile 文件，具体语句如下：

```
mkdir mydocker
cd mydocker
vim Dockerfile
```

（2）将上面的内容放入 Dockerfile 文件。

（3）保存并退出。

4.4.2.2 选择生成镜像用的驱动程序

用户可以根据不同的使用场景对 Buildx 驱动程序进行细粒度的配置。Buildx 支持以下驱动程序：

（1）Docker：使用绑定到 Docker 守护进程中的 BuildKit 库。

（2）Docker Container：使用 Docker 创建专用的 BuildKit 容器。

（3）Kubernetes：在 Kubernetes 集群中创建 BuildKitpods。

（4）Remote：直接连接到手动管理的 BuildKit 守护程序。

不同的驱动程序适用于不同的使用场景。默认的 Docker 驱动程序简单、易用，但它对缓存和输出格式等高级功能的支持有限；其他驱动程序提供了更大的灵活性，能更好地处理复杂场景，通常使用 Docker 来创建镜像。

表 4-2 概述了驱动程序之间的一些差异。

表 4-2 镜像驱动程序间的差异

特　　点	Docker	Docker Container	Kubernetes	Remote
自动加载镜像	√			
缓存导出	仅内联	√	√	√

（续表）

特　　点	Docker	Docker Container	Kubernetes	Remote
Tarball 输出		√	√	√
在多种架构上运行的容器镜像		√	√	√
BuildKit 配置		√	√	外部管理

这里我们以 Docker 为例创建镜像。

docker build 命令基本语法：

docker build [OPTIONS] PATH | URL | -

OPTIONS 说明：

--build-arg=[]：设置镜像创建时的变量；

--cpu-shares：设置 CPU 使用权重；

--cpu-period：限制 CPU CFS（Completely Fair Scheduler，完全公平调度器）周期；

--cpu-quota：限制 CPU CFS 配额；

--cpuset-cpus：指定使用的 CPU ID；

--cpuset-mems：指定使用的内存 ID；

--disable-content-trust：忽略校验，默认开启；

-f：指定要使用的 Dockerfile 的路径；

--force-rm：是否强制删除（即使创建不成功）中间容器；

--isolation：使用容器隔离技术；

--label=[]：设置镜像使用的元数据；

-m：设置内存最大值；

--memory-swap：设置 swap 的最大值为内存+swap，"-1"表示不限制 swap；

--no-cache：创建镜像的过程不使用缓存；

--pull：将提取任何基本镜像的最新版本，而不是重复使用已经在本地标记的内容；

--quiet，-q：安静模式，成功后只输出镜像 ID；

--rm：设置镜像成功后删除中间容器；

--shm-size：设置/dev/shm 的大小，默认值是 64M；

--ulimit：设置容器的 ulimit 值（用于 shell 启动进程所占用的资源，可用于修改系统资源限制）。

--squash：将 Dockerfile 中所有的操作压缩为一层。

--tag，-t：镜像的名字及标签，通常使用 name：tag 或者 name 格式；可以在一次构建中为一个镜像设置多个标签。

--network：默认为 default。在构建期间设置 RUN 命令的网络模式。

4.4.2.3　生成镜像

使用 docker build 命令构建镜像。

docker build -t test：latest .

-t test：latest 中指定构建镜像的名称为 test（必须要有名称），标签约 latest。latest 为标签是可选的，其用于指定版本号（如 v1.0），这里的 latest 表示生成最新版本。

注意命令的最后有个点"．"，它是指镜像构建时需要打包的文件的目录，Dockerfile

中的 COPY 或 ADD 命令会打包该目录下的文件到镜像中。

当前目录可以用"."表示，非当前目录则需要手动指定。所指定的目录一般是构建 docker 镜像项目的根目录，但最好不要用系统的/root 目录，这样可能会造成不必要的资源浪费，会把一些不需要的文件打包到镜像中。

这个例子中，build 会在当前目录找 Dockerfile 和 Dockerfle 需要访问的本地文件，这里 Dockerfle 需要访问的本地文件就是这个 Python 应用程序 hi.py。

根据发出的构建命令及构建上下文的工作方式，Dockerfile 和 Python 应用程序需要位于同一目录。

执行上面的命令后，屏幕会显示具体的构建过程。在执行上述命令时，要确保机器处于联网状态，因为该实例要从网络上下载基础镜像 Ubuntu 22.04 和其他安装包。下面是执行命令的过程，由于信息较多，这里只给出了一部分内容。由于 Dockerfile 中有 7 条命令，因此一共需要执行 7 步。

```
Sending build context to Docker daemon   4.608kB
Step 1/7: FROM ubuntu：22.04
22.04：Pulling from library/ubuntu
cf92e523b49e：  Pull complete
Digest：sha256：35fb073f9e56eb84041b0745cb714eff0f7b225ea9e024f703cab56aaa5c7720
Status：Downloaded newer image for ubuntu：22.04
 ---> 216c552ea5ba
Step 2/7: RUN apt-get update && apt-get install -y python3 python3-pip
 ---> Running in 3be211cebd52
Get：1 http：//security.ubuntu.com/ubuntu jammy-security InRelease [110 kB]
Get：2 http：//security.ubuntu.com/ubuntu jammy-security/multiverse amd64 Packages [4644 B]
......
```

创建成功后，可以使用 docker images 命令查看生成的镜像。

下面是输入 docker images 命令后显示的信息：

REPOSITORY	TAG	IMAGE ID	CREATED	SIZE
test	latest	3f0b6cacfb22	14 seconds ago	468MB

4.4.2.4　使用镜像创建容器

输入以下命令：

```
docker run -p 8000：8000 test：latest
```

命令中-p 后面的参数指明容器中的 8000 端口映射到宿主机的 8000 端口。因为容器中的程序处于隔离环境，我们无法直接访问容器内打开的端口，因此要将其映射到宿主机的某个端口，才能进行访问。

上述命令运行后提示的信息如下：

```
* Serving Flask app 'hi' （lazy loading）
* Environment： production
   WARNING： This is a development server. Do not use it in a production deployment.
   Use a production WSGI server instead.
* Debug mode： off
* Running on all addresses （0.0.0.0）
* Running on http：//127.0.0.1：8000
* Running on http：//172.17.0.2：8000
```

Press CTRL+C to quit

由于采用的是阻塞方式运行容器，因此屏幕会卡在这里，不能再输入命令，我们可以通过加入-d 参数使容器在后台运行，也可以再打开一个终端，通过命令查看容器运行情况，包括容器的 ID、该容器的镜像、启动时执行的命令、创建时间、状态、端口及名字等。

输入 docker ps –a，得到以下信息：

CONTAINER ID IMAGE COMMAND CREATED STATUS PORTS NAMES
a2cc277c6eb2 test：latest"/bin/sh -c'flask r…"8 minutes ago Up 8 minutes 0.0.0.0：8000->8000/tcp,：：：8000->8000/tcp exciting_chandrasekhar

其中 STATUS 这列的"UP"表示容器处于运行状态。

此时可以在宿主机上的浏览器里输入 http：//127.0.0.1：8000 打开容器中部署在 Web 上的程序 hi.py。打开后在浏览器中会显示信息如下：

Hello cloud native！

如果不方便使用浏览器，那么也可使用 curl 来显示信息。

curl http：//127.0.0.1：8000

在屏幕上也会输出：

Hello cloud native！

4.4.3　基于已有容器创建镜像

当我们把软件部署到容器上并且测试通过后，为了方便在其他机器或云上使用，通常可以将这个容器生成一个镜像，放到镜像仓库，到新环境里只需直接拉取下来就可以使用。

使用 docker commit 可以将容器中这个可读写的环境持久化为一个镜像。

docker commit 基本语法如下：

docker commit [OPTIONS] CONTAINER [REPOSITORY[：TAG]]

OPTIONS 说明：

-a：镜像的作者；

-c：使用 Dockerfile 命令来创建镜像；

-m：提交时的说明文字；

-p：在 commit 时，将容器暂停。

下面以一个基于 nginx 的应用来说明根据容器制作镜像的基本过程。

下载官方的 nginx 镜像，基于官方 nginx 镜像启动一个容器，把需要的文件复制到容器中，并根据自己的需要把配置文件改好。

输入 docker ps -a 可以查看运行的容器信息如下：

CONTAINER ID	IMAGE	COMMAND	CREATED	STATUS	PORTS	NAMES
7b5180853aa4	nginx	"/docker-entrypoint…"	7 seconds ago	Up 6 seconds	80/tcp	mgrApp

该容器名字为 mgrApp，现在根据该容器创建一个镜像，命令如下：

docker commit -a "yufeng" -m "this is a mgr tool" 7b5180853 aa4 mgrapp：v1

其中：

yufeng：镜像作者；

this is a mgrt ool：提交时的说明文字；

7b5180853aa4：容器 ID；

mgrapp：镜像名称；

v1：版本号。

执行上面的命令后就会根据正在运行的容器 mgrApp 生成一个新的镜像。输入 docker images 命令可以看到新生成的镜像信息如下：

```
REPOSITORY     TAG      IMAGE ID        CREATED         SIZE
mgrapp         v1       37e2bbc60241    2 minutes ago   142MB
test           latest   3f0b6cacfb22    18 hours ago    468MB
nginx          latest   51086ed63d8c    13 days ago     142MB
```

其中 myrapp 为新生成的镜像，版本为 v1。这里需要注意，镜像名中不能含有大写字母，否则会有错误提示。

4.4.4　基于本地模板创建镜像

前面两种方式是较常用的镜像构建方法，而基于模板创建镜像是通过导入模板文件生成新的镜像，其必须通过到指定网站下载模板文件才能实现。

找到需要的模板后，使用 wget 命令将其下载到本地。下面以 debian-9.0-x86_64-minimal 为例创建镜像，首先使用 wget 命令下载模板，具体操作如下：

`wget http：//download.openvz.org/template/precreated/contrib/debian-9.0-x86_64-minimal.tar.gz`

下载成功后，会在目录下看到该文件：debian-9.0-x86_64-minimal.tar.gz。执行下面的命令将文件 debian-9.0-x86_64-minimal.tar.gz 导入成镜像，其中镜像名为：debian-x86_64-minimal，版本号为 v9.0。

`cat debian-9.0-x86_64-minimal.tar.gz | docker import - debian-x86_64-minimal：v9.0`

下面是输入 docker images 命令后显示的信息，可以看到镜像 debian-x86_64-minimal 已经在本地仓库中了。

```
REPOSITORY               TAG      IMAGE ID        CREATED          SIZE
debian-x86_64-minimal    v9.0     a8c68f99242b    19 seconds ago   209MB
mgrapp                   v1       37e2bbc60241    3 hours ago      142MB
test                     latest   3f0b6cacfb22    21 hours ago     468MB
```

4.4.5　容器操作命令

每个容器都是由镜像创建的一个实例，一个主机可以运行多个容器，由于其具有隔离的特性，因此容器之间互不影响。下面介绍如何创建、使用和管理容器。

4.4.5.1　创建容器

利用镜像创建容器可以使用下面的命令：

`docker create[OPTIONS]IMAGE[COMMAND][ARG...]`

其中，可以通过"docker create --help"查看该命令各参数的详细信息。

docker create 命令用于指定的镜像创建一个新的容器，而不启动它。

创建容器时，Docker 守护程序会在指定的镜像上创建一个可写的容器层，并为运行指定的命令做好准备，然后将容器 ID 输出到屏幕上，这与 docker run –d 命令类似，只是创建命令中容器未启动。如果要启动这个容器，可以使用 docker container start（简称：docker start）命令。

当希望提前设置好容器，以便在需要时随时启动它时，就可以使用 docker create 命令。

docker create 命令与 docker run 命令共享大部分选项（docker run 在启动容器之前要先执行 docker create）。

用户可以从一个镜像中创建多个容器，但必须确保所用资源（如名称和端口映射等）

不冲突。

下面是使用该命令创建容器的一个例子：

```
docker create-p3000：8000--name newtest test：latest
```

说明：

-p 参数告诉 Docker 将容器中 8000 端口映射到宿主机操作系统的 3000 端口。这与 Docker 中的 EXPOSE 命令相对应。当这个容器正常启动后，将会把容器 8000 端口发出的信息发送至宿主机操作系统的 3000 端口，而外部发送到宿主机 3000 端口的请求将会被发送到容器的 8000 端口。

--name 参数为容器指定了一个名字，本例中的名称是 newtest。

最后一个参数告诉 Docker 要使用哪个镜像作为新容器的模板。这个例子中指定了 test：latest 镜像，其是在 docker build 中使用的。

现在创建第二个容器，使用不同名称和端口进行映射：

```
docker create-p4000：8000--name newtest1 test：latest
```

该命令使用 test：latest 镜像创建了一个名为 newtest1 的容器。将容器中的端口 8000 映射到主机中的端口 4000，这样该容器将能够与实例 newtest 共存。因为它们使用不同的网络端口和名称，所以即使它们包含相同的应用也不会相互影响。

4.4.5.2　显示容器列表

docker ps 命令用于列出系统中存在的容器。默认情况下，docker ps 命令不显示未运行的容器，所以如果要查看所有的可用容器，需要在命令后面加个参数-a。

```
docker ps -a
```

该命令会产生以下输出：

```
CONTAINER ID   IMAGE         COMMAND              CREATED         STATUS                 PORTS       NAMES
17ba57180b06   test:latest   "/bin/sh -c 'flask r…"  3 minutes ago   Created                            newtest1
0ca5907beab9   test:latest   "/bin/sh -c 'flask r…"  10 minutes ago  Created                            newtest
7b5180853aa4   nginx         "/docker-entrypoint.…"  4 hours ago     Up 4 hours             80/tcp      mgrApp
bf3751d6ea1d   nginx         "/docker-entrypoint.…"  4 hours ago     Exited (127) 4 hours ago           intelligent_morse
a2cc277c6eb2   test:latest   "/bin/sh -c 'flask r…"  21 hours ago    Up 21 hours            0.0.0.0:8000->8 exciting_chandrasekhar
```

容器列表中各列的含义如下：

CONTAINER ID：每个容器都被分配了唯一的 ID。

IMAGE：用于创建容器的镜像名称。

COMMAND：容器启动后内部执行的命令。

STATUS：容器的状态，创建成功、正在运行或退出等。

PORTS：容器与宿主机之间的端口映射。

NAMES：容器的名称。

4.4.5.3　启动容器

前面使用 docker create 命令从同一个镜像中创建了两个容器，这两个容器的内部是完全相同的，它们包含相同的文件，但是这两个容器外面的配置是不一样的。Docker 允许同一镜像创建的容器通过使用不同的名称来区分，并且将容器内的固定的端口映射到宿主机不同的网络端口上，这样两个容器都可以被正常访问，不会产生冲突。

前面创建的两个容器（newtest 和 newtest1）目前并没有做任何事情，它们所包含的应用程序也没有运行，因为还没有启动它们，下面通过 docker start 命令启动容器。

```
docker start [OPTIONS] CONTAINER [CONTAINER...]
```

其中，OPTIONS 选项解释如下：

--attach，-a：连接到标准输出；

--checkpoint：从此检查点还原；

--checkpoint-dir：使用自定义检查点存储目录；

--detach-keys：定义后台运行容器的按键；

--interactive，-i：启动容器并进入交互模式。

运行以下命令启动容器 newtest：

```
docker start newtest
```

启动后，再使用 docker ps 命令查看容器状态，可以看到容器 newtest 的 status 变为了 Up，映射的端口 PORTS 也显示出来了，这表明容器此时已经正常启动运行了。

```
IMAGE...STATUS...PORTS...NAMES
0ca5907beab9...Up 5 seconds...0.0.0.0：3000->8000/tcp,：：：3000->8000/tcp newtest
```

当容器启动后，Docker 会设置端口映射，将宿主机操作系统上的 3000 端口映射到容器内的 8000 端口，使 newtest 内部的程序能够接收来自容器外部的 3000 端口的请求。

要测试该容器，只需打开一个新的浏览器窗口，输入 http：//localhost：3000，此时将发送一个 HTTP 请求到宿主机操作系统上的 3000 端口，Docker 会将请求引导到容器内部的 8000 端口，容器内部的 web 服务器接收到请求并运行 hi.py，同时将信息由内部的 8000 端口发送到外部宿主机的 3000 端口，此时在浏览器上就会显示出"Hello native cloud！"

4.4.5.4　启动所有容器

执行下面的命令就可以启动系统上的所有容器。

```
docker start $（docker ps -aq）
```

该命令结合了 docker start 和 docker ps 命令的输出，其中：

参数-a 指明包括未运行的容器，而参数-q 用于返回容器 ID。

docker ps -aq 的作用就是得到所有未运行容器的 ID，然后将它们作为 docker start 命令的参数，从而使 docker start 根据 ID 依次启动各个容器。

4.4.5.5　停止容器

可以通过使用 docker stop 停止一个或多个容器。

```
docker stop [OPTIONS] CONTAINER [CONTAINER...]
```

OPTIONS 说明如下：

--time，-t：指定多长时间后停止容器，单位为秒，如果不加该选项那么立即停止，例如：

```
docker stop newtest
```

该命令会停止 newtest 容器。

使用以下命令，可以根据返回的容器 ID，停止所有正在运行的容器。

```
docker stop $（docker ps -q）
```

其中，docker ps 命令唯一需要的参数是-q，这里没有使用-a 参数，因为停止命令只需要针对运行中的容器，未运行的不需要。

4.4.5.6　获取容器输出日志

查看容器启动日志主要是用于排错。容器启动后，其内部会保留启动日志，可以用 docker logs 命令来查看。

```
docker logs [OPTIONS] CONTAINER
```

其中，OPTIONS 说明如下：

--details：显示更多的信息；

--follow，-f：跟踪日志输出；

--since：显示自某个时间之后或相对时间内的日志，如 15m（即 15 分钟）；

--tail，-n all：从日志末尾向前显示的行数，默认为 all；

--timestamps，-t：显示时间戳；

--until：显示自某个时间之前的日志。

使用下面的命令可以查看容器 newtest 指定时间 2022-10-08 后的日志，且只显示最后 50 行。

```
docker logs -f -t --since="2022-10-08" --tail=50 newtest
```

使用下面的命令可以查看容器 newtest 的所有日志。

```
docker logs newtest
```

docker logs 命令用于显示容器的最新输出，即使容器已被停止。对于运行中的容器，可以使用-f 参数来监控输出，保证能看到所有的新消息。通常，如果容器出错或未正常启动，可以通过该命令查看原因。

4.4.5.7　创建并启动容器

docker run 命令用于通过镜像创建容器并启动容器，其效果是将 docker create 和 docker start 命令合并到一条命令中。运行以下命令，可以实现通过自定义镜像 test 创建和启动容器，将容器内部的端口 8000 映射到宿主机的端口 5000，并将启动的容器命名为：newtest2。

```
docker run -p 5000：8000 --name newtest2 -d test：latest
```

上面的命令中加上-d 选项后，这条命令执行完会自动回到命令行，使容器在后台运行；如果不加-d，那么容器会在前台运行，不回到命令行，此时无法再输入操作命令，要想回到命令行只能按"Ctrl+C"键先退出容器的运行。

4.4.5.8　自动删除容器

在 Docker 容器退出时，默认情况下容器内部的文件系统及相应修改仍然被保留，以方便调试并保留用户数据，并可以通过 docker start 再次启动它。但是，有时容器只是在开发调试过程中短期运行，其用户数据并无保留的必要，因而可以在容器启动时设置--rm 选项，这样在容器退出时就能够自动清理相关信息。

执行下面的命令创建容器 newtest3，并将宿主机中的 6500 端口映射到容器中的 8000 端口。

```
docker run -p 6500：8000 --rm --name newtest3 -d test：latest
```

当执行 docker stop newtest3 时，容器停止后会立即被删除。

4.4.5.9　获取容器元数据

使用 docker inspect 命令可以用来获取 Docker 容器的元数据，这些元数据是描述容器自身信息的数据。命令格式如下：

```
docker inspect［OPTIONS］NAME|ID［NAME|ID...］
```

OPTIONS 说明如下：

-f：指定返回值的模板文件；

-s：如果类型为容器，则显示文件总大小；

-type：返回指定类型的 JSON；

NAME|ID：容器的名字或 ID。

执行下面的命令会在屏幕上输出容器 newtest 的元数据。

```
docker inspect newtest
```

4.4.5.10 更新容器配置

docker update 命令可以用于更新一个或多个 Docker 容器的配置。该命令后面的 CONTAINER 可以是容器 ID 也可以是容器名。命令格式如下：

```
docker update [OPTIONS] CONTAINER [CONTAINER...]
```

OPTIONS 说明如下：

--cpu-shares：更新 cpu-shares（相对权重）；

--kernel-memory：更新内核内存限制；

--memory，-m：更新内存限制；

--restart：更新重启策略。

更新容器 newtest 的 CPU 共享数量的命令如下：

```
docker update --cpu-shares 512 newtest
```

更新容器 newtest 的重启策略的命令如下：

```
docker update --restart=always newtest
```

更新容器 newtest 使用的内存配额的命令如下：

```
docker update -m 500M newtest
```

4.4.5.11 容器与宿主机间的文件复制

如果要在容器和宿主机之间复制文件或文件夹，可以使用如下命令：

```
docker cp [OPTIONS] CONTAINER：SRC_PATH DEST_PATH|-
docker cp [OPTIONS] SRC_PATH|- CONTAINER：DEST_PATH
```

其中，第 1 条命令是将容器中的文件或目录复制到宿主机，第 2 条命令是将宿主机中的文件或目录复制到容器。

OPTIONS 说明如下：

-a：归档模式（复制所有 uid/gid 信息）；

-L：保持被复制的源中的连接，即源中的连接也被复制到目标中去。

CONTAINER 为容器名称或 ID，这里的容器可以是正在运行或已停止的。

SRC_PATH 和 DEST_PATH 可以是文件或目录。

执行下面的命令将宿主机中当前目录下的 mysqlodbc 文件夹及其中的内容复制到容器 newtest 中的 home 文件夹下。

```
docker cp ./mysqlodbc newtest： /home
```

执行下面的命令将容器中的 hi.py 文件复制到宿主机的 test 目录下。

```
docker cp newtest： /hi.py ./test
```

4.5 容器技术之 Containerd

随着 Kubernetes 在全球技术市场的广泛应用，出现了越来越多的工具和标准来帮助用户管理和使用相关的容器化技术，除 Docker 之外还有许多出现了工具，如 Containerd，CRI，CRI-O，OCI，RunC 等。2020 年，CNCF 基金会宣布 Kubernetes1.20 版本将不再仅支持 Docker 容器管理工具，也会支持其他容器管理工具。由于 Containerd 技术的成功，其可以实现无缝对接 Kubernetes，所以接下来 Kubernetes 容器运行时的主要工具可能是 Containerd。

4.5.1　什么是 Containerd

很早之前的 Docker Engine 中就有 Containerd，只不过后来将 Containerd 从 Docker Engine 里分离出来了，使其作为一个独立的开源项目。2019 年，CNCF 宣布：Containerd 是继 Kubernetes、Prometheus、Envoy 和 CoreDNS 之后的第五个毕业项目。分离出来的 Containerd 将具有更多的功能，涵盖了整个容器运行时管理的所有需求，提供了更强大的支持。

为了能够兼容 OCI 标准，Containerd 将容器运行时及其管理功能从 Docker Daemon 中剥离了出来。理论上，即使不运行 Docker，也能够直接通过 Containerd 来管理容器。Containerd 向上为 Docker Daemon 提供了 gRPC 接口，使得 Docker Daemon 屏蔽下面的结构变化，确保原有接口向下兼容；向下通过 containerd-shim 结合 RunC，使得引擎可以独立升级，避免之前 Docker Daemon 升级会导致所有容器不可用的问题。

Containerd 是一个工业级标准的容器运行时，可以很容易地嵌入其他系统。它强调简单性、健壮性和可移植性，采用标准的 C/S 架构，服务端通过 GRPC 协议提供稳定的 API，客户端通过调用服务端的 API 进行高级的操作。Containerd 的主要功能如下：

（1）管理容器的生命周期，如创建、启动、停止、销毁容器等；

（2）拉取/推送容器镜像；

（3）存储管理（管理镜像及容器数据的存储）；

（4）调用 RunC 运行容器（与 RunC 等容器运行时交互）；

（5）管理容器网络接口及网络。

Containerd 通过 CRI 插件实现了 CRI 接口。

4.5.2　容器运行时接口 CRI

Kubernetes 早期的时候是通过硬编码的方式直接调用 Docker API，后来随着 Docker 技术的不断发展，出现了更多容器运行时。为了 Kubernetes 支持更多的容器运行时，Google 和 RedHat 公司主导推出了 CRI（Container Runtime Interface，容器运行时接口）标准，用于将 Kubernetes 平台和特定的容器运行时解耦。

CRI 本质上就是 Kubernetes 定义的一组与容器运行时进行交互的接口，只要实现了这套接口的容器运行时都可以对接到 Kubernetes 平台。但为了能够兼容更多的容器，Kubernetes 为一些自身没有实现 CRI 接口的容器提供了一个 Shim（垫片），这个 Shim 的职责就是作为适配器将各种容器运行时本身的接口适配到 Kubernetes 的 CRI 接口上，其中 Docker Shim 就是 Kubernetes 对接 Docker 并适配到 CRI 接口上的一个垫片实现。

CRI 作为一个插件接口，它使 Kubernetes 中的 Kubelet 能够使用各种容器运行时，而无须重新编译集群组件。只要在集群中的每个节点上都有一个可以正常工作的容器运行时，Kubelet 就能启动 Pod 及其容器。CRI 是 Kubelet 和容器运行时之间进行通信的主要协议，它定义了主要的 gRPC 协议，用于集群组件 Kubelet 和容器运行时。

如图 4-11 所示，如果使用 Docker 作为 Kubernetes 容器运行时，Kubelet 需要先通过 Docker Shim 去调用 Docker，然后再通过 Docker 去调用 Containerd。

图 4-11　Docker 作为 Kubernetes 容器运行时的调用关系

如图 4-12 所示，如果使用 Containerd 作为 Kubernetes 容器运行时，由于 Containerd 内置了 CRI 插件，因此 Kubelet 可以直接调用 Containerd。由此可见，使用 Containerd 不仅性能提高了（调用链变短了），而且资源占用也会减少（Docker 不是一个纯粹的容器运行时，具有大量其他功能）。

图 4-12　Containerd 作为 Kubernetes 容器运行时的调用关系

4.5.3　Containerd 的架构

Containerd 支持的操作系统主要有 Linux、Windows 及 ARM 架构的一些平台。图 4-13 是官方提供的 Containerd 架构图，可以看出，Containerd 采用的也是 C/S 架构，操作系统之上运行的就是底层容器运行时。在底层容器运行时之上的是 Containerd 相关的组件，如 Core、API、Backend 等。建立在 Containerd 组件之上并与这些组件做交互的都是 client，Kubernetes 与 Containerd 通过 CRI 做交互时，其本身也是 Containerd 的一个 Client。Containerd 本身也提供了一个 CRI，这个 CRI 名为 ctr。

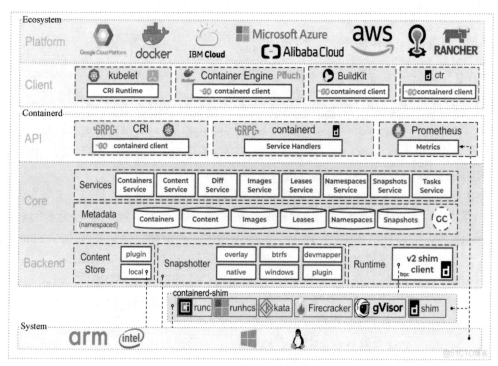

图 4-13　Containerd 架构图

服务端通过 UNIX Domain Socket 暴露了底层的 gRPC API 接口，客户端通过这些 API

管理节点上的容器，其中每个 Containerd 只负责一台机器。拉取镜像、对容器的各种操作（启动、停止等）、网络通信、存储等都是由 Containerd 完成的。运行容器由 RunC 负责，实际上只要是符合 OCI 规范的容器都可以支持 RunC。

　　Containerd 将系统划分成了不同的组件，每个组件都由一个或多个模块协作完成（Core 部分），每一种类型的模块都以插件的形式被集成到 Containerd，而且插件之间是相互依赖的。图 4-13 中的每个长虚线的方框都表示一种类型的插件，包括 Service Plugin、Meta data Plugin、GC Plugin、Runtime Plugin 等，其中 Service Plugin 又会依赖 Metadata Plugin、GC Plugin 和 Runtime Plugin；每个小方框都表示一个细分的插件，其中 Metadata Plugin 依赖 Containers Plugin、Content Plugin 等。

　　Content Plugin：提供对镜像中可寻址内容的访问，所有不可变的内容都被存储在这里。

　　Snapshot Plugin：用来管理容器镜像的文件系统快照。镜像中的每一层都会被解压成文件系统快照，类似于 Docker 中的 Graph Driver。

　　如图 4-14 所示，Containerd 可以分为三大块，分别是 Storage、Metadata 和 Runtime。

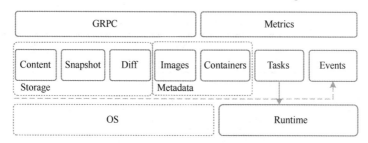

图 4-14　Containerd 的三大块

Container Runtime 使用 RunC 来运行容器，并且实现了镜像管理和 API 等高级特性。

4.5.4　Containerd 与 Docker 比较

　　Docker 由 Docker Client、dockerd、Containerd、Docker Shim 和 RunC 组成，Containerd 是 Docker 的基础组件之一；从 Kubernetes 的角度来看，可以选择 Containerd 或 Docker 作为运行时组件。

　　如图 4-15 所示，Containerd 的调用链更短、组件更少、更稳定、占用节点资源更少。所以，Kubernetes 后来的版本开始默认使用 Containerd；Containerd 相比于 Docker，多了 Namespace 的概念，每个镜像和 Containerd 都在各自的 Namespace 下可见。

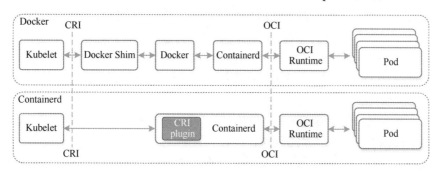

图 4-15　Containerd 与 Docker 比较

Docker 作为 Kubernetes 容器运行时，调用关系为：

Kubelet→Docker Shim（在 Kubelet 进程中）→Docker→Containerd。

Containerd 作为 Kubernetes 容器运行时，调用关系为：

Kubelet→CRI plugin（在 Containerd 进程中）→Containerd。

在操作命令上，ctr 和 crictl 是两个主要的客户端命令行工具，其中 ctr 是 Containerd 自带的 CLI 命令行工具；crictl 是 Kubernetes 中 CRI（容器运行时接口）的客户端，Kubernetes 使用该客户端和 Containerd 进行交互，来检查和调试 Kubernetes 节点上的容器运行时和应用程序。

ctr -v 命令输出的是 Containerd 的版本，crictl -v 命令输出的是当前 Kubernetes 的版本，由此可见 crictl 是用于 Kubernetes 的命令。

一般来说，某个主机安装了 Kubernetes 后，才会有 crictl 命令。而 ctr 是与 Kubernetes 无关的，只要主机安装了 Containerd 服务就可以使用 ctr 命令。

Docker、ctr 和 crictl 的常用命令如表 4-3 所示。

表 4-3　Docker、ctr 和 crictl 的常用命令

用　途	Docker 命令	ctr（Containerd）命令	crictl（Kubernetes）命令
查看运行的容器	docker rps	ctr task ls/ctr container ls	crictl ps
查看镜像	docker images	ctr image ls	crictl images
查看容器日志	docker logs	无	crictl logs
查看容器数据信息	docker inspect	ctr container info	crictl inspect
查看容器资源	docker stats	无	crictl stats
启动/关闭已有的容器	docker start/stop	ctr task start/kill	crictl start/stop
运行一个新的容器	docker run	ctr run	无（最小单元为 pod）
修改镜像标签	docker tag	ctr image tag	无
创建一个新的容器	docker create	ctr container create	crictl create
导入镜像	docker load	ctr image import	无
导出镜像	docker save	ctr image export	无
删除容器	docker rm	ctr container rm	crictl rm
删除镜像	docker rmi	ctr image rm	crictl rmi
拉取镜像	docker pull	ctr image pull	crictl pull
推送镜像	docker push	ctr image push	无
在容器内部执行命令	docker exec	无	crictl exec

Docker 和 Containerd 都是容器管理平台，除了上面提到的区别，还有其他一些不同：

（1）Docker 是一个完整的容器平台，其中包括构建、打包、运输和管理容器的所有工具和组件，而 Containerd 专注于容器的运行时管理。

（2）Docker 具有一个可视化的用户界面，便于用户管理 Docker 容器，而 Containerd 需要通过 API 来管理。

（3）Docker 支持在容器中运行应用程序，同时具有一些工具来扩展和管理容器网络和存储，而 Containerd 专注于容器的创建、运行和管理。

（4）Docker 通过 Docker Swarm 提供了一个内置的集群管理器，支持水平扩展应用程序，而 Containerd 不具备这种功能，需要用户使用其他工具来管理集群。

（5）Docker 目前具有比较成熟的生态，有大量成熟的工具对其在 Kubernetes 中的应用提供支持，而 Containerd 的生态还处在发展和完善中。

4.6　小结

本章主要介绍了容器及其管理平台，讲解了容器的技术背景、容器与虚拟机的区别、容器的优势及容器技术的基本概念。此外，重点讲解了容器技术中的 Docker 技术，Docker 中的主要命令。通过本节的学习，使大家学会了如何创建镜像，以及使用 Docker 生成容器。本章最后还介绍了 containerd 技术，并与 docker 进行了比较。

习　　题

1．使用物理机的缺点是什么？
2．虚拟机的主要特点是什么？
3．容器化的主要优点是什么
4．什么叫容器？
5．OCI 在标准化容器上提出了哪些原则？
6．Docker 与虚拟机的主要区别是什么？
7．镜像是如何分层的？
8．LXC 主要有哪些组件？它们各自的作用是什么？
9．Docker 镜像的创建方式主要有哪些？
10．什么是 Containerd？
11．什么是容器运行时接口（CRI）？

第 5 章　容　器　编　排

对于大、中型的软件系统来说，单体式的应用部署早已无法满足软件系统运行的实际需求。软件系统可能由数十乃至数百个松散结合的单元构成，这些单元要通过相互间的协同合作，才能完成既定的工作。容器编排则是用来解决各单元相互间的协同合作的最佳方法。通过使用编排工具自动化容器构建、部署、扩展和管理的过程，用户可以轻松实现应用程序的可用性和高可伸缩性，提高生产效率并降低成本。

本章将讲解容器编排的原理、容器编排工具以及如何通过编排工具将服务暴露出来以供用户使用。

5.1　容器编排及主要工具

5.1.1　什么是容器编排

容器编排是指通过自动化管理、调度和协调容器来实现容器的部署、扩展和联网的一种技术。被编排的容器可以为基于微服务的应用提供理想的应用部署单元和独立的执行环境。在实际生产环境中，基于微服务的应用可能需要部署在多台物理主机或虚拟主机上，而每台主机中又运行了多个容器。通过容器编排，这些容器的协调工作、资源分配等问题都可以得到解决，从而提供高效、弹性和可靠的服务。容器编排可以为需要部署和管理成百上千个容器和主机的用户提供便利。容器编排工具可以编排管理任何环境下的容器，使开发部署人员可以在不同环境中部署相同的应用，而无须重新设计。同时，利用该编排工具来管理容器的生命周期也为将其集成到 CI/CD 工作流中的 DevOps 团队提供了支持。

5.1.2　容器编排主要功能

5.1.2.1　部署和置备

在容器编排中，部署和置备是非常重要的功能。

1）部署（Deployment）

部署通常是指在集群中部署或重新部署应用程序。在容器环境中，部署通常通过创建多个容器实例来完成，这些实例在各自的节点上运行。

例如，Kubernetes 使用 Deployment 对象来指定一个或多个 Pod 的副本，以及如何更新它们，例如滚动升级和回滚操作。当一个 Deployment 对象被创建或更新时，Kubernetes 会自动管理 Pod 的生命周期，并确保集群中所需数量的实例能正常运行。

2）置备（Readiness）

常见的应用程序变化方式包括替代或删除 Pod 实例，在进行这样的变化前，我们必须考虑到可能会有遗留连接还没有完全断开。在容器环境中，这种连接经常与复杂的网络服务相关联。

为了解决这个问题，容器编排平台通常需要提供一个"置备"检查机制，在生产安排新版本之前，对实例执行该检查并等待结果。如果 Pod 的 Ready 状态表示没准备好，那么调度器会被禁用。只有当所有副本都"就绪"并且可以接收流量时，Kubernetes 才会将新副本的流量引入它们，同时从另一个旧副本中转移流量。

总之，在容器编排平台中，部署和置备都是非常重要的功能。部署可以帮助我们简化管理复杂的应用程序，而置备则可以确保在进行系统变更时，能够平滑过渡，进而保证服务的连续可用性。

5.1.2.2　配置和调度

对容器运行的环境进行配置，并依据一定的算法，让容器在合适的节点上启动。

1）配置

在容器编排平台中，我们需要管理大量的应用程序配置，包括环境变量、密钥、证书等。这些配置通常被保存在 ConfigMap（配置映射）对象中。ConfigMap 是一组键值对的集合，可以存储应用程序所需的任何不可变数据。

通过 ConfigMap，我们可以将配置数据独立于容器镜像并进行管理。这意味着当需要更新配置时，我们无须重新构建和发布应用程序，而只需修改 ConfigMap 即可。

2）调度

在容器编排平台中，容器的调度通常由调度器组件来实现。它负责将容器实例分配给节点，以确保容器在可用资源上获得足够的计算能力和存储空间。与此同时，调度器还监视计算资源的使用，并在需要时进行扩展或缩减。

例如，在 Kubernetes 中，有一种调度策略称为"最佳节点"（Best-Node）。基于 CPU、内存、I/O 等量化指标，该策略根据节点状态和负载情况来选择最适合部署容器实例的节点。

因此，在容器编排中，配置和调度也是非常重要且紧密相关的功能，需要对其进行有效的管理以确保系统的功能正常。

5.1.2.3　灰度发布

容器编排工具可以支持灰度发布，即将新版本应用程序逐步发布到生产环境，从而降低风险和影响。在容器编排中，灰度发布是一种渐进式发行应用程序的方法，它可以逐步地将新版本部署到生产环境中，并通过观察其性能和稳定性，保证升级过程具有可重复性和随时回滚的能力。

在容器编排平台中，通常使用以下两种方案来执行灰度发布。

1）替代策略

这种策略会先启动与旧版本相同数量的新容器，在经过测试验证并保证其稳定之后，再由新容器逐渐接管旧容器的工作。在 Kubernetes 中，这种操作通常通过 Deployment 对象实现。

例如，我们可以通过修改存储在 ConfigMap 中的环境变量值或者通过更改标签选择器来控制哪些容器要被替换。因此，可以基于节点、Pod 或 Namespace 级别来覆盖应用配置并完成升级。

2）流量分割策略

这种策略会将流量划分为多个部分，分配给不同的服务版本，直到最终只有新服务处理流量。在 Kubernetes 中，通常使用 Service 对象和 Ingress 对象来实现。

　　例如，可以创建两个不同版本的服务，并使用 Ingress 对象进行路由交通限制。在某些情况下，我们也可能会使用权重来定义服务的流量份额，这可以通过服务器防火墙，在端口控制表中配置策略实现。

　　总之，灰度发布是一种非常重要的容器编排方式，它可以避免未经测试的版本或错误的配置导致生产环境中的意外故障，并确保应用程序在多版本之间进行平稳的切换。

5.1.2.4　资源分配

　　容器编排中的"资源分配"指的是为容器指定资源请求量和资源约束量，资源请求量是指容器要求节点被分配的最小资源量，如果该节点可用容量小于容器要求的请求量，容器将被调度到其他合适的节点；资源约束量指容器在某节点上的最大使用容量。

　　在容器编排中，我们需要确保每个容器都能够获得足够的资源，以便它能够正常运行并且不会对其他容器产生负面影响。具体而言，资源分配包括以下四方面。

　　（1）CPU：为容器分配基于 CPU 的计算资源，以确保容器能够在需要时获得足够的 CPU 资源。

　　（2）内存：为容器分配基于内存容量的资源，以确保容器能够拥有足够的内存来执行其工作负载。

　　（3）存储：为容器分配基于存储容量的资源，以确保容器能够访问其需要的所有存储数据。

　　（4）网络：为容器分配基于网络带宽的资源，以确保容器能够快速有效地与其他容器和外部网络进行通信。

　　容器编排工具通常包括资源管理器，它可以更好地管理容器和它们所需的资源，以确保它们在整个部署过程中都能够得到充分利用。

5.1.2.5　容器可用性

　　在容器编排中，保证容器的可用性是非常重要的。它的目的是利用冗余访问路径和组件弹性来减少单点故障的发生。容器管理具备内置的弹性，可以自行恢复，确保应用在不停机的情况下运行并处理意外故障。当某个容器实例崩溃或失效时，可以通过自动替换新的容器实例，保证应用程序的可用性。

　　在容器编排平台中，通常采用健康检查机制来保证容器的可用性。

　　健康检查是容器编排平台的一个基本功能，它有两种方式：Liveness Probe 和 Readiness Probe。Liveness Probe 是指检测容器本身是否正在运行，而 Readiness Probe 则是指检测容器是否准备好接收客户端的请求。

　　通过进行周期性的健康检查，容器编排平台可以确定哪些容器实例出现了问题，并尝试重新启动或替换出错的容器实例，以确保服务的连续可用性。

　　例如，在 Kubernetes 中，我们可以通过定义 Pod 中的 Probe 对象来执行健康检查。Probe 对象包含一个命令或 HTTP 请求，Kubernetes 将定期执行该对象并根据返回代码判断容器是否可用。

　　总之，在容器编排中，保证容器可用性是非常重要的，健康检查和自动扩展等机制可以帮助系统发现故障并尽快恢复，从而确保应用程序能够持续地正常服务。

5.1.2.6　根据平衡基础架构中的工作负载扩展或删除容器

　　容器编排机制可以在负载减少时，通过删除多余的容器，以减少资源占用，并将资源分配给需要的应用；当负载增加、已有容器无法满足要求时，则分配给该应用更多的资源或增加容器数量。

在容器编排平台中，通常使用以下方式对容器进行扩展或删除。

1）水平扩展

水平扩展是在给定的负荷下动态地增加或减少容器数量的方法。当系统监测到负载增加时，会自动增加容器实例数量，以满足新的负载需求。相反，当监测到负载减少时，系统会自动减少不必要的容器实例，以释放资源并降低成本。

例如，在 Kubernetes 中，可以使用 Horizontal Pod Autoscaler（HPA）控制器对象，通过定义 CPU 利用率、内存使用量或其他负载指标进行水平扩展。

2）垂直扩展

垂直扩展是指根据需要调整容器的计算资源，例如，修改容器的 CPU 限制或内存限制等配置。当系统产生较高的负载时，某个容器可以以更高的 CPU 限制或内存限制来运行，而在负载较低时，该限制可以降低。

例如，在 Kubernetes 中，可以使用 Vertical Pod Autoscaler（VPA）控制器对象，根据容器内部现有的请求或需求消耗量，自动调整基础架构资源的分配。

总之，在容器编排中，根据基础架构中的工作负载进行扩展或删除容器是非常常见的操作。水平和垂直扩展均可用于满足应用程序对计算资源的不断变化的需求。

5.1.2.7　负载平衡和流量路由

在容器编排中，负载平衡和流量路由是非常重要的功能。通过为网络中或跨多个网络的流量选择路径，并在多个计算机、网络连接、CPU、磁盘驱动器或其他资源中分配负载，以达到最优化资源使用、最大化吞吐率和最小化响应时间，同时避免过载，从而提高应用程序的性能和可伸缩性。

在容器编排平台中，负载均衡和流量路由的概念如下。

1）负载均衡

负载均衡是一种将请求自动分配给多个容器实例的机制，以实现系统在处理大量请求时的高效性、自动化和稳定性。当有大量请求涌入时，负载均衡可以将请求合理分布到各个容器实例中，并在出现容器故障等情况时重新分配请求，从而确保整个系统的正常运行。

例如，在 Kubernetes 中，可以使用 Service 对象来执行负载均衡。Service 对象为后端 Pod 实例提供统一的 IP 地址和 DNS 名称，并通过定义负载均衡策略（如基于默认循环或基于 IP 哈希的轮询）来分发请求。当后端 Pod 发生变化时，Service 对象可以根据需要动态地更新路由表。

2）流量路由

流量路由是一种指定请求流量流向的机制。它能够有选择地将请求路由指到特定的容器实例组、特定版本的应用程序或在不同地理位置的不同数据中心进行负载均衡和路由。

例如，在 Kubernetes 中，可以使用 Ingress 对象来执行流量路由。Ingress 对象定义了从入站请求到后端服务的映射关系，并可以基于 URL 路径、HTTP 头、主机名或自定义标记来划分请求并将其路由到特定的服务或版本。通过 Ingress 对象，还可以支持 TLS 终止和 WebSocket 协议等高级功能。

总之，在容器编排中，负载均衡和流量路由能够确保系统稳定、高效运行，是非常重要的功能。负载均衡能够按需自动对请求进行负载分配，而流量路由则可以将请求流量注入各个应用程序版本中，更加精准灵活地控制请求的调度和路由，让整个系统具有良好的可靠性和扩展性。

5.1.2.8　监控容器的健康状况

在容器编排中，监控容器的健康状况是一项非常重要的任务。利用健康检查机制来检查容器中服务的可用性，以确保服务在被调用时不出现异常。由于容器运行在相对封闭的环境中，并且可能会随时启动、停止或崩溃，因此我们需要能够跟踪这些操作并及时发现任何健康问题。监控可以帮助我们及时地识别问题，并采取适当的措施来保证整个系统的稳定性和高可用性。

在容器编排平台中，通常使用以下方式来监控容器的健康状况。

1）生命检查

生命检查是一种通过轮询或定时检查的方式来确定容器是否已终止或不能正常工作的机制。在生命检查过程中，容器将发布其当前状态和可用性信息，以便容器编排平台或其他监视工具能够了解其健康状态。如果容器不能正常响应生命检查的请求，那么容器编排平台会自动重新启动容器实例或更换到备份容器实例。

例如，在 Kubernetes 中，可以使用 Liveness Probe 探测器对象进行生命检查。该探测器可以通过 HTTP 请求、TCP 套接字或执行容器内部进程的方式来测试容器的运行状况，并在检测到问题时触发自动操作。

2）就绪检查

就绪检查是一种通过轮询或定时检查的方式来确定容器已就绪并可以处理请求的机制。在就绪检查过程中，容器将发布其准备好接受请求的状态和可用性信息。如果容器尚未就绪，那么容器编排平台可能会继续等待，直到容器就绪，并确保不再将任何新请求分配给当前无法处理请求的容器。

例如，在 Kubernetes 中，可以使用 Readiness Probe 探测器对象进行就绪检查。该探测器可以通过 HTTP 请求、TCP 套接字或执行容器内部进程的方式来测试容器的就绪状态，并在检测到问题时触发自动操作。

总之，在容器编排中，监控容器的健康状况是非常重要的，因为它可以帮助我们及时发现健康问题并采取适当的行动来保证整个系统的稳定性和高可用性。生命检查和就绪检查是最常用的技术方法，它们可以对容器实例的健康状态进行快速而准确的度量和监控。

5.1.2.9　配置容器应用

每个应用程序都是一个可执行程序文件，容器编排可以根据特定的环境或具体的需求定制应用的运行特性。容器编排中的配置容器应用，使我们可以通过修改容器应用程序的配置文件来定制化容器的运行特性，以满足特定的环境或具体的需求。由于每个应用程序都是一个可执行程序文件，所以它们可以在任何容器中运行并快速部署到不同的环境中，同时也可以进行灵活地配置和管理。

在容器编排中，常见的配置容器应用方式如下。

1）环境变量

环境变量是一种指定应用程序运行所需的参数的机制，这些参数通常是与时间、位置、版本等有关的值。例如，我们可以通过环境变量指定应用程序需要连接哪个数据库或使用哪个 API 密钥等。在容器编排中，环境变量可以在启动容器时进行设置，并且在容器内部运行期间可以被访问。

2）配置文件

配置文件是一种指定应用程序运行所需的参数的文本文件，通常包含键值对或结构化数据。例如，我们可以通过一个配置文件来指定服务器端口号、日志级别、缓存大小等信息。在容器编排中，配置文件通常作为容器映像的一部分进行打包，并在容器中作为挂载点进行处理。如果没有特殊指定，那么容器将使用其默认配置文件。

3）命令行参数

命令行参数是一种指定应用程序运行所需的参数的机制，它们可以在启动时被直接提供给应用程序。例如，我们可以通过命令行参数指定应用程序读取哪个配置文件或将其日志输出到哪里等。

总之，在容器编排中，我们可以利用环境变量、配置文件和命令行参数等方式来灵活地配置应用程序，并根据不同的需求进行自定义配置。这可以帮助我们更好地管理和部署可移植的容器化应用程序，以便满足组织的特定需求。

5.1.2.10　保持容器间交互的安全

容器技术本质上是一种用户空间上的虚拟化技术，它借助操作系统的内核来实现不同容器之间的资源隔离和安全性隔离。每个容器都拥有自己的文件系统、网络栈、进程空间等资源，从而实现了与宿主机和其他容器的隔离。

然而，由于多个容器共享同一个宿主机的操作系统内核，一些基本的操作系统功能（如系统调用、内存管理等）仍然需要通过宿主机的内核来实现。因此，如果宿主机内核存在漏洞或受到攻击，那么就可能导致容器间的安全隐患。例如，一个恶意容器可以尝试利用宿主机内核的漏洞或特权程序（如系统调用）来攻击其他容器或宿主机。

容器编排技术通过加强容器之间的隔离和限制，来弥补多个容器共享同一宿主机内核带来的一些安全风险。例如，通过设置容器的访问权限、网络拓扑等方式来降低容器被攻击的可能，从而降低容器间的相互影响和攻击的危害。同时，容器编排技术还提供了容器镜像签名、日志收集和审计等功能，以加强容器的安全性和可追溯性。

综上所述，容器技术和容器编排技术共同构成了容器生态系统的基础，同时也是保持应用程序安全性、可用性和可扩展性的关键技术。

5.1.3　容器编排工具

到目前为止，Docker 毫无疑问是一个优秀的开源应用容器引擎，允许开发人员打包他们的应用及依赖包到一个可移植的镜像中，并发布到任何流行的操作系统上，但 Docker 本身不能进行复杂的应用程序部署。复杂应用程序的部署需要良好的容器管理工具，这种工具就是容器编排工具。容器编排工具具有管理大规模的容器和微服务的能力，能自动化地进行容器的部署、管理、扩展和联网。

在容器生命周期管理的过程中有许多容器编排工具，目前比较流行的容器编排工具包括 Kubernetes、Docker-Compose、Docker Swarm 和 Apache Mesos 等。容器使用的核心问题也恰是容器编排及如何部署和管理容器的问题。

5.1.3.1 Docker-Compose

Docker-Compose 是一款强大的容器编排工具，它能够轻松地定义和运行多个 Docker 容器应用程序。通过一个单独的 docker-compose.yml 文件，我们可以为一组相关联的应用程序定义所有服务的配置信息，其中所有的容器都通过 Service 来定义。使用 Docker-Compose，我们可以非常方便地在本地环境中一键创建并启动所有服务，并在多个环境之间轻松移植应用程序。

Docker-Compose 可以非常好地支持多个容器之间的协调，以便统一地完成各项任务。作为 Docker 的官方开源项目，Compose 项目的目标是实现对 Docker 容器集群的快速编排。Compose 的前身是开源项目 Fig，其已经得到了广泛使用。

总之，Docker-Compose 是一款非常适合于组合使用多个容器进行开发的工具，其为开发人员提供了一个非常便捷、高效且可靠的容器编排解决方案。

Docker-Compose 中有两个重要的概念。

（1）服务（Service）：一个包含应用的容器，实际上可以包括若干个运行相同镜像的容器实例。

（2）项目（Project）：由一组关联的应用容器组成的一个完整业务单元，在 docker-compose.yml 文件中定义。

如图 5-1 所示，Compose 的默认管理对象是项目，其通过命令对项目中的一组容器的生命周期进行管理。一个项目可以由多个服务关联而成，Compose 面向项目进行管理。只要所操作的平台支持 Docker API，那么就可以在其上利用 Compose 来进行容器的编排管理。

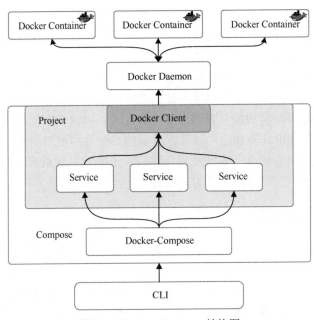

图 5-1 Docker-Compose 结构图

5.1.3.2 Docker Swarm

Docker Swarm 是一个为 IT 运维团队提供集群管理和调度能力的编排工具，它连接到集群中，使集群的活动由群管理器控制，并将加入集群的机器称为节点。Docker Swarm 在

Docker1.12 版本发布之后被合并到了 Docker 中，成为 Docker 的一个子命令。目前，Swarm 是 Docker 社区提供的唯一原生支持 Docker 集群管理的工具，它可以把由多个 Docker 主机组成的系统抽象为一个单一的、处理能力弹性变化的虚拟 Docker 主机，并且通过一个入口（Docker Stack）统一管理这些 Docker 主机上的各种 Docker 资源，使得容器可以组成跨主机的子网。有了 Docker Swarm，一个由大量主机组成的 Docker 主机集群，就可以在它的调度和管辖下，统一提供对外服务。

Docker Swarm 提供了标准的 Docker API，所以任何能够与 Docker 守护程序通信的工具都可以被用于 Swarm。Docker Swarm 支持的工具有很多，如 Dokku、Docker-Compose、Docker Machine、Jenkins 等。与 Docker-Compose 相比，Docker Swarm 将一组 Docker 节点虚拟化为一台主机，使得用户只要在单一主机上进行操作就能完成对整个容器集群的管理工作，而 Docker-Compose 只能编排单节点上的容器。Docker Swarm 通过 Swarm Manager 实现高可用性，通过创建多个 Swarm Master 节点并制定主 Master 节点宕机时的备选策略来达到高可用性。如果一个 Master 节点宕机，那么一个 Slave 节点就会被升级为 Master 节点，直到原来的 Master 节点恢复正常。

Docker Swarm 架构如图 5-2 所示，它包含两种角色，分别是：Manager 和 Node，前者是 Swarm Daemon 的工作节点，包含了调度器、路由、服务发现等功能，负责接收客户端的集群管理请求，并根据请求调度 Node 进行具体的容器操作，比如容器的创建、扩容与销毁等。Manager 本身也是一个 Node。

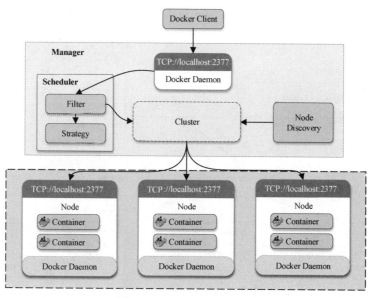

图 5-2　Docker Swarm 架构

从图 5-2 中可以看出，Swarm 采用典型的 Master-Slave 结构，其通过服务发现来选举 Manager。Manager 是中心管理节点，各个 Node 上运行的 Agent 接受 Manager 的统一管理。集群会自动通过 Raft 协议分布式选举出 Manager 节点，无须额外地发现服务支持，避免了单点的瓶颈问题，同时也内置了 DNS 的负载均衡和对外部负载均衡机制的集成支持。通常情况下，为了实现集群的高可用性，Manager 个数为大于或等于 3 的奇数，Node 的个数则不受限制。

5.1.3.3　Apache Mesos

Apache Mesos 是一种分布式系统内核，提供了跨服务器资源管理的能力。它使得多台计算机可以被视为一台大型的虚拟计算机来进行管理，从而实现了高效和弹性的资源调度。Mesos 最初是由加州大学伯克利分校的团队开发的，如今已成为 Apache 软件基金会旗下的顶级项目之一。

Mesos 最初是由 Twitter 公司开发的，用于管理 Twitter 社交网络的大规模分布式系统。随着时间的推移，Mesos 被越来越多的公司采用，成为管理分布式应用程序的核心架构。

通过 Mesos 可以实现更有效的资源利用，进而降低服务器配置成本并提高应用性能。同时，Mesos 也可以自动地进行故障转移，从而提高应用程序的可靠性和稳定性。

Mesos 还提供了一组 API，使得开发人员可以将编写自己的框架运行在 Mesos 上，从而实现更高效的应用程序开发和部署。这些 API 包括状态存储、任务调度、资源监控和计划管理等。

总之，Mesos 是一个强大的分布式系统内核，能够提供高效的资源管理和应用程序的开发和部署。

如图 5-3 所示，Mesos 采用的也是现在分布式集群中比较流行的主从（即 Master/Agent）集群管理架构。Mesos Master 节点负责管理和分配整个 Mesos 集群的计算资源并对外提供应用程序编程接口 API，同时调度上层 Framework 提交的任务，管理和分发所有任务的状态。Agent 部署在所有机器上，负责调用 Executor 执行任务、向 Master 汇报状态等。

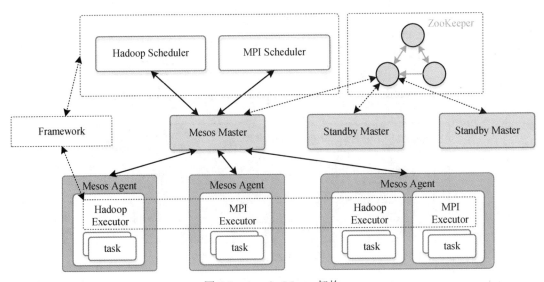

图 5-3　Apache Mesos 架构

Mesos 提供了一个双层调度模型，即 Master 在 Framework 之间进行资源调度，而在每个 Framework 内部实现各自业务的资源调度。

虽然这种主从架构设计简单，但是 Mesos Master 必须作为服务程序持续存在于集群中。如果集群中只有一个 Mesos Master 节点，它一旦出现故障，那么集群中新的资源将无法分配给上层 Framework，导致上层 Framework 无法再利用已经收到的 offer 提交新任务。要避免这个问题的出现，通常采用主备冗余模式（Active-Standby）来支持一个 Mesos 集群中部署多个 Mesos Master 节点，并借助 ZooKeeper 进行 Leader 的选举。当 Mesos Master 节点宕机或服务中断后，新 Leader 将会很快从 Follower 中选出来并接管所有的服务，从而缩短 Mesos 集群服务的宕机时间，提高集群的可用性。

5.1.3.4 Kubernetes

Kubernetes 简称 K8s，是一个非常流行并被广泛使用的可移植、可扩展的开源平台，用于管理容器化的工作负载和服务。通过对容器的编排和自动化管理，Kubernetes 可以使用户更高效地管理和部署容器化的应用服务。

Kubernetes 是由 Google 公司在 2014 年开源的，目前已经成为云原生技术栈编排与管理技术板块中的标准编排管理平台。它不仅有一个庞大、快速增长的生态系统，而且提供的服务、支持和工具也随处可见。在 Kubernetes 中，一切操作都以容器为中心，用户可以通过简单的配置文件定义容器的特性，如 CPU、内存、网络、存储等，从而实现容器的自动部署、管理和扩缩容等编排功能。

Kubernetes 是为生产环境而设计的容器调度管理系统，它的设计处处考虑了如何更好地服务于云原生应用。通过提供负载均衡、服务发现、高可用、滚动升级、自动伸缩等容器云平台的功能支持，Kubernetes 为用户提供了更安全、高效、可靠的容器应用服务。随着 Kubernetes 的广泛应用，越来越多与云原生应用相关的设计模式正在被引入进来，使得基于 Kubernetes 系统设计和开发生产级的复杂云原生应用变得非常简单。

Kubernetes 是云原生技术的重要组成部分，因此将在下面对 Kubernetes 技术进行详细讲解。

5.1.4 为什么选择 Kubernetes

Kubernetes 具有很好的可扩展性，对云原生应用有非常好的支持。首先，Kubernetes 内置一组资源，如 Pod、Deployment、StatefulSet、Secret、ConfigMap 等；其次，用户和开发人员可以以"Custom Resource Definition"的形式添加更多自定义资源；最后，开发人员具有编写自己的 Operator 的权利，Operator 允许用户通过与 Kubernetes API 进行对话来自动管理 Custom Resource Definition。

下面具体介绍 Kubernetes 的特点。

5.1.4.1 强大的社区和不断地发展

Kubernetes 是一个非常流行并被广泛使用的容器编排工具。Kubernetes 的成功离不开其强大的社区和不断地发展。Kubernetes 社区拥有很多贡献者，其为 Kubernetes 的开发、测试、文档、支持等提供了大量的支持和资源。

Kubernetes 的社区活跃程度是非常高的，其是近些年一直活跃在 GitHub 中前几名的项目之一，每个版本的发布都会有大量的贡献者和参与者。Kubernetes 的社区还有许多特别关注用户体验的 SIG（特别兴趣小组），他们严格按照用户需求和痛点进行程序开发和优化。这些 SIG 的贡献者通过专门的邮件列表和会议，定期分享自己的工作并总结经验，促进了 Kubernetes 的快速发展。

Kubernetes 能不断发展也是因为其开放性和可扩展性。Kubernetes 采用了开放标准，可以与其他工具和平台（如 Istio、Prometheus、Harbor 等）进行集成，这使得 Kubernetes 不仅适用于容器生态，还适用于各种不同的云原生应用场景。

Kubernetes 基于 Google 的 Borg 开源技术，积累了 Borg 多年深耕细作的发展成果和生产实践，多年来一直在不断引入新功能，这些新功能使集群运营商在运行各种不同的工作负载时具有更大的灵活性，同时，为软件工程师提供了更多控件和工具，为将其应用程序直接部署到生产环境带来了更大的便利。

但 Kubernetes 的未来依然充满了机遇和挑战。Kubernetes 社区在不断探索和拓展 Kubernetes 的功能和应用范围，以更好地满足用户需求，并进一步完善云原生的基础设施和开发框架。对于用户而言，Kubernetes 的发展将会为其带来更多的机会和便利。

5.1.4.2　Kubernetes 为云原生提供强大的支持

1）服务发现和负载均衡

服务发现是 Kubernetes 的一项重要功能。Kubernetes 提供两种方式的服务发现，一种是将 svc 的 ClusterIP 以环境变量的方式注入 Pod 中，另一种就是 DNS。Kubernetes 可以通过 DNS 名称或 IP 来公开容器，以供外部访问。如果进入容器的流量很大，那么 Kubernetes 可以通过负载均衡来分配流量使服务稳定可用。

2）应用编排和持久化存储

Kubernetes 的本质是以应用为中心的应用基础设施，以一套技术体系支持任意负载，并运行于任意基础设施之上。它对应用的编排具体体现在将应用的运行时、配置、服务提供、存储、镜像等定义成了多种资源对象，每种资源对象都可以按照一定的格式进行描述定义。比如，环境变量可以定义到 ConfigMap 对象中，也可以定义在容器的配置中；而应用的运行时，则可以定义为多种工作负载，如 Deployment、StatefulSet、DaemonSet 等。这样既降低了应用标准化部署管理的难度，又大大加快了应用容器化的进程。

Kubernetes 支持非常丰富的存储卷类型，不仅包括本地存储（节点）和网络存储系统中的诸多存储机制，还支持 ConfigMap 和 Secret 这样的特殊存储资源，而且 Kubernetes 允许自动挂载选择的存储系统。

3）自动部署和回滚

Kubernetes 可以利用 Deployment 部署 Pod 并执行应用更新和回滚操作，也可以结合 Jenkins 等流水线工具实现自动化部署。在 Kubernetes 平台上升级或部署应用的过程中，如果出现部署包不可用、健康检查失败等异常情况导致的应用升级失败，当前应用变更会自动终止并回滚到前一版本。

4）资源分配

Kubernetes 在定义 Pod 中运行的容器时，会在资源基本需求和资源配额这两个维度进行限制。资源基本需求（Requests）是指运行 Pod 的节点必须满足的最基本资源，如果不满足该需求，那么 Pod 将无法启动。例如，某个 Pod 运行至少需要 2GB 内存，1 核 CPU，当资源不满足这个要求时，Pod 启动就会失败。资源配额（Limits）是指运行 Pod 时，能使用的资源的最大值。当 Pod 指定了资源请求时，Kubernetes 可以做出更好的决策来管理容器的资源。

5）自我修复

Kubernetes 在容器出现问题或者健康状态不佳时，可以采取自动化的处理措施，如重启容器、替换容器、删除不符合预定运行状态的容器等。Kubernetes 在此过程中，会通过检测容器的健康状况，判断容器是否处于可用状态，并只有在服务真正可用后，才会将请求转发给对应的容器。这样既可以保证容器的稳定性和高可用性，又能避免客户端请求被分发到有问题的容器中，进而影响服务质量。Kubernetes 的自动化处理能力，能加快故障恢复和服务迁移的速度，减少人工干预的时间和成本，从而提高应用系统的效率和可靠性。

6）密钥与配置管理

Kubernetes 提供了一种简单而强大的方式来管理密钥和配置，即 Secret 和 ConfigMap。开发人员可以通过 Kubernetes 存储和管理敏感信息，例如密码、OAuth 令牌和 ssh 密钥等，也可以在不重建容器镜像的情况下部署、更新密钥和应用程序配置。

Secret 是一种 Kubernetes 资源对象，它用来存储敏感信息，如密码、证书、Token 等。Secret 可以被挂载到 Pod 的容器中，并在容器中使用这些敏感信息，而不需要在容器镜像或代码中进行硬编码。Secret 数据可以通过文件或环境变量的形式传递给容器，从而实现向容器传递敏感信息的目的。此外，Secret 还提供了针对数据的保密性和安全性，使它们被加密存储在 etcd 等数据存储中。

ConfigMap 是另一种 Kubernetes 资源对象，它用来存储非敏感的配置信息，如应用程序配置文件、环境变量等。ConfigMap 数据也可以被挂载到 Pod 的容器中，从而使容器可以访问这些配置信息。与 Secret 一样，ConfigMap 也提供了向容器传递配置信息的便利性和灵活性，此外，它还可以在不重启容器的情况下动态更改配置信息。

Kubernetes 提供了一系列的命令和 API，用来管理 Secret 和 ConfigMap。用户可以通过命令行工具 kubectl 或 Kubernetes Dashboard 界面来创建、修改和删除这些资源对象，同时也可以使用 OpenShift、Vault 等工具来进一步提高对密钥和配置的管理和保护等级。

总之，Kubernetes 提供了方便的密钥和配置管理方式，通过 Secrct 和 ConfigMap，用户可以自由地管理容器化应用中的密钥和配置信息，同时确保数据的保密性和安全性。这些功能都为云原生应用的安全性和高可用性奠定了坚实的基础。

7）除编排系统之外的功能

Kubernetes 不仅是一个编排系统，它还包含一组独立的、可组合的控制进程。这些进程用于确保运行在其上的应用处于预定状态，从而使系统更易用、更强壮、更有弹性和更易扩展。

5.2 Kubernetes 基本原理

5.2.1 Kubernetes 的架构

Kubernetes 采用主从分布式架构，如图 5-4 所示，主要由 MasterNode（简称 Master）和 WorkerNode（简称 Node 或 Worker）组成，此外还包括客户端命令行工具 kubectl 和其他附加项。在生产中，通常会有多个 Master 以实现 Kubernetes 系统服务高可用的特性，至少有一个 Worker 节点来运行 Kubernetes 所管理的容器化应用。

Master 是 Kubernetes 的主节点。

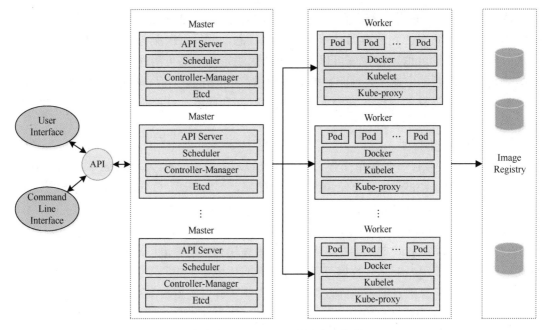

图 5-4 Kubernetes 主从分布式架构

Kubernetes 中 Master 是集群控制节点，每个 Kubernetes 集群中至少有一个 Master 来负责整个集群的管理和控制。如果是高可用集群，那么可以有多个 Master，但其中只有一个处于工作状态，只有当该节点无法正常工作时，才会再选举一个新的 Master 来管理整个集群。通过 CLI 发送给 Kubernetes 的控制命令都被转发给 Master，其接收并负责命令的具体执行过程。Master 由多个组件构成，这些组件可以在集群中的任何节点上运行，但通常一个 Master 的所有组件都在一台机器上运行，并且为了保证其性能，通常不会在此机器上运行业务应用容器。

Kubernetes 的 Master 具备请求入口管理（API Senver）、Worker 调度（Scheduler）、监控和自动调节（Controller-Manager）以及存储（etcd）等功能。

每个 Worker 都安装了 Node 组件。Kubernetes 的 Worker 具备状态和监控收集（Kubelet）、网络和负载均衡（Kube-Proxy）、保障容器化运行环境（Container Runtime）及定制化（Add-Ons）等功能。通常在 Worker 上运行所有的工作负载，其负责执行用户的程序、完成用户程序的功能。这些工作负载由 Master 分配到 Worker 上，并被放在 Pod 中。当一个 Worker 宕机时，其上的 Pod 会被自动调度到其他 Worker 上。Kubelet 会监视已分配给 Worker 的 Pod，并负责 Pod 的生命周期管理，同时与 Master 密切协作，以维护和管理该 Worker 上面的所有容器，实现集群管理的基本功能。Kubelet 是 Master 在每个 Worker 上面的 Agent，Worker 通过 Kubelet 与 Master 组件进行交互，它负责使 Pod 的运行状态与期望的状态保持一致。

除 Master 的自动管理之外，开发维护人员还可以使用 CLI 或可视化（UI）Kubernetes 管理软件对集群进行手动管理。

5.2.2 Kubernetes 的设计理念

Kubernetes 的设计理念和功能与 Linux 系统一样，采用了分层架构，如图 5-5 所示。

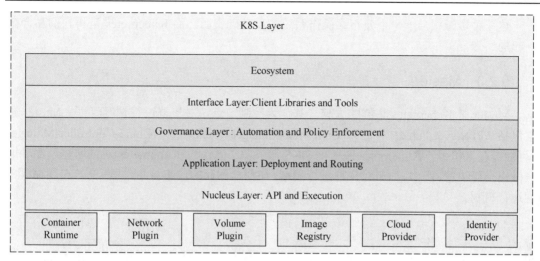

图 5-5　Kubernetes 分层架构

（1）核心层（Nucleus Layer）：Kubernetes 的核心层，对外提供 API 以构建高层的应用，对内提供插件式应用执行环境

（2）应用层（Application Layer）：部署无状态应用、有状态应用、批处理任务、集群应用和路由（如服务发现、DNS 解析）等。

无状态应用（Stateless Application）是指不会在会话中保存下次会话需要的客户端数据。每个会话都像首次执行一样，不会依赖之前的数据进行响应。

有状态应用（Stateful Application）是指在会话中保存客户端的数据，并在客户端下一次的请求中使用这些数据。

（3）管理层（Governance Layer）：包括系统度量（如基础设施、容器和网络的度量）、自动化（如自动扩展、动态 Provision）及策略管理（如 RBAC、Quota、PSP、Network Policy）等。

（4）接口层（Interface Layer）：包含 kubectl 命令行工具、客户端 SDK 及集群联邦。

（5）生态系统（Ecosystem）：在接口层之上的用于对庞大容器集群进行管理调度的生态系统，可以划分为 Kubernetes 外部和内部两个范畴。

Kubernetes 外部：包含日志、监控、配置管理、CI/CD、Workflow、FaaS 等。

Kubernetes 内部：Kubernetes 作为云原生应用的基础调度平台，相当于云原生的操作系统，为了便于该系统的扩展，Kubernetes 开放了以下接口，可以分别对接不同的后端，实现自己的业务逻辑。

容器运行时接口 CRI（Container Runtime Interface）：它是 Kubernetes 的基石，用来提供计算资源。

容器网络接口 CNI（Container Network Interface）：用来提供网络资源。网络提供商基于 CNI 接口规范完成对容器网络的实现，其可以支持各种丰富的容器网络管理功能。开源的 CNI 实现主要有 Flannel、Calico、OpenvSwitch 等。

容器存储接口 CSI（Container Storage Interface）：用来提供存储资源并实现对集群自身的配置和管理等。Kubernetes 1.9 版本中首次引入了 CSI 存储插件，并在随后的 1.10 版本中默认启用。CSI 用于在 Kubernetes 与第三方存储系统间建立一套标准的存储调用接口，并将位于 Kubernetes 系统内部的与存储卷相关的代码剥离出来，从而简化核心代码并提升系统的安全性，同时借助 CSI 和插件机制，实现对各类丰富的存储卷的支持。

这三种资源相当于一个分布式操作系统的最基础资源，而 Kubernetes 是将它们黏合在一起的纽带。

5.2.3　Master

Master 是 Kubernetes 集群的大脑，其作为控制节点，对集群进行调度管理。Master 通常包括 API Server、etcd（存储）、Controller-Manager、Scheduler、Cloud-Controller-Manager（可能会有）和用于 Kubernetes 服务的 DNS 服务器（插件）。Kubernetes 通过这些组件对集群做出全局决策，例如，如何对集群进行调度，如何检测和响应集群事件等。图 5-6 是 Master 的运行机制。

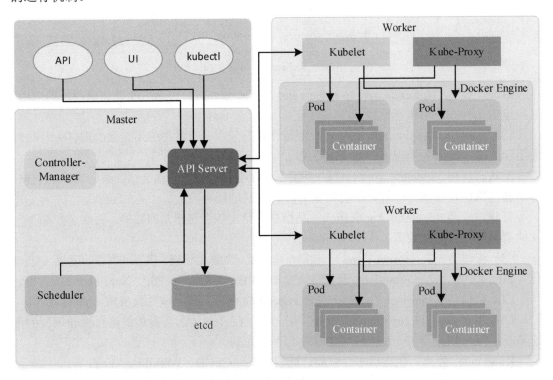

图 5-6　Master 的运行机制

5.2.3.1　API Server（API 服务器）

从图 5-6 中可以看出，API Server 是集群的统一入口，是各组件的协调者。各组件通过 REST（Representational State Transfer）操作进行通信，API Server 主要用来处理 REST 的各种操作。以 HTTPAPI 提供接口服务为例，所有对象资源的增、删、改、查和监听操作首先交给 API Server 来实现，它的相关结果状态被保存在 etcd（或其他存储）中。

API Server 的基本功能包括：

（1）提供集群管理的 RESTAPI 接口（包括认证授权、数据校验及集群状态变更等）；

（2）作为集群的网关，是其他模块间数据交互和通信的枢纽。其他模块通过 API Server 对集群进行访问，但此过程需要通过认证，并使用 API Server 作为访问 Worker、Pod 及 Service 的堡垒和代理/通道；

（3）是资源配额控制的入口；

（4）拥有完备的集群安全机制。

5.2.3.2 etcd

Kubernetes 默认使用 etcd 来存储集群的各类信息（也可以使用其他存储方式，比如 Redis），并用于配置共享和服务发现。etcd 是一个简单、分布式、一致的键值对（key-value）存储系统，它提供了一个基于 CRUD 操作的 RESTAPI 作为注册的接口，以监控指定的 Worker。集群的所有状态都存储在 etcd 实例中，当 etcd 中的信息发生变化时，控制系统能够快速地通知集群中相关的组件。etcd 解决了分布式系统中数据一致性的问题，其处理的大多数数据为控制数据，对很少量的应用数据也可以进行处理。

etcd 的基本功能包括：

（1）基本的键值对存储；

（2）监听；

（3）key 的过期及续约机制，用于监控和服务发现；

（4）数据库的原子 CAS（Compare And Set）和 CAD（Compare And Delete），用于分布式锁和 Leader 选举。

5.2.3.3 Controller-Manager（控制管理服务器）

Controller-Manager 是集群内部的管理控制中心，是 Kubernetes 的大脑，用于执行大部分的集群层次功能。它通过 API Server 监控整个集群的状态，并确保集群处于预期的工作状态。它既执行生命周期功能，例如，Namespace 创建、事件垃圾收集、已终止容器的垃圾收集、级联删除垃圾收集、Worker 垃圾收集等，又执行 API 业务逻辑，如 Pod 的弹性扩容，它还为集群提供自愈能力、控制管理资源定额（ResourceQuota）、应用生命周期管理、服务发现、路由、服务绑定和服务提供等功能。

当某个 Worker 意外宕机时，Controller-Manager 会及时发现并执行自动化修复流程，确保集群始终处于预期的工作状态。

Kubernetes 默认提供 Replication Controller、Node Controller、Namespace Controller、Service Controller、Endpoints Controller、Persistent Controller、DaemonSet Controller 等控制器。

5.2.3.4 Scheduler（调度器）

Scheduler 是 Kubernetes 的关键模块，扮演管家的角色，为 Pod 提供调度服务，并根据调度策略自动将 Pod 部署到合适的 Worker 上，例如基于资源的公平调度、调度 Pod 到指定节点或者将通信频繁的 Pod 调度到同一节点等。依据请求资源的可用性、服务请求的质量等约束条件，Scheduler 监控未绑定的 Pod，并将其绑定至特定的 Worker。Kubernetes 也支持用户自己提供的调度器。

Pod 的整个调度过程分为两步。

（1）预选 Node：遍历集群中的所有 Node，按照具体的预选策略筛选出符合要求的 Node 列表。如果没有 Node 符合预选策略规则，那么该 Pod 就会被挂起，直到集群中出现符合要求的 Node。

（2）优选 Node：在预选 Node 列表的基础上，按照优选策略为待选的 Node 进行打分和排序，从中获取最优 Node，然后将 Pod 调度到该 Node 上。

5.2.4　Worker

Kubernetes 集群的计算能力及业务实现由 Worker 完成，Kubernetes 集群中的 Worker 等同于 Mesos 集群中的 Slave 节点。所有 Pod 都运行在 Worker 上，它可以是物理机也可以是虚拟机。Worker 上主要有 Kubelet、Kube-Proxy、Pod 和 Container Runtime 等。图 5-7 是 Worker 基本结构。

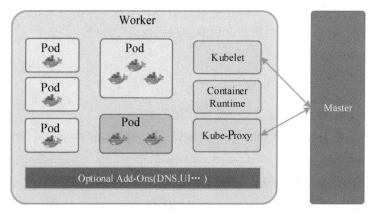

图 5-7　Worker 基本结构

5.2.4.1　Kubelet

Kubelet 是 Kubernetes 中主要的控制器，是 Worker 上 Pod 的管理者，用于处理 Master 下发到 Worker 的任务，是 Pod 和 NodeAPI 的主要实现者。Kubelet 负责驱动容器执行层、管理 Pod 及 Pod 中的容器。每个 Worker 上的 Kubelet 进程会在 Master 的 API Server 上注册节点信息，并定期向 Master 汇报资源的使用情况及状态。Kubelet 是 Pod 能否运行在特定 Worker 上的最终裁决者，而 Scheduler 并不是。Kubelet 默认使用 cAdvisor 进行资源监控，其是 Google 开发的一个容器监控工具，被内嵌到 Kubernetes 中作为 Kubernetes 的监控组件。cAdvisor 负责管理 Pod、容器、镜像、数据卷等，实现集群对节点的管理，并将容器的运行状态汇报给 Kubernetes API Server。

在 Kubernetes 中，Pod 作为基本的执行单元，可以拥有多个容器和存储数据卷，便于在每个容器中打包单一的应用，从而解耦了应用构建和部署所关心的事情，使容器能够方便地在物理机或虚拟机之间进行迁移。API 准入控制可以拒绝 Pod 或者为 Pod 添加额外的调度约束。

5.2.4.2　Pod

Pod 是 Kubernetes 中最小的资源管理组件，也是最小的部署单元。一个 Pod 代表了集群中运行的一个进程。Kubernetes 中其他大多数组件都是用来支撑 Pod 和扩展 Pod 功能的，例如用于管理 Pod 运行的 StatefulSet 和 Deployment 等控制器对象、用于暴露 Pod 应用的 Service 和 Ingress 对象、为 Pod 提供存储的 PersistentVolume（PV）存储资源对象等。

在一个 Pod 中可以同时运行多个 Container（容器），即可以同时封装几个需要紧密耦合且互相协作的容器，它们之间共享资源。这些在同一个 Pod 中的容器可以互相协作成为一个 Service 对象。但是为了便于管理，通常一个 Pod 中只运行一个容器。

将部署的应用程序打包到镜像中，然后通过镜像创建容器，使容器放在 Pod 中，Kubernetes 通过管理 Pod 来实现对部署的应用程序的管理。

5.2.4.3 Container Runtime（容器运行时）

容器运行时就是运行容器所需要的一系列程序，它们贯穿于容器运行的整个生命周期。每个 Node 上都会运行一个 Container Runtime。Kubernetes 本身并不包含容器运行时环境，但是提供了容器运行时接口 CRI，只要是符合该接口的容器运行时，都可运行在 Kubernetes 上，比如 cri-o、frakti、cri-containerd 等，这些容器运行时为不同场景而生，主要体现在：

（1）cri-containerd 是基于 containerd 的容器运行时；

（2）cri-o 是基于 OCI 的容器运行时；

（3）frakti 是基于虚拟化的容器运行时。

容器运行时接口（CRI）是一个用来扩展容器运行时的接口，例如，Kubelet 使用 UNIX Socket 上的 gRPC 框架与容器运行时进行通信，使用户不需要关心内部通信逻辑，只需要实现定义的接口（包括 RuntimeService 和 ImageService）。RuntimeService 负责管理 Pod 和容器的生命周期并与容器进行交互（exec/attach/port-forward），而 ImageService 负责镜像的生命周期管理，比如镜像拉取、查看和移除等。

容器运行时能够同时管理镜像和容器（如 Docker 和 rkt），并且可以通过同一个套接字提供这两种服务。

5.2.4.4 Kube-Proxy

Kube-Proxy 运行在每个 Worker 上，管理 Service 的访问入口，包括集群内 Pod 到 Service 的访问和集群外访问 Service，为 Service 提供集群内部的服务发现和负载均衡，并定时从 etcd 服务中获取 Service 信息来做相应的策略，维护网络规则和四层负载均衡工作。它是 Kubernetes 集群内部的负载均衡器，也是一个分布式代理服务器，在 Kubernetes 的每个节点上都有一个。这一设计体现了它的伸缩性优势，即需要访问服务的节点越多，提供负载均衡能力的 Kube-Proxy 就越多，高可用节点也就越多。

Kube-Proxy 通过 iptables 规则引导访问至服务 IP，并将重定向至正确的后端应用，通过这种方式，Kube-Proxy 提供了一个高可用的负载均衡解决方案，其服务发现主要通过 DNS 实现。

为解决 iptables 规则的性能问题，其 1.11 版本新增了 ipvs 模式，采用增量式更新的方式，保证 Service 更新期间保持连接不断开。

5.2.5 命令行工具 kubectl

kubectl 是 Kubernetes 的命令行工具（CLI），也是 Kubernetes 用户和管理员必备的管理工具。kubectl 提供了大量的子命令，用于管理 Kubernetes 集群中的各种功能。kubectl 安装在 Kubernetes 的 Master 上，使用 kubeconfig 文件来查找选择集群所需的信息，并与集群的 API 服务器进行通信。该文件一般放在$HOME/.kube 目录下，可以通过设置 kubeconfig 环境变量或设置--kubeconfig 来指定其他 kubeconfig 文件。kubectl 通过与 API Server 交互可以实现对 Kubernetes 集群中各种资源的增、删、改、查操作。

kubectl 主要命令如图 5-8 所示。

图 5-8   kubectl 主要命令

运行 kubectl 命令的语法如下：

```
kubectl [command] [TYPE] [NAME] [flags]
```

当在多个资源上执行该操作时，可以通过 TYPE 和 NAME 指定每个资源或者指定一个或多个 file。

command：指定要在一个或多个资源执行的操作，如 create、get、describe 和 delete 等；

TYPE：指定资源类型，会区分大小写，有单数、复数和缩略的形式，例如：

```
kubectl get pod pod1
kubectl get pods pod1
kubectl get po pod1
```

NAME：指定资源的名称，如果省略名称，那么会显示所有的资源，例如：

```
kubectl get pods
```

flags：指定可选的参数。例如，可以使用-s 或者--server 参数指定 Kubernetes API Server 的地址和端口。

另外，可以通过运行 kubectl help 命令获取更多的信息。

5.2.6　Kubernetes 功能扩展

在 Kubernetes 中可以通过安装插件的方式扩展 Kubernetes 的功能,目前主要有安全框架扩展、存储扩展、网络插件、CI/CD 管道插件、入口管理扩展和运行时扩展等。

在生产级的部署中,安全管理非常重要,我们可以通过不同的框架实现不同的安全管理规则,并将一些安全框架与网络扩展集成;也可以利用 Kubernetes 的安全功能,包括网络策略,Pod 安全策略等来增强部署的安全性。如果要进行扩展,那么首先要定义并确定正确的扩展框架;其次,在保证安全覆盖范围最大化的同时,最小化所需的框架。

Kubernetes 有基本的本地存储功能,但其在诸如存储配置、访问管理或针对不同存储类型的 SLA(Service Level Agreement)等方面存在不足。开发人员可以通过扩展 Kubernetes 集群来自动实现对云原生存储的管理和治理。比如可以使用 Portworx、StorageOS 和 Robin 等来扩展 Kubernetes 存储功能。

Kubernetes 管理的容器必须以某种方式进行通信,因此需要网络插件的支持。网络插件有很多,常用的有 Calico、Weave、Flannel 和 KubeRouter 等。每个集群可以统一安装,也可以针对不同集群分别安装。

开发人员可以选择各种持续集成/持续交付(CI/CD)的插件对 Kubernetes 进行扩展。这些插件有些是特定于云原生的,有一些是通用的,可以与 Kubernetes 或其他部署工具一起使用。这些工具都有一定程度的可定制性。开发人员可以通过插件将 CI/CD 管道与 Kubernetes 和云原生堆栈集成在一起,比如 Jenkins、Spinnaker 或两者的组合。

入口管理扩展可以将 Kubernetes 集群的服务提供给外部用户。为此,可以利用集群中的入口控制器实现扩展,但更复杂的场景可能需要多个入口控制器并与 API 管理系统(如 Nginx 或 Kong)进行集成。

运行时扩展框架有很多,这些框架会从应用程序中收集其他维度的指标,并与 Kubernetes 日志收集和监控进行集成。例如,服务网格可以为监控和解决各种问题提供有价值的跟踪信息。

5.3　Kubernetes 的 API 对象

Kubernetes 中的所有内容都被抽象为"资源",这些资源实体就是 Kubernetes 的对象。它们是 Kubernetes 系统的持久化对象,这些对象合起来,就代表了集群的实际情况。

Kubernetes 中的对象主要有以下几类。

1)资源对象

资源对象用于描述集群的各种资源,如容器、Pod、节点等,主要包括以下子对象。

Pod:最小的调度单位;

ReplicaSet(RS)/ReplicationController(RC):保证一定数量的 Pod 实例在运行;

Deployment:管理多个 Pod 实例并实现滚动更新操作;

StatefulSet:用于有状态应用程序的部署和管理;

DaemonSet:确保集群中每个节点都运行一个 Pod 实例,比如日志收集程序等;

Job/CronJob:管理任务和定时任务。

2）存储对象

存储对象用于将数据与 Pod 中的容器进行关联或存储数据，主要包括以下子对象。

Volume：绑定到 Pod 或其容器上的存储介质；

PersistentVolume（PV）：抽象了物理存储介质，并提供对其进行访问和使用的方式；

PersistentVolumeClaim（PVC）：声明式地请求 PV。

3）策略对象

策略对象用于配置集群的安全、网络、资源等策略，主要包括以下子对象。

NetworkPolicy：定义网络通信规则；

ResourceQuota：限制 Namespace 或 Pod 可以使用的 CPU 和内存资源；

LimitRange：控制容器创建的 CPU、内存、磁盘空间等资源的数量和大小；

PodSecurityPolicy：定义 Pod 需要的安全策略。

4）身份对象

身份对象用于提供 Kubernetes 集群的身份框架和身份验证功能，主要包括以下子对象。

ServiceAccount：为 Pod 提供一个标识，以便对 Kubernetes API 进行身份验证；

Secret：包含敏感信息，例如密码、OAuth 令牌等。

使用这些对象可以轻松管理 Kubernetes 上的应用程序，调整资源配置并确保运行良好。本节详细介绍一些常用的资源对象和存储对象。

5.3.1　API 对象

API 对象是 Kubernetes 的资源对象，也是 Kubernetes 集群中的管理操作单元。Kubernetes 集群系统每支持一项新功能或引入一项新技术，一定会新引入对应的 API 对象，并提供对该对象的管理操作，例如，副本集（ReplicaSet）对应的 API 对象是 RS，其管理操作有创建、查看、更新、删除等。Kubernetes 对 API 对象的配置和管理分为命令方式和声明方式两种，其配置文件采用 yaml 编写，它是创建 API 对象的模板。

API 对象的 yaml 模板文件有如下四个必填字段，其他字段可以根据创建 API 对象的需要有选择地添加。

1）元数据（metadata）

元数据是用来标识 API 对象的。每个对象都至少有 3 个元数据，分别是：namespace、name 和 uid。除此之外，还有各种各样的标签（labels）用来标识和匹配不同的对象，例如用户可以用 env 标签来区分不同的服务部署环境，其中，分别用 env=dev、env=testing、env=production 来标识开发、测试、生产的服务环境。

2）规范（spec）

规范描述了用户期望 Kubernetes 集群中的分布式系统达到的理想状态（DesiredState），例如用户可以通过副本控制器 ReplicationController 设置期望的 Pod 副本数为 3。Kubernetes 中所有的配置都是通过 spec 实现的。用户通过配置系统的理想状态来改变系统，是 Kubernetes 的重要设计理念之一。spec 所有的操作都是声明式（Declarative）的而不是命令式（Imperative）的。声明式操作在分布式系统中的好处是稳定，不怕遗漏操作或多次运行，例如，设置副本数为 3 的操作多次运行也还是一个结果，但给副本数加 1 的操作就不是声明式的，其每次运行后的结果都不一样。

3）apiVersion

apiVersion 用来标识创建对象的 Kubernetes API 版本。为了在兼容旧版本的同时不断升级新的 API，Kubernetes 提供了多版本 API 的支持能力，只是每个版本都位于不同的 API 路径下，例如，/api/v1 和/apis/extensions/v1beta1 等。通常情况下，新旧几个不同版本的 API 都能涵盖所有的 Kubernetes 资源对象。

4）kind

kind 指明要创建什么样的对象，如 Pod、Services 等。

另外，还有一个重要的字段 status，它描述了系统当前达到的状态（status），是由 Kubernetes 系统提供和更新的。例如，系统当前实际的 Pod 副本数为 2，而设置期望的 Pod 副本数为 3，那么复制控制器会自动启动新的 Pod，使副本数达到 3。

5.3.2　Pod

Kubernetes 中最重要的、也最基础的资源对象就是 Pod。它是 Kubernetes 集群中部署和运行应用或服务的最小单元，并且是由用户在资源对象模型中创建或部署的最小资源对象。除此之外，其他的所有资源对象都是为了支撑和扩展 Pod 对象功能而存在的。

一个 Pod 可以运行多个容器，这些容器共享同一个网络地址和文件系统，通过进程间通信和文件共享等方式相互协作来提供服务。因此，Pod 对象具有以下特点。

（1）最小调度单位：Pod 是 Kubernetes 系统真正管理的最小单元，其内部的容器紧密耦合并且需要一起调度和协作运行；

（2）共享生命周期：Pod 内部的容器具有相同的生命周期，同时启动或关闭，以保证依赖关系和设备访问；

（3）共享存储和网络：Pod 内部的容器可以共享同样的网络命名空间和存储卷，以方便容器间数据交流。

需要注意的是，Kubernetes 并不直接管理容器中的 Container，而通过控制器对象管理 Pod 对象来间接管理 Container。比如 Deployment、StatefulSet、DaemonSet 等资源对象，都在对底层 Pod 对象进行封装和扩展，以实现自动化的容器编排和管理。

然而，Service、Ingress 等资源对象则是用来暴露 Pod 中的容器，使其能够被外部网络访问。此外，PV、PVC 等资源对象则是用于为 Pod 提供持久化存储的解决方案。这些资源都可以通过 yaml 文件定义和创建，并由 Kubernetes 自动管理和维护。

图 5-9 是 Pod 的基本构成。其中，每个 Pod 都有一个 Pause 容器，它是 Pod 中的"根容器"，也称"基础容器"。Pause 容器对应的镜像属于 Kubernetes 平台的一部分，Pause 容器是 Pod 中共享 Linux 名称空间的基础容器，在启用 PID（进程 ID）名称空间共享后，它将作为每个 Pod 的 PID1 进程（根进程），用来回收僵尸进程。

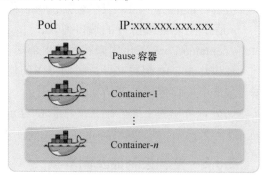

图 5-9　Pod 的基本构成

Pod 分为两类：普通 Pod 和静态 Pod（staticPod）。

普通 Pod 在被创建后，会在 etcd 中存储相应信息，然后被 Master 调度到某个 Worker 并与该节点绑定，最后由 Kubelet 将 Pod 实例化并将容器启动。如果 Pod 中某个容器停止了，那么 Kubernetes 会自动检测并重新启动这个 Pod 里所有的容器。如果 Worker 直接宕机了，那么就会将该 Node 上的所有 Pod 重新调度到其他的 Worker 上。

静态 Pod 是由 Kubelet 管理的只在特定 Node 上存在的 Pod。静态 Pod 总由 Kubelet 创建，并且只在 Kubelet 所在的节点上运行。静态 Pod 不能通过 API Server 来管理，无法和 ReplicationController（RC）、ReplicaSet（RS）、Deployment 或者 DaemonSet 等对象进行关联，并且 Kubelet 无法对静态 Pod 进行健康检查。静态 Pod 通常绑定到某个节点的 Kubelet 上，其主要用途是运行自托管的控制面。

因为静态 Pod 不能通过 kubectl 或其他管理工具删除，所以可以利用它来部署一些核心应用组件，以保障总是有稳定数量的应用服务在运行，从而提供稳定的服务。

示例 5-1 是一个 Pod 配置文件的例子，用户可以使用 kubectl 创建该 Pod。

示例 5-1 Pod 配置文件

```
apiVersion: v1
kind: Pod
metadata:
 name: nginx
spec:
 containers:
  - name: nginx
    image: nginx:1.14.2
    ports:
      - containerPort: 80
```

示例 5-1 这个 Pod 配置文件用于创建一个包含容器的 Kubernetes Pod，并在其中运行 Nginx 1.14.2 版本。该配置文件具体内容如下。

apiVersion: v1，用于声明使用的 Kubernetes API 版本是 v1。

kind: Pod，用于声明要创建的对象是一个 Pod 对象。

metadata: name: nginx，定义了 metadata 信息，其中包含名称为 nginx 的 Pod。

spec，指定了 Pod 的规格和详细参数。

containers，规定 Pod 中的所有容器的相关信息。

- name: nginx，表示容器名为 nginx。

image: nginx:1.14.2，表示容器镜像名称及版本为 nginx 1.14.2。

ports，容器需要打开的端口列表。

- containerPort: 80，用来将容器内部端口 80 映射到宿主机上的某个随机端口。

通过这个 Pod 配置文件，我们可以创建一个运行着 Nginx Web 服务器的单容器 Pod 并暴露其服务端口来供外界访问。

另外，可以将上面的配置文件保存为 nginx.yaml，然后用如下命令创建该 Pod。

```
kubectl apply -f nginx.yaml
```

5.3.3　复制控制器及副本集

ReplicationController 简称 RC，是 Kubernetes 中的复制控制器，是 Kubernetes 的关键功能之一，负责管理容器的生命周期。RC 是 Kubernetes 集群中最早用来保证 Pod 高可用性的 API 对象。复制控制器通过监控运行中的 Pod 来保证集群在任何时间点都正常运行指定数量的 Pod 副本。其中，指定的数目可以是 1 个也可以是多个；少于指定数目，RC 就会启动运行新的 Pod 副本；多于指定数目，RC 就会删除多余的 Pod 副本。即使在指定数目为 1 的情况下，最好也通过 RC 来运行 Pod 而不是直接通过命令创建 Pod，因为 RC 可以发挥它高可用的能力，即通过 RC 维护的 Pod 在失败、删除、终止时会自动替换。因此就算应用程序只需要一个 Pod，也应该使用 RC 或者其他自动方式（如 RS 方式）进行管理。

如图 5-10 所示，RC 主要有三个部分。

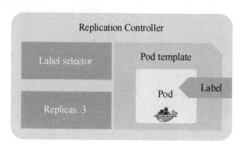

图 5-10　RC 的组成

（1）Label selector（标签选择器）：用于确定 RC 作用域中有哪些 Pod；
（2）replicas（副本个数）：指定应运行的 Pod 数量；
（3）Pod template（Pod 模板）：用于创建新的 Pod 副本。
示例 5-2 是一个基于 Nginx 的 RC 配置文件的例子。

示例 5-2　RC 配置文件

```
apiVersion: v1
kind: ReplicationController
metadata:
  name: nginx
spec:
  replicas: 3
  selector:
    app: nginx
  template:
    metadata:
      name: nginx
      labels:
        app: nginx
    spec:
      containers:
      - name: nginx
        image: nginx
        ports:
        - containerPort: 80
```

其中，kind 指定创建的对象类型为 ReplicationController，spec.template 是 spec 中必须填写的，它是一个关于 Pod 的配置。spec.replicas 表示这个 Pod 需要维持几份，这里设置为

3，如果没有配置，那么默认为1。

虽然 RC 有保证系统高可用的能力，但是 RC 的职责有限，通常用于不需要复杂逻辑就能达到某些要求的情况，而对于复杂的情况则要用 ReplicaSet（RS），即副本集。RS 是新一代 RC，提供和 RC 同样的高可用能力，其行为与 RC 完全相同，但 Pod 选择器的表达能力更强。RS 能支持更多种类的模式匹配，与 RC 的标签选择器只允许包含某个标签的 Pod 进行匹配不同，RS 的选择器还允许匹配缺少某个标签的 Pod 或包含特定标签名的 Pod，而不管其值如何。

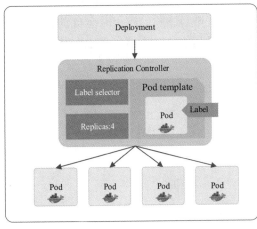

图 5-11　RS 的组成

如图 5-11 所示，副本集 RS 一般不单独使用，而是由 Deployment 来管理的，其负责管理 Pod。Deployment 为 RS 提供了一个声明式定义（Declarative）方法，用来替代以前的 RC 来管理应用，其比 RC 的功能更加强大，且包含了 RC 的功能。Kubernetes 官方建议使用 RS 替代 RC 来进行部署，因为 RS 支持集合式的 selector（选择标签）。

示例 5-3 是一个 RS 配置文件的例子。这个配置文件用于创建一个名为 frontend 的 RS，它将会部署三个副本实例，并在每个实例中运行一个称为 php-redis 的容器，该容器使用 gcr.io/google_samples/gb-frontend:v3 镜像。

示例 5-3　RS 配置文件

```
apiVersion: apps/v1
kind: ReplicaSet
metadata:
  name: frontend
  labels:
    app: guestbook
    tier: frontend
spec:
  #按实际情况修改副本数
  replicas: 3
  selector:
    matchLabels:
      tier: frontend
  template:
    metadata:
      labels:
        tier: frontend
    spec:
      containers:
      - name: php-redis
        image: gcr.io/google_samples/gb-frontend:v3
```

该示例中，通过 metadata 字段和 labels 子字段设置了一些元数据信息，如 RS 的名称及标签，可以帮助我们更好地管理和监测工作负载的状态。其中，app: guestbook 和 tier: frontend 标签可以用于与其他相关资源关联起来组成完整的 Kubernetes 应用程序体系结构。

Selector 字段定义了标识 RS 管理 Pod 的方法。在本例中，Pod 必须具有 tier:frontend 标签才能被 RS 控制管理。

最后，template 字段包含了要创建的 Pod 容器的细节描述（模板）。容器镜像由 spec.containers.image 字段提供，并指定名为 php-redis 的镜像路径。

5.3.4 部署（Deployment）

Deployment 对象，顾名思义，是用于部署应用的对象。它是 Kubernetes 常用的 API 对象之一，比 RS 应用范围更广。Deployment 用来表示用户对 Kubernetes 集群的一次更新操作，可以是创建一个新的服务、更新一个新的服务，也可以是滚动升级一个服务。滚动升级一个服务，实际是创建一个新的 RS，然后逐渐将新 RS 中的副本数增加到预期状态，并将旧 RS 中的副本数减少到 0。一个 RS 不能很好地描述这样的复合操作，所以用一个更通用的 Deployment 来描述。通常对所有长期伺服型业务的管理，都会通过 Deployment 来实现。图 5-12 是 Deployment 的状态转换示意图。

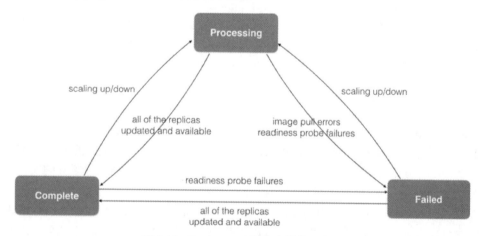

图 5-12　Deployment 的状态转换示意图

Deployment 为 RS 和 Pod 的创建提供了一种声明式的定义方法，从而无须手动创建 RS 和 Pod 对象（使用 Deployment 而不直接创建 RS 是因为 Deployment 对象拥有许多 RS 没有的特性，如滚动升级和回滚）。

Deployment 只负责管理不同版本的 RS，Pod 副本数由 RS 管理。每个 RS 都对应了 Deployment template 的一个版本，但每个 RS 下的 Pod 都是相同的版本。

示例 5-4 是一个 Deployment 配置文件的例子。这个 yaml 文件描述了一个名为 nginx-deployment 的 Deployment 对象，并指定该对象使用 nginx:1.14.2 镜像运行名为 nginx 的容器。replicas 字段指定我们需要在 Kubernetes 集群中启动 3 个同样的副本。selector 字段定义了 Deployment 如何查找要管理的 Pod，在这里是通过标签 app:nginx 在 Pod 模板中查找的。

示例 5-4　Deployment 配置文件

```
apiVersion: apps/v1
kind: Deployment
metadata:
  name: nginx-deployment
  labels:
    app: nginx
spec:
  replicas: 3
  selector:
    matchLabels:
      app: nginx
  template:
    metadata:
      labels:
        app: nginx
    spec:
      containers:
      - name: nginx
        image: nginx:1.14.2
        ports:
        - containerPort: 80
```

将示例 5-4 中的配置保存到文件中，例如，保存到 nginx-depl.yaml 文件中，然后执行如下命令进行部署。

```
kubectl apply -f nginx-depl.yaml
```

5.3.5　服务（Service）

Service 是将运行在一组 Pod 上的应用程序公开为网络服务的方法，它定义了一种可以访问 Pod 逻辑分组的策略。RC、RS 和 Deployment 只是保证了支撑服务的 Pod 的数量，但是没有解决如何访问这些服务的问题。Kubernetes 中，Pod 只是一个运行服务的实例，其不是持久性的。Kubernetes 的高可用策略使得开发人员随时可能在一个节点上停止 Pod，而在另一个节点以一个新的 IP 启动 Pod，因此不能以固定的 IP 和端口号提供服务。应用程序要稳定地提供服务需要具备服务发现和负载均衡能力。服务发现要做的是针对客户端的访问请求，找到对应的后端服务实例。

在 Kubernetes 集群中，客户端需要访问的服务就是 Service 对象。每个 Service 都会对应集群内部一个有效的虚拟 IP，并通过该 IP 访问服务。在 Kubernetes 集群中，微服务的负载均衡是由 Kube-Proxy 实现的，它是 Kubernetes 集群内部的负载均衡器，是一个分布式代理服务器，在 Kubernetes 的每个节点上都有一个。这一设计体现了它的伸缩性优势，即需要访问服务的节点越多，提供负载均衡能力的 Kube-Proxy 就越多，高可用节点也随之增多。如果在服务器端通过反向代理做负载均衡，那么就要解决高可用问题，而在 Kubernetes 中通过 Kube-Proxy 实现负载均衡则不需要考虑这个问题。

Kubernetes 中主要有如下四种 Service 类型。

（1）ClusterIP：集群内部使用，是 Kubernetes 服务的默认类型。其自动分配一个仅集群内部可以访问的虚拟 IP（VIP），当选择该值时服务只能够在集群内部访问。

（2）NodePort：对外暴露应用。通过每个节点上的 IP 和静态端口（NodePort）暴露服务。在 ClusterIP 基础上，为 Service 在每个节点上绑定一个端口，这样就可以通过 NodeIP:NodePort 来访问该服务，通常端口范围为 30000~32767。

（3）LoadBalancer：对外暴露应用，适用于公有云。使用云提供商的负载均衡器向外部暴露服务。外部负载均衡器可以将流量路由到自动创建的 NodePort 服务和 ClusterIP 服务上。

（4）ExternalName：创建一个 DNS 别名指到 servicename 上，主要是防止 servicename 发生变化，要配合 DNS 插件使用。通过返回 cname 记录和对应值，可以将服务映射到 ExternalName 字段（如 foo.bar.example.com）。这种方式无须创建任何类型的代理，但只有在 Kubernetes1.7 或更高版本的 kube-dns 上才支持。

5.3.6　命名空间（Namespace）

Namespace 为 Kubernetes 集群提供虚拟的隔离，是 Kubernetes 的一种在相同的虚拟硬件资源的各种层面上的资源隔离机制。在一个 Kubernetes 集群中，可以使用 Namespace 创建多个"虚拟集群"。Kubernetes 集群有两个默认的 Namespace，分别是默认命名空间（default）和系统命名空间（kube-system）。除此之外，开发人员还可以创建新的 Namespace 以满足不同需要。Kubernetes 集群命名空间如图 5-13 所示。

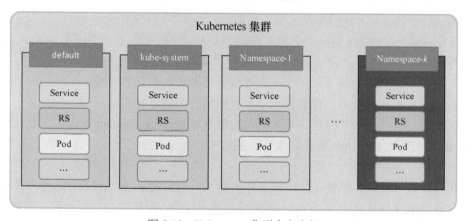

图 5-13　Kubernetes 集群命名空间

开发人员可以为不同场合、不同版本的应用系统提供不同的 Namespace，如开发环境、生产环境和运维环境等，并通过使用不同的 Namespace 进行隔离。

Namespace 隔离的主要内容包括：运行的服务 Pod（微服务程序）和微服务应用程序的配置。

Namespace 有以下特点。

（1）Namespace 本身也是资源，可以动态被创建或删除。

（2）Namespace 可以跨越集群中的多个虚拟机节点。

（3）所有应用程序都必须部署在特定的 Namespace 中。

（4）Namespace 隔离的是单机上的资源访问，但不隔离 IP 网络访问。不同的服务之间，可以通过网络进行访问，即使它们不在相同的 Namespace 里。

（5）Namespace 不能嵌套，只能部署在一个 Namespace 中进行。

（6）所有 Namespace 对于该资源类型只能使用独一无二的名字。

（7）并非所有对象都在 Namespace 中。大多数 Kubernetes 资源（如 Pod、Service、副本控制器等）都位于某些 Namespace 中，但是 Namespace 资源本身并不在其中，而且底层资源、节点和持久化卷也不属于任何 Namespace。

如果想要查看哪些 Kubernetes 资源在 Namespace 中，哪些不在 Namespace 中，可以使用如下命令：

```
#在命名空间中的资源
kubectl api-resources --namespaced=true
#不在命名空间中的资源
kubectl api-resources --namespaced=false
```

5.3.7 任务（Job）

任务（Job）是 Kubernetes 用来控制批处理型任务的 API 对象。批处理业务与长期伺服业务的主要区别是批处理业务的运行有始有终，而长期伺服业务在用户不停止的情况下会永远运行。Job 管理的 Pod 会根据用户的设置把任务成功完成就自动退出。成功完成的标志根据 spec.completions 策略的不同而不同：单 Pod 型任务有一个 Pod 成功就标志"完成"；定数成功型任务要保证有 N 个任务全部成功才将标志置为"完成"；工作队列型任务根据应用确认的全局成功来将标志置为"完成"。

Kubernetes 的 Job 为我们提供了如下功能：

（1）Kubernetes 的 Job 是一个管理任务的控制器，它可以创建一个或多个 Pod，并监控 Pod 是否成功地运行或终止；

（2）可以根据 Pod 的状态来给 Job 设置重置的方式及重试的次数；

（3）可以根据依赖关系，保证在上一个任务运行完成之后再运行下一个任务；

（4）可以控制任务的并行度。并行度是由配置域 spec.parallelism 指定的，默认值是 1，如果指定为 0，则对应的 Job 被暂停执行，直到该值被修改为大于 0 的值。并行度决定 Pod 运行过程中的并行次数。

示例 5-5 是一个 Job 配置文件。该文件描述了一个名为 pi 的 Kubernetes Job 对象，它使用了镜像 perl:5.34.0 来运行 command 命令。在此 yaml 配置中，我们指定了重试次数限制为 4 次（backoffLimit），以确保无法完成的任务不会进行无限次尝试。而将 restartPolicy 字段设置为 Never，表示当容器退出时，Kubernetes 不会自动重启容器。

示例 5-5 Job 配置文件

```
apiVersion: batch/v1
kind: Job
metadata:
  name: pi
spec:
  template:
    spec:
      containers:
      - name: pi
        image: perl:5.34.0
```

示例 5-5　Job 配置文件（续）

```
command: ["perl","-Mbignum=bpi","-wle","print bpi(2000)"]
restartPolicy: Never
backoffLimit: 4
```

这里的 command 是一个字符串数组，其中包含所需的脚本命令。在这种情况下，我们通常使用一些 perl 脚本来打印圆周率 π 的值（计算到小数点后第 2000 位），并将其输出到标准输出流（stdout）中。

可以使用下面的命令来运行此示例：

```
kubectl apply -f job.yaml
```

5.3.8　后台支撑服务集（DaemonSet）

Daemon 本身就是守护进程的意思，那么很显然 DaemonSet 就是 Kubernetes 里实现守护进程机制的控制器，它作为一个守护进程运行在后台。DaemonSet 确保在全部（或者某些）节点上运行同一个 Pod 的副本。DaemonSet 的核心关注点在于 Kubernetes 集群中的节点（物理机或虚拟机），其要保证每个节点上都有一个此类 Pod 运行，这些节点可能是所有集群节点，也可能是通过 NodeSelector 选定的一些特定节点。典型的 DaemonSet 包括存储、日志和监控等在每个节点上都能支持 Kubernetes 集群运行的服务。DaemonSet 的拓扑结构如图 5-14 所示。

当有节点加入集群时，DaemonSet 会为它们新增一个 Pod；当有节点从集群中移除时，这些 Pod 也会被回收。删除 DaemonSet 将会删除由它创建的所有 Pod。

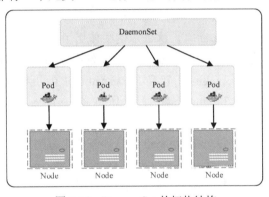

图 5-14　DaemonSet 的拓扑结构

DaemonSet 的一些典型用法如下：

（1）在每个节点上运行集群守护进程；

（2）在每个节点上运行日志收集守护进程；

（3）在每个节点上运行监控守护进程。

一种简单的用法是为每种类型的守护进程在所有节点上都启动一个 DaemonSet；一个稍微复杂的用法是为同一种守护进程部署多个 DaemonSet，它们具有不同的标志，并且对不同硬件类型具有不同的内存、CPU 要求。

DaemonSet 与 Deployment 的区别：

Deployment 部署的副本 Pod 会分布在各个节点上，每个节点都可能运行多个副本；而 DaemonSet 的每个节点上最多只能运行一个副本。

示例 5-6 是一个运行 fluentd-elasticsearch docker 镜像的 DaemonSet 配置文件。DaemonSet 是 Kubernetes 中一种特殊的控制器，其作用是在集群的每个节点上运行一个复制的 Pod。使用 DaemonSet 可以方便地实现某些系统级别的任务或者服务。在该示例中，我们创建了一个名为 my-daemonset 的 DaemonSet 对象。通过模板定义了容器将要运行的镜像和端口等信息，并指定了需要选择哪些节点来启动它。

示例 5-6　DaemonSet 配置文件

```
apiVersion: apps/v1
kind: DaemonSet
metadata:
  name: my-daemonset
spec:
  selector:
    matchLabels:
      app: my-daemon
  template:
    metadata:
      labels:
        app: my-daemon
    spec:
      containers:
      - name: daemonset-container
        image: httpd
        ports:
        - containerPort: 80
```

具体而言，这个示例中使用了以下字段进行对象描述：

（1）apiVersion：声明文件中使用的 Kubernetes API 版本。

（2）kind：定义 Kubernetes 对象的类型（此处为 DaemonSet）。

（3）metadata：几乎所有 Kubernetes 对象都包含的元数据信息（如名称、标签等）。

（4）selector：筛选出匹配表达式的对象。

（5）matchLabels：包含若干个键值对，可以通过筛选条件过滤出需要操作的资源。

（6）template：定义了应该在 DaemonSet 中创建的 Pod 模板。

（7）labels：作为筛选条件用于匹配与该 DaemonSet 关联的 Pod 对象。

5.3.9　存储卷（Volume）

存储卷（Volume）是 Kubernetes 抽象出来的对象，用于解决 Pod 中的容器运行时文件存放的问题及多容器数据共享的问题。Kubernetes 集群的存储卷与 Docker 的存储卷类似，只不过 Docker 存储卷的作用范围为一个容器，而 Kubernetes 存储卷的生命周期和作用范围是一个 Pod。

存储卷比 Pod 中运行的任何容器的生命周期都长。在容器重新启动时，数据也会得到保留。当然，当一个 Pod 不存在时，卷也将不再存在。

每个 Pod 中声明的存储卷由 Pod 的所有容器共享。Kubernetes 支持非常多的存储卷类型，并支持多种公有云平台的存储，包括 AWS、Google 和 Azure 云等；支持多种分布式存储，包括 GlusterFS 和 Ceph 等；也支持较容易使用的主机本地目录 hostPath 和 NFS 等。Kubernetes 还支持使用 PVC 这种逻辑的存储。通过这种存储，使得存储的使用者可以忽略后台的实际存储技术（如 AWS、Google 或 GlusterFS、Ceph），而将有关存储实际技术的配置交给存储管理员通过 PV 来进行配置。

下面具体介绍各种存储卷。

5.3.9.1 emptyDir 卷

emptyDir 是与 Pod 生命周期相同的临时目录，是供 Pod 使用的一个空目录。emptyDir 可以挂载到容器内，如果容器内目录已存在，那么会覆盖容器内的目录；如果不存在，那么会新建该临时目录。emptyDir 的主要用途是提供可临时使用的空间。比如某些应用程序运行时所需的不需要永久保存的临时目录；为耗时较长的计算任务提供临时空间来保存检查点，以便任务能在崩溃前恢复执行；作为多容器共享目录，使一个容器能从另一个容器中获取数据。

emptyDir 配置文件如示例 5-7 所示。在该配置文件中，创建了一个 Pod，其目的是部署一个名为 registry.k8s.io/test-webserver 的容器。在这个容器中，我们定义了一个挂载点路径/cache，然后创建了一个名为 cache-volume 的 emptyDir 卷作为挂载点，并设置了最大容量为 500MB。emptyDir 会在容器启动时创建一个空的临时目录，并挂载到容器的/cache 路径下。当容器退出时，emptyDir 将会被删除，因此它通常用于临时数据的共享。

示例 5-7　emptyDir 配置文件

```
apiVersion: v1
kind: Pod
metadata:
  name: test-pd
spec:
  containers:
  - name: test-container
    image: registry.k8s.io/test-webserver
    volumeMounts:
    - name: cache-volume
      mountPath: /cache
  volumes:
  - name: cache-volume
    emptyDir:
      sizeLimit: 500Mi
```

当 Pod 指定在某个节点上运行时，首先创建的就是一个 emptyDir 卷，并且只要 Pod 在该节点上运行，emptyDir 卷就一直存在，就像它的名称表示的那样，该卷最初是空的。尽管 Pod 中的容器挂载 emptyDir 卷的路径可能相同，也可能不同，但是这些容器都可以读写 emptyDir 卷中相同的文件。当 Pod 因为某些原因从节点上被删除时（可以设置一些驱逐策略，将 Pod 从 Node 中驱逐出去），emptyDir 卷中的数据也会被永久删除。

5.3.9.2 NFS 卷

NFS（Network File System）即网络文件系统，是一个主流的文件共享服务器，它的功能就是可以通过网络，让不同的机器、不同的操作系统共享彼此的文件。NFS 采用的是 C/S 架构，本地 NFS 的客户端应用可以透明地读写位于远端 NFS 服务器上的文件，就像访问本地文件一样。NFS 不仅适用于 Linux 系统之间的文件共享，还能实现 Linux 与 Windows 系统间的文件共享。

Kubernetes 可以使用 NFS 作为数据持久化解决方案之一。

　　NFS 卷提供对 NFS 的挂载支持，其用于将存在 NFS 服务器上的存储空间挂载到 Pod 中以供容器使用。在删除 Pod 的同时，emptyDir 卷的内容会被删除，但 NFS 卷的内容会被保存，该卷只是被卸载了。这意味着 NFS 卷可以被预先存入数据，并且这些数据可以在 Pod 之间"传递"。

　　NFS 配置文件如示例 5-8 所示。该配置文件的作用是在 Kubernetes 集群中创建名为 vol-nfs-pod 的 Pod，并将 Redis 容器挂载到一个名为 redisdata 的 NFS 卷中。这将允许 Redis 容器访问该卷以读写数据。

示例 5-8　NFS 配置文件

```
apiVersion: v1
kind: Pod
metadata:
  name: vol-nfs-pod
  labels:
      app: redis
spec:
  containers:
  - name: redis
    image: redis:4-alpine
    ports:
    - containerPort: 6379
      name: redisport
    volumeMounts:
    - mountPath: /data
      name: redisdata
  volumes:
  - name: redisdata
    nfs:
      server: nfs.ilinux.io
      path: /data/redis
      readOnly: false
```

　　具体字段说明如下。

　　apiVersion：声明文件中使用的 Kubernetes API 版本；

　　kind：指定资源对象的类型，本例中的类型是 Pod；

　　metadata：包含了对资源对象的描述，包括 Pod 的名称和标签；

　　spec：定义了一些规范，并包含对容器和卷的详细定义；

　　containers：包含了对容器的所有定义，包括名称、镜像、端口号和数据挂载点等；

　　volumes：要求我们创建一个名为 redisdata 的 NFS 卷，并通过向其添加 nfs 属性进行定义，该卷还包含可选的 readOnly 属性。

　　volumeMounts：将名为 redisdata 的存储卷挂载到容器的/data 路径下，以接受它的读写访问权限。

　　如果要使用 NFS 卷，需要做如下准备工作：

　　（1）在服务器端节点安装 RPC 和 NFS 服务；

　　（2）在服务器端节点创建共享目录，并指定目录是否可读写；

　　（3）在服务器端节点配置客户端访问的用户对共享目录的访问权限；

（4）创建挂载点；

（5）在客户端节点安装 NFS；

（6）在客户端节点使用 mount 命令挂载共享目录。

5.3.9.3 hostPath 卷

hostPath 类型的存储卷用于将工作节点上某文件系统的目录或文件挂载到 Pod 中，它具有持久性，可独立于 Pod 资源的生命周期，但它是工作节点本地的存储空间，仅适用于特定情况下的存储卷使用需求。当 Pod 漂移到其他节点后，其数据无法复用，因此仅适用于开发和测试环境，在本地开发和测试环境中的使用尤为常见。

使用 hostPath 卷，Pod 可以直接访问本地节点上的文件系统，而无须依赖外部存储，并且可以在一个节点内的容器之间轻松共享数据。

需要注意的是，使用 hostPath 卷需要充分考虑可能会产生的安全风险和依赖关系，因为它与节点的文件系统直接关联。因此，建议仅在非生产环境下使用 hostPath 卷。

hostPath 配置文件如示例 5-9 所示。该配置文件的作用是创建一个名为 test-pd 的 Pod，并将 hostPath 卷挂载到容器中，从而将宿主机的/data 目录挂载到容器的/test-pd 目录。当容器想要访问宿主机的数据时，可以通过这种方式来实现。

示例 5-9　hostPath 配置文件

```
apiVersion: v1
kind: Pod
metadata:
  name: test-pd
spec:
  containers:
  - image: registry.k8s.io/test-webserver
    name: test-container
    volumeMounts:
    - mountPath: /test-pd
      name: test-volume
  volumes:
  - name: test-volume
    hostPath:
      # 宿主机上目录的位置
      path: /data
      # 此字段为可选的
      type: Directory
```

5.3.9.4 subPath 卷

当需要在单个 Pod 中创建共享卷以供多方使用时，可以使用 subPath 卷。

通常情况下，引用卷的时候默认将卷的根目录挂载到指定路径中。volumeMounts.subPath 属性可用于指定所引用的卷的子路径，因此使用 subPath 卷就可以实现挂载卷的子目录的目的。

subPath 配置文件如示例 5-10 所示。该配置文件用于将 mysql 容器挂载到指定的持久卷（PV）上。通过将该持久卷挂载到 mysql 容器的/var/lib/mysql 路径下，并通过使用 subPath

参数，为该路径下的 mysql 数据创建一个独立的挂载点。

示例 5-10　subPath 配置文件

```
apiVersion: v1
kind: Pod
metadata:
  name: my-lamp-site
spec:
    containers:
    - name: mysql
      image: mysql
      volumeMounts:
    - mountPath: /var/lib/mysql
      name: site-data
      subPath: mysql
    volumes:
    - name: site-data
      persistentVolumeClaim:
        claimName: my-lamp-site-data
```

5.3.10　持久卷

相比于存储卷，持久卷有助于解决数据持久化和跨节点共享的问题。持久卷是一种特殊的存储卷，由 Kubernetes 关键组件如 CSI（Container Storage Interface）进行管理，其提供了独立于 Pod 生命周期的若干存储资源，如 NFS、iSCSI 等。在创建 Pod 时，管理员可以通过访问持久卷存储的抽象层，将这些资源作为实际的存储卷分配给 Pod 使用。当 Pod 终止时，持久卷并不会立即被销毁，而是继续存在直到管理员显式删除它为止。

因此，持久卷是通过在 Pod 和底层物理存储之间增加一个抽象层，使得 Pod 可以使用独立于物理存储的可引用的存储资源。同时，持久卷的生命周期是独立于 Pod 的，即使 Pod 被删除，持久卷也可以继续保留其数据。

下面介绍两个重要的卷：持久卷（PV）和持久卷声明（PVC）。

PV 和 PVC 使得 Kubernetes 集群具备了存储的逻辑抽象能力，在配置 Pod 的逻辑里可以忽略对实际后台存储技术的配置，而把这项工作交给 PV 的配置者，即集群的管理者。PV 是对存储资源的抽象，其将存储定义为一种容器应用可以使用的资源，是集群的一部分，可以由管理员事先创建，或者使用存储类（Storage Class）来动态创建；PVC 是用户对使用存储资源的一个申请。

PV 和 PVC 的关系，与 Node 和 Pod 的关系是非常类似的，即 PV 和 Node 是资源的提供者，随集群基础设施的变化而变化，由 Kubernetes 集群管理员进行配置；而 PVC 和 Pod 是资源的使用者，根据业务需求的变化而变化。Pod 消耗 Node 的资源，PVC 消耗 PV 的资源。

图 5-15 是 PV 及 PVC 的使用示意图。

PVC 有命名空间，而 PV 不属于任何命名空间，PV 是集群层面的资源。每个 PV 对象都包含 spec 和 status 两部分，分别对应卷的规约和状态。PV 对象的名称必须是合法的 DNS 子域名。

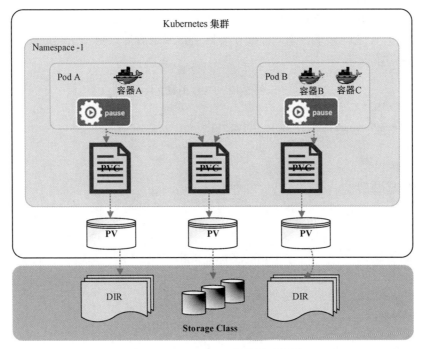

图 5-15 PV 及 PVC 的使用示意图

如果要查看当前创建的 PV, 可以使用如下命令:

```
kubectl get pv
```

PV 配置文件如示例 5-11 所示, 这个例子创建了一个容量为 5GB 的持久卷。

示例 5-11 PV 配置文件

```
apiVersion: v1
kind: PersistentVolume
mctadata:
  name: pv-001
  labels:
    pv: nfs
spec:
  capacity:
    storage: 5Gi          #容量为 5GB
  accessModes:
  - ReadWriteMany    #允许多节点以读写方式挂载
  persistentVolumeReclaimPolicy: Retain          #回收策略
  nfs:                                           #定义 NFS 服务器的信息
    server: 172.17.0.2
    path: /home/k8s_data
    readOnly: false
```

每个 PVC 对象都包含 spec 和 status 两部分, 分别对应声明的规约和状态。PVC 对象的名称必须是合法的 DNS 子域名。当集群用户需要在其 Pod 中使用持久化存储时, 他们首先要创建一个 PVC, 指定所需要的最低容量和访问模式, 然后用户将 PVC 清单提交给 Kubernetes API 服务器, Kubernetes 将找到可匹配的 PV 并将其绑定到 PVC。

PVC 配置文件如示例 5-12 所示。该配置文件的作用是定义了一个 PVC 并申请了 5GB

的存储空间，用来存储多个 Pod 中需要共享或持久化保存的数据，这样可以使得 Pod 使用这个动态卷在容器之间共享数据，即使在容器销毁或重启后，数据依然能够得到保存并能够被新的容器访问。

示例 5-12　PVC 配置文件

```
apiVersion: v1
kind: PersistentVolumeClaim          #资源类型
metadata:
  name: pvc-01
  namespace: default                 #所属命名空间
  labels:
    pvc: nfs
spec:
  resources:                         #定义 PVC 所需的资源
    requests:
      storage: 5Gi                   #需要 5GB 存储空间
  accessModes:
  - ReadWriteMany                    #访问模式
  storageClassName: ""
```

PVC 是如何确定该与哪个 PV 进行绑定呢？答案是：通过 PVC 申请的容量大小和访问模式来匹配最佳的 PV。

在集群中使用持久卷存储通常需要一些特定于具体卷类型的辅助程序。在上面这个例子中，PV 是 NFS 类型的，因此需要通过辅助程序/sbin/mount.nfs 来支持挂载 NFS 文件系统。

5.3.11　有状态集 StatefulSet

5.3.11.1　StatefulSet 概念

StatefulSet 是在 Deployment 的基础上扩展出来的一种特殊的部署。与 Deployment 一样，StatefulSet 也是一种可以部署和扩展 Kubernetes Pod 的控制器，用来管理有状态工作负载的 API 对象。

StatefulSet 用来表示一组具有一致身份的 Pod，为这些 Pod 提供持久存储和持久标识符，并管理这些 Pod 的部署和扩缩。虽然 StatefulSet 与 Deployment 类似，都是管理基于相同容器规约的一组 Pod，但与 Deployment 不同的是，StatefulSet 管理的 Pod 都是基于相同的规约创建的，其为每个 Pod 维护一个固定 ID，无论怎么调度，这个 ID 都不会改变。

5.3.11.2　StatefulSet 中 Pod 的 DNS 格式

StatefulSet 管理的 Pod 的身份主要体现在两方面。

（1）网络：一个稳定的 DNS 和主机名。

（2）存储：根据要求提供尽可能多的 PVC。

StatefulSet 保证将 Pod 给定的网络身份始终映射到相同的存储身份上。

StatefulSet 中每个 Pod 的 DNS 格式如下：

statefulSetName-{0...N-1}.serviceName.namespace.svc.cluster.local

其中：

statefulSetName：StatefulSet 对象的名字；

0...N-1：Pod 的序号，从 0 开始到 N-1 结束；

serviceName：Headless Service 的名字；

namespace：服务所在的 namespace，Headless Service 和 StatefulSet 必须具有相同的 namespace；

svc.cluster.local：集群域名 Cluster Domain。

StatefulSet 管理的 Pod 的名称由 StatfulSet 对象的名称+Pod 创建时所在的索引组成，DNS 格式中 "statefulSetName-{0...N-1}" 就是 Pod 的名称。StatefulSet 使用这个 DNS 记录解析规则来维持 Pod 的拓扑状态。

下面是一个 nacos 的 DNS 的示例：

`harbin-nacos-v1-0.harbin-nacos.ruoyi.svc.cluster.local`

其中：

statefulSetName 为 harbin-nacos-v1；

Pod 的序号为 0；

serviceName 是 harbin-nacos；

namespace 为 ruoyi；

集群域名为 svc.cluster.local。

5.3.11.3　StatefulSet 适用场景及状态抽象

如果希望使用存储卷为工作负载提供持久存储，那么可以将 StatefulSet 作为解决方案的一部分。尽管 StatefulSet 管理的单个 Pod 可能出现故障，但保持不变的 Pod 标识符，使得将现有卷与替换失败 Pod 的新 Pod 进行匹配变得更加容易。

在对需要满足以下一个或多个需求的应用程序进行部署时，就可以使用 StatefulSet。

（1）具有稳定的、唯一的网络标识符；

（2）具有稳定的、持久的存储；

（3）能进行有序的、优雅的部署和扩缩；

（4）能进行有序的、自动的滚动更新。

在上面的描述中，"稳定的"意味着 Pod 调度或重调度的整个过程是持久性的。如果应用程序不需要任何稳定的标识符或有序地部署、删除或扩缩，那么应该使用由一组无状态的副本控制器提供的工作负载来部署应用程序，比如 Deployment 或者 RS 更适用于无状态应用部署需要。

StatefulSet 把有状态应用需要保持的状态抽象为两种。

1）拓扑状态

这种情况意味着应用的多个实例之间不是完全对等的关系。这些应用实例必须按照某些顺序启动，比如应用的主节点 A 要先于从节点 B 启动。如果把 A 和 B 两个 Pod 删除，那么它们再次被创建出来时也必须严格按照这个顺序启动才行。并且，新创建出来的 Pod 必须和原来的 Pod 网络标识一样，这样原来的访问者才能使用同样的方法访问到这个新 Pod。

2）存储状态

这种情况意味着应用的多个实例分别绑定了不同的存储数据。对于这些应用实例来说，Pod A 第一次读取到的数据和其被重新创建后再次读取到的数据应该是同一份。这种情况最典型的例子就是一个数据库应用的多个存储实例。

所以，StatefulSet 的核心功能就是通过某种方式记录这些状态，然后在 Pod 被重新创建时，能够为新 Pod 恢复这些状态。

5.3.11.4　StatefulSet 创建的资源

StatefulSet 可以创建三种类型的资源。图 5-16 是 StatefulSet 包含的三种资源：Pod、PVC、Headless Service。

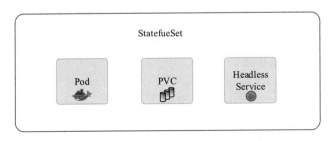

图 5-16　StatefulSet 包含的三种资源

1）Pod

StatefulSet 会为每个 Pod 创建固定的唯一标识符，即网络标识符（podName. statefulSetName），如 web-0.nginx。这些标识符允许有状态的应用程序不依赖于特定的 IP 地址或主机名进行运行。有状态的应用程序可以使用网络标识符进行内部通信，从而实现对有状态的服务的发现。

2）PVC

StatefulSet 可以通过指定一个标签选择器，动态地创建和删除 PV 或 PVC。在有状态的应用程序运行场景下，它们可以代表有状态的应用程序所需的数据卷。StatefulSet 可以创建 PVC 请求存储并将其挂载到 Pod 上，其不会因为 Pod 的重新调度而丢失数据，从而确保在 Pod 启动时始终匹配到正确的 PV。

如果用户在 StatefulSet 的模板文件 spec 下面的 PVC 模板中定义了 volumeClaimTemplates，那么 StatefulSet 在创建 Pod 之前，会根据模板创建 PVC，并将其挂载到 Pod 对应的卷中。当然也可以在 spec 中不定义 PVC 模板，那么所创建出来的 Pod 就不会挂载一个单独的 PV。

3）Headless Service

StatefulSet 会自动创建一个 Headless Service，这个服务的 DNS 名称对应所有 Pod 的标识符，即上面提到的网络标识符。这样就可以通过 DNS 名称访问到每个 Pod，进而实现对有状态的应用程序的访问。

5.3.11.5　如何创建 StatefulSet

在创建 StatefulSet 之前需要准备一些资源，这些资源的创建顺序如下：

（1）Volume；

（2）PV；

（3）PVC；

（4）Service；

（5）StatefulSet。

Volume 可以有很多种类型，比如 NFS、GlusterFS 等。其他几种资源的创建将在后面的章节进行介绍。

示例 5-13 是 StatefulSet 配置文件的示例。这个配置文件中首先创建了名为 nginx 的
Headless Service，用来控制网络域名，然后创建了名为 web 的 StatefulSet，其中，replicas
为 3 表明将在 3 个独立的 Pod 副本中启动 nginx 容器。

volumeClaimTemplates 将通过 PV 来提供稳定的存储。

示例 5-13　StatefulSet 配置文件

```
apiVersion: v1
kind: Service
metadata:
  name: nginx
  labels:
    app: nginx
spec:
  ports:
  - port: 80
    name: web
  clusterIP: None
  selector:
    app: nginx
---
apiVersion: apps/v1
kind: StatefulSet
metadata:
  name: web
spec:
  selector:
    matchLabels:
      app: nginx
  serviceName: nginx
  replicas: 3
  template:
    metadata:
      labels:
        app: nginx
    spec:
      terminationGracePeriodSeconds: 10
      containers:
      - name: nginx
        image: nginx:1.14-alpine
        ports:
        - containerPort: 80
          name: web
        volumeMounts:
        - name: www
          mountPath: /usr/share/nginx/html
  volumeClaimTemplates:
  - metadata:
      name: www
```

```
spec:
  accessModes: [ "ReadWriteOnce" ]
  resources:
    requests:
      storage: 1Gi
```

5.3.12   ConfigMap 和 Secret

ConfigMap 和 Secret 都是用来保存配置信息的 API 对象。在实际应用的部署中，经常需要为应用程序配置各种参数，如数据库地址、用户名、密码等，而且大多数生产环境中的应用程序配置较为复杂，可能是多个 Config 文件、命令行参数和环境变量的组合，为此 Kubernetes 引入 ConfigMap 和 Secret 这两个 API 资源来满足部署需求。

5.3.12.1   ConfigMap

ConfigMap 和 Secret 是 Kubernetes 系统上两种特殊类型的存储卷，ConfigMap 对象用于为容器中的应用提供配置数据以定制程序的行为，不过敏感的配置信息，例如密码、密钥、证书等，通常由 Secret 对象来进行配置，这样可以避免把敏感信息通过明文写在配置文件里。

在 ConfigMap 中，各个配置项都是以键值对（key/value）的方式存在的，value 甚至可以是一个配置文件包含的全部内容，这些配置项被保存在 Kubernetes 使用的持久化存储 etcd 中。ConfigMap 支持以存储卷 Volume 的形式被挂载到 Pod 中，这样 Pod 应用就会读取本地配置文件。用户可以独立地对 ConfigMap 中的数据进行修改，然后将 ConfigMap 挂载到 Pod 中进行使用；也可以环境变量 env 的方式保存，并在 Pod 中进行引用，这种方式能很好地实现配置信息和 Pod 解耦。

示例 5-14 是 ConfigMap 配置文件的示例。此配置文件定义了一个名为 game-demo 的 ConfigMap 资源对象，其中包含了多个以键值对的方式存在的配置参数。其中游戏玩家初始生命值、UI 属性文件名称、敌人类型、玩家最大生命值、UI 界面颜色等多个参数都被映射到了不同的 key 下面。game.properties 和 user-interface.properties 定义了应用程序配置文件的内容。其中，类文件格式中的 key 和 value 之间需要使用等号（=）进行分隔，并使用冒号加上一个空格进行缩进。在这个例子中，通过使用"|"标志，一次性读入了整个类属性数据或类文件数据块。

示例 5-14   ConfigMap 配置文件

```
apiVersion: v1
kind: ConfigMap
metadata:
  name: game-demo
data:
  player_initial_lives: "3"
  ui_properties_file_name: "user-interface.properties"
  game.properties: |
    enemy.types=aliens,monsters
    player.maximum-lives=5
```

示例 5-14 ConfigMap 配置文件（续）

```
user-interface.properties: |
    color.good=purple
    color.bad=yellow
    allow.textmode=true
```

5.3.12.2 Secret

Secret 的结构与 ConfigMap 类似，也是键值对的映射。Secret 的使用方法与 ConfigMap 相同，用户可以将 Secret 条目作为环境变量传递给容器或将 Secret 条目暴露为卷中的文件。为了保障 Secret 的安全性，Kubernetes 仅将 Secret 分发到需要访问其内容的 Pod 所在的机器节点上。另外，Secret 只会存储在节点的内存中，而不写入节点的物理存储器，这样从节点上删除 Secret 时就不需要擦除磁盘，其安全性也提高了。

示例 5-15 是一个 Secret 配置文件的例子，里面保存了 USER_NAME 和 PASSWORD 的详细信息。

示例 5-15 Secret 配置文件

```
apiVersion: v1
kind: Secret
metadata:
    name: mysecret
    type: Opaque    #opa 凭证类型
data:
    USER_NAME: YWRtaW4=
    PASSWORD: MWYyZDFlMmU2N2Rm
```

5.4 Kubernetes 的服务暴露

Pod 部署成功后，就可以对外部应用提供服务了，那么外部应用或其他 Pod 如何找出相应的 Pod 并调用其服务呢?这就需要 Pod 将其中的服务暴露出来。Kubernetes 支持多种服务暴露的方式，下面主要介绍 ClusterIP、NodePort 和 Ingress 这三种被广泛使用的服务暴露方式。其中，ClusterIP 和 NodePort 方式属于 Service 资源类型，而 Ingress 属于 Ingress 资源类型。

5.4.1 ClusterIP 服务暴露

ClusterIP（集群 IP）这种服务暴露方式只能将服务暴露在集群内部，其分配的 IP 为虚拟 IP（VIP），只有集群内部的对象可以使用此 IP 访问相应的服务。

Kubernetes 集群会为一组 Pod 分配对应的集群 IP，同时产生一个域名。集群内部可以通过这个集群 IP 或者域名访问 Service 对应的 Pod。图 5-17 是 ClusterIP 服务暴露示意图。

ClusterIP 服务暴露的特点是:

（1）ClusterIP 仅仅作用于 Kubernetes Service 这个对象，并由 Kubernetes 管理和分配 IP 地址;

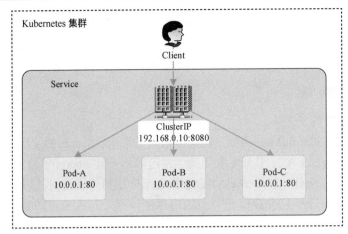

图 5-17　ClusteIP 服务暴露

（2）只能用于在不同 Service 下的 Pod 节点在集群间的相互访问；

（3）ClusterIP 无法被 ping 到，因为它没有一个"实体网络对象"来响应；

（4）ClusterIP 只能结合 ServicePort 组成一个具体的通信端口，单独的 ClusterIP 不具备通信的基础，并且它们只属于 Kubernetes 集群这样一个封闭的空间；

（5）ClusterIP 是 Kubernetes 默认的服务类型（ServiceType）。

通过集群 IP 构成 Service 网络后，Kubernetes 集群内的应用就可以使用域名或 VIP 进行统一寻址和访问，而不需要关心应用集群中 Pod 的 IP 是多少、这些 IP 会不会变化以及负载均衡问题。但是，Kubernetes 的 Service 网络只是一个集群内部网络，集群外部是无法直接访问的。图 5-17 中，Client 通过 192.168.0.10 这个 IP 地址的 8080 端口访问服务，而服务由哪个 Pod 提供需要它自己确定。

示例 5-16 是 ClusterIP 类型 Service 配置文件的例子。此 yaml 文件定义了一个名为 internal-service 的 Kubernetes Service，其在 dev 命名空间中部署。该服务暴露类型为 ClusterIP，因此只能在集群内使用。通过指定 selector 为 app: my-app 将 Service 关联到与标签选择器相匹配的 Pod 上。该 Service 监听端口为 80，协议为 TCP，并将请求流量转发到目标 Pod 中的 80 端口（即 targetPort）。

示例 5-16　ClusterIP 类型 Service 配置文件

```
apiVersion: v1
kind: Service
metadata:
  name: internal-service
  namespace: dev
spec:
  selector:
    app: my-app
  type: ClusterIP
  ports:
    - name: http
      port: 80
      targetPort: 80
      protocol: TCP
```

5.4.2 NodePort 服务暴露

前面讲的通过 ClusterIP 方式暴露的服务，集群外部是无法直接访问的。要解决这一问题，可以使用 NodePort 方式向外部暴露服务。NodePort 即 NodeIP+Port 的方式，也就是通过在节点的 IP 上指定端口向集群外部暴露服务，这样在集群外部只要使用节点的 IP 地址和 NodePort 指定的端口就能访问节点内部 Pod 上提供的服务。

如图 5-18 所示，通过这种 NodePort 方式向外部暴露服务，除了在集群的每个节点上开放端口，还自动创建一个 ClusterIP 类型的 Service，NodePort 会将端口上的流量路由给这个 Service。

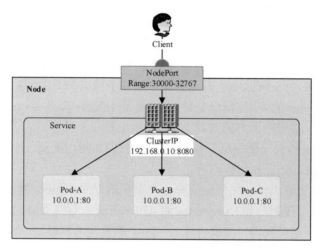

图 5-18 NodePort 服务暴露

如果我们要将 Kubernetes 内部的一个服务通过 NodePort 方式暴露出去，那么可以将服务发布（kind:Service）的 type 设定为 NodePort，同时指定一个 30000~32767 范围内的端口。服务发布以后，Kubernetes 在每个节点上都会开启这个监听端口，这个端口的后面是 Kube-Proxy。当 Kubernetes 外部有 Client 要访问集群内的某个服务时，它通过这个服务的 NodePort 端口发起调用，同时这个调用通过 Kube-Proxy 转发到内部的 Service 抽象层，然后再转发到目标 Pod 上。

示例 5-17 是 NodePort 类型 Service 配置文件的例子。此 yaml 文件定义了一个名为 nodeport-service 的 Kubernetes Service，其在 dev 命名空间中部署。该服务暴露类型为 NodePort，因此可以通过节点 IP 地址和公开的端口号从外部访问 Service。该 Service 监听端口为 80，协议为 TCP，其将请求流量转发到目标 Pod 中的 80 端口（即 targetPort），并把公开端口配置为 30036（即 nodePort），该配置允许用户通过节点 IP 地址和端口号 30036 来访问服务。

示例 5-17 NodePort 类型 Service 配置文件

```
apiVersion: v1
kind: Service
metadata:
  name: nodeport-service
  namespace: dev
spec:
```

示例 5-17　NodePort 类型 Service 配置文件（续）

```
selector:
    app: nginx-pod
type: NodePort
ports:
  - name: http
    port: 80
    targetPort: 80
    nodePort: 30036
    protocol: TCP
```

5.4.3　Ingress 服务暴露

Ingress 是与 Service 完全不同的资源类型，其只需一个或者少量的公网 IP 和 LB（Load Balancer），就可同时将多个 HTTP 服务暴露到外网。Ingress 是 Service 上一层的代理，可以简单理解为 Service 的 Service。它其实就是一组基于域名和 URL 路径的把用户的请求转发到一个或多个 Service 的规则。流量是从 Internet 到 Ingress 再到 Service 最后到 Pod 上的。通常情况下，Ingress 部署在所有的节点上。

通常，在 Service 的上一层使用 Ingress 来提供 HTTP 路由配置，其可以设置外部 URL、基于域名的虚拟主机、SSL 和负载均衡。

为了让 Ingress 资源工作，集群必须有一个正在运行的 Ingress 控制器，其中运行着一个 Nginx 服务。Ingress 控制器和 Kubernetes 的 API Server 进行交互，动态感知集群的 Ingress 规则变化，并按照自定义规则，生成对应的 Nginx 配置写入容器的/etc/nginx.conf 文件中，同时通过热加载，达到通过域名配置变化动态更新服务的目的。

与 Controller-Manager 控制器不同，Ingress 控制器不是随集群自动启动的，因此可以选择不同外部组件来做 Ingress 控制器，常用的有 Nginx Ingress Controller、Kong Ingress、Traefik、haproxy-ingress 等。Ingress 服务暴露示意图，如图 5-19 所示。

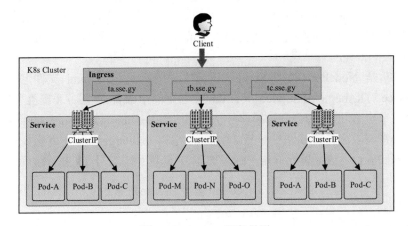

图 5-19　Ingress 服务暴露

示例 5-18 是 Ingress 类型 Service 配置文件的示例。这个 yaml 文件定义了一个名为 tomcat-test-ingress 的 Kubernetes Ingress。Ingress 是一种 Kubernetes 资源对象，它负责把集群外部进入的请求路由到内部服务。这个 Ingress 配置规则将所有符合路径为"/"并且 host

为 demo.xty.cn 的 HTTP 请求路由到名为 tomcat-test-svc 的 Service 上，该 Service 是在命名空间 gov 中运行的，且公开了端口号为 80 的 Tomcat 测试服务。使用 Ingress 可以更加灵活地控制不同主机名、不同 URL 路径和不同 HTTP 请求头等条件下的流量访问和负载均衡。

示例 5-18　Ingress 类型 Service 配置文件

```
apiVersion: networking.k8s.io/v1beta1
kind: Ingress
metadata:
  name: tomcat-test-ingress
  namespace: gov
spec:
  rules:
  - host: demo.xty.cn
    http:
      paths:
      - path: /
        backend:
          serviceName: tomcat-test-svc
          servicePort: 80
```

5.5　小结

本章重点讲述了容器编排的相关技术及工具。主要内容包括容器编排及主要工具、Kubernetes 基本原理、Kubernetes 的 API 对象以及 Kubernetes 的服务暴露。容器编排是指对多个容器的部署、管理和监控。之所以有容器编排技术，是因为业务量与系统复杂度与日俱增推动了服务部署的演进方式。借助 Kubernetes 的编排功能，用户可以构建多个容器的应用服务，跨集群调度、扩展这些容器，并长期持续管理这些容器、检测其健康状况，从而确保应用集群长期稳定地运行。

习　　题

1. 什么是容器编排？

2. 什么是 Kubernetes？

3. 为什么选择 Kubernetes？

4. 简要说明 Kubernetes 的基本组成。

5. 简要说明 Kubernetes 的设计理念。

6. 什么是 etcd？

7. Kubernetes 中的 Scheduler（调度器）的主要作用是什么？

8. 什么是 Kubelet？

9. Kube-Proxy 的主要作用是什么？

10. 什么是 Pod？

11. 什么是部署（Deployment）？

12. Kubernetes 的服务暴露方式主要有哪几种？

第6章 云原生微服务

6.1 微服务概述

微服务是一种架构模式，它提倡将单一的应用程序划分成一组小的服务，每个服务都可以独立地部署、升级、替换，从而使应用程序更加灵活、可靠、可扩展，服务之间也可以互相协调、互相配合，为用户提供最终价值。每个服务运行在其独立的进程中，服务与服务间采用轻量级的通信机制互相沟通（通常是基于 HTTP 的 Restful API）。每个服务都围绕着具体业务进行构建，并且能够被独立地部署到生产环境中。另外，开发人员应尽量避免统一的、集中式的服务管理机制，对一个具体的服务而言，应根据其业务上下文，选择合适的语言、工具对其进行构建。

6.1.1 微服务架构的演进

企业应用从单体架构到面向服务的架构再到微服务架构，经历了一个逐步演进的过程。单体架构在产品初期表现出明显的成本及效率优势，能够快速响应业务需求。只有当业务复杂到一定程度后，微服务架构才会逐渐体现其潜在的价值。在业务复杂度不高、团队规模不大的初创企业，单体架构往往是更高效的开发模式。随着业务复杂性慢慢提高、团队规模逐渐变大，就可以考虑采用微服务架构来提高生产力了。至于架构模式转化的时间点，需要团队的架构师进行各方面的衡量。

微服务架构是一种面向互联网应用的架构，通过将功能分解到各个相对独立的服务中，降低了系统的耦合性。在分散的服务组件中，使用云架构和平台式部署管理，使产品交付变得更加简单、高效。微服务架构并不是什么技术创新，而是企业应用开发过程发展到一定阶段时对技术框架的必然要求。随着企业应用系统越来越复杂、团队规模越来越大，沟通管理、组织协调的成本越来越高，因此必须解决软件架构的问题。利用微服务架构，团队之间通过接口及规约进行交互，无须关心某个功能的内部实现，小团队可自由选择各自的技术栈及产品演进路线，极大提高了大型团队的联合工作效率。微服务架构使整个系统的分工更加明确，责任更加清晰。企业应用系统从单体架构演变为分布式微服务架构是业务及技术发展的必然趋势。

6.1.2 微服务架构的特点

技术架构的目标是为业务发展提供有力支持，比如业务敏捷、应用弹性、持续交付等。相比于其他架构模式，微服务架构具有如下特点。

（1）每个微服务应用独立部署、独立运行，开发人员可以针对每个微服务应用进行独立扩容。

（2）一个微服务应用包括若干个服务，服务粒度无特别标准，综合考虑复用性及功能完整性，保持组织内部理解一致即可。

（3）微服务之间通过轻量级的通信协议进行交互（如 HTTP），协议接口类型包括 RPC 和 REST 等。

（4）微服务应用之间通过标准的接口及契约进行交互，每个微服务应用可以通过不同的技术栈实现。

（5）每个微服务应用都可以独立发布、升级，不会影响其他的微服务应用，这种方式更容易实现对业务需求的快速响应。

（6）微服务架构是一种去中心化架构，其服务注册中心只在应用启动时用以注册及推送服务，服务调用过程无须通过服务注册中心，而采用更高效的点对点调用方式。

对于分布式系统，部署、测试和监控都需要大量的中间件来支撑，而中间件本身也需要维护，因此原本单体应用中很简单的事务问题，转到分布式环境后就变得很复杂。分布式事务一般采用简单的重试加补偿机制或者通过二阶段提交协议等强一致性方法来实现，这取决于对业务场景的熟悉以及反复地权衡，相同问题还出现在对 CAP 模型特性的权衡。总之，微服务对团队整体的技术栈水平要求更高。

微服务架构更适合按照业务来切分服务，在开发时我们完全可以选择最合适的技术来实现具体的服务，只要确保对外提供的 API 一致即可。也就是说，微服务架构使我们的技术选型更加自由。系统可拆分为众多的服务，这非常有利于对每个服务进行监控，同时不断收集每个服务的性能指标数据。当某个服务出现性能瓶颈或者故障时，可及时发出预警，以便水平扩展服务，灵活地支持更大的流量。由于服务之间彼此隔离，相互之间不会产生影响，因此可借助技术手段来实现自动化部署，使部署过程更加高效。

微服务并非"银弹"，企业应用系统架构设计不能为了微服务而微服务，其在带来功能解耦的同时，也提高了技术架构的复杂度，造成运行效率降低、全链路问题排查困难、数据一致性挑战等问题。很多公司和团队在尝试进行微服务改造，但并没有实际实施经验，甚至强行为了微服务而微服务，最终形成了一个大型的分布式单体应用。改造后的系统既没有微服务的快速扩容、灵活发布的特性，又让原本的单体应用失去了方便开发、部署容易的特性，可以说得不偿失。系统应用由原来的单体应用发展成几十到几百个不同的应用，会产生服务间的依赖、服务如何拆分、内部接口规范、数据传递等问题。尤其是服务拆分，需要团队熟悉业务流程并进行合理取舍。

6.1.3　微服务的粒度

微服务架构下的服务拆分粒度不是越小越好。在拆分服务时，一方面要考虑与业务应用边界的对齐，另一方面也要充分做好与服务架构配套的工具自动化、治理流程方面的准备。对于软件进程间交互对性能（延时、吞吐）高度敏感的场景来说，比如底层数据报文转发、基于内存共享区的数据映射与交换等，不否认传统的软件进程解耦相比于服务化/微服务化拆分是更好的选择。

确定微服务粒度是微服务架构设计的重要一环，对整个微服务架构的可扩展性、可维护性和可测试性等方面都有着非常重要的影响。以下是一些决定微服务粒度的因素。

（1）领域驱动设计：领域驱动设计方法论提供了一种将软件系统划分为小型、可组合的服务方式。通过将业务问题映射到服务边界，可以划分出具有良好内聚性和松散耦合性的微服务。

（2）服务与业务关系的密切程度：微服务的主要目标是为业务提供支持，因此微服务应该明确地指出某一领域中需要支持的业务功能。服务应该尽可能接近业务的原子性，但不应该过于细粒度，即应该避免过度细分微服务导致服务之间的相互调用和数据交互过于频繁。

（3）单一职责原则：微服务应该只关注一个特定的业务功能，遵循单一职责原则。如果一个服务关注太多的业务功能，就容易产生过渡耦合和冗余代码。

（4）可维护性和可测试性：微服务应该具有良好的可维护性和可测试性。可以考虑将一些功能相对独立的组件划分为一个服务。

（5）弹性和高可用性：微服务应该遵循弹性设计，包括容错、自愈和负载均衡等。因此，必须考虑服务的大小，太小容易失去弹性，太大则难以扩展和容错。

基于上述五个因素，微服务的粒度应该适当，不能太小，否则会增加部署、测试和调试的复杂度。最佳粒度应该根据具体业务需求确定。

服务化架构采用运行时进程级微服务代替静态软件模块作为软件隔离与共享的基本单元的关键优势如下：

（1）微服务的开发、测试、部署、发布等全流程活动由独立的全功能团队负责，不再需要多个有紧耦合关联的开发测试功能团队协作，因此有效地提高了软件研发迭代效率；

（2）业务逻辑按照服务解耦，使得服务级别的故障不会扩展至整个软件系统；

（3）不同服务的代码模块所对应的部署实例数可依据实际业务情况各不相同，并且可以服务为单位进行更小粒度的水平伸缩，从而使得系统部署成本更低；

（4）每个服务可以根据具体的场景，独立采用最优的技术栈，这样有利于实践新技术，享受额外的技术红利；

（5）单个服务职责单一、轻量化，利于实现持续交付，同时快速演进业务。

在微服务架构模式下，由于传统单体应用被拆分为更多颗粒度更小的微服务，因此需独立部署及升级变更的微服务进程数有了数倍甚至数十倍的增加，必然对应用架构的"透明可观测"能力提出了更高的要求。需要在数量众多的服务进程之间，实现点到点网状解耦以及端到端的消息跟踪，从而确保系统运行一旦出现问题时，可快速定位并找到问题产生的微服务和组件。服务的可观测性主要通过日志、跟踪、统计指标这三种方式获得，其中，日志提供多个级别的详细信息跟踪，可由应用开发人员主动承担日志信息的收集与上报工作。微服务架构可以实现为自己选择合适的、支持可观测能力的开源框架（如OpenTracing、OpenTelemetry），或选择自研的与微服务运维监控能力配套的监控运维系统，并规范化定义各服务上报的日志、跟踪信息及统计指标等观测数据的具体类型与参数，明确这些可观测数据的产生端与消费端。利用日志和跟踪信息中的跟踪实例 ID 信息，在后台分布式链路分析时，对来自不同服务实例的跟踪消息快速进行关联，以实现快速排障与问题调试。除故障管理及业务连续性保障之外，构建服务可观测能力也有助于衡量各个服务组件是否达到了其面向服务租户所承诺的 SLA/SLO（Service Level Agreement / Objective）的要求，比如并发业务请求数、业务请求平均处理时长、持续提供不中断服务的时长、系统的总体容量、剩余可用容量等。

6.2 微服务主要技术

将应用拆分为微服务之后，服务之间的关系就更加复杂了，因此需要服务注册与发现、负载均衡、服务编排、流量管控等微服务治理技术。

6.2.1 服务注册与发现

当服务越来越多时，经常会出现一个服务被多个服务调用或者一个服务调用多个服务的情况，这些服务间的关系需要协调管理，因此微服务的注册与发现必不可少。微服务的注册与发现是指应用的客户端与服务器端的服务注册表进行交互。整个交互过程分为服务器端的注册和客户端的发现两个步骤。服务器端的注册是指服务实例向服务注册中心进行注册，而客户端发现是指客户端从服务注册中心检索可用的服务实例。同时服务注册中心也会定期调用服务 API 所提供的运行状态监测接口，来验证服务实例是否正常且处于可用状态。有时，服务注册表还可能要求服务实例定期调用心跳 API，以防止其注册过期。

典型的注册中心 Eureka 是 Netflix 开源的一个高可用服务注册中心。Eureka Java 的客户端 Ribbon 是一个支持 Eureka 的复杂 HTTP 客户端。另外，在注入 Kubernetes 的平台中，已经原生地集成了服务注册发现机制。作为客户端的某容器实例向 DNS 发送请求时，Kubernetes 平台会自动将请求路由到其中一个可用的服务实例上。

在微服务系统中，服务注册中心是核心组件，其必须具备以下几方面的重要能力。

（1）高可用性：服务注册中心必须保证能够在大多数情况下稳定地提供服务，并提供足够的容灾能力和数据备份能力，保证在重启服务后数据不能丢失。

（2）数据一致性：服务注册中心通常都是集群部署的，并且每个实例均有状态实例，这就要求服务注册中心应是典型的分布式结构，在保证高可用性的同时，必须在分布式的实例之间保持高度的数据一致性。

（3）并发性：服务注册中心往往管理数量众多的服务实例，每次服务调用都需要从服务注册中心获取目标服务的可用实例，为保证集群的高性能，要求服务中心必须具备足够的并发处理能力。

6.2.2 负载均衡

负载均衡（Load Balance）是对分布式系统的集群处理能力进行集中管控的基础能力，它可以有效地根据预定义策略，将访问分散到集群的所有节点，让每个节点的处理能力都得到充分利用。在实施微服务的过程中，需要将微服务进行聚合与拆分。当后端服务的拆分相对比较频繁时，前端服务往往需要一个统一的入口，将不同的请求路由负载均衡到不同的后端服务。无论后端服务如何聚合与拆分，其对于前端来讲都是透明的。

有了 API 网关以后，简单的数据聚合可以在网关层完成，同时还可以在网关层进行统一认证和鉴权。尽管服务之间的相互调用比较复杂，接口也比较多，但 API 网关往往只暴露必需的对外接口，并且对接口进行统一认证和鉴权，这使得服务相互访问时效率较高。负载均衡根据设定的策略动态调整，将访问流量集中到一个或若干个节点上。通过统一的 API 网关，可以设置一定的策略进行 A/B 测试、蓝绿发布、预发布环境导流等。API 网关往往是无状态的，且可以横向扩展，因此不会成为性能瓶颈。

负载均衡常见的策略如下。

1）随机策略

假设某个服务有多个节点，每个节点的软硬件能力完全相同，那么当为某个请求选择处理节点时，就可随机地选取一个节点提供服务，这就是最简单的随机策略。在实际的服务集群中，由于不同节点的部署环境存在资源配置上的各种差异，因此处理能力可能不同，完全随机地分配服务请求会导致处理能力弱的节点超载。因此，通常会给节点加上不同的权重，并按照权重来随机分配服务请求。随机分配的负载均衡在请求量很大的时候，请求分散的均衡性最好；但如果请求量不大，那么可能会出现某些节点请求集中的情况，尤其是在进行失败重试时，容易出现瞬间压力不均的情况。

2）轮询策略

轮询（Round-Robin，RR）是另一种使用较广泛的负载均衡策略。它的原理是顺序遍历可用服务节点集合中的每个节点，以获得更精确的平均访问控制。由于每次决策都需要知道上次访问的节点的具体位置，才能找到响应本次服务请求的节点，因此轮询策略需要记录每次被调用的节点的位置。由于轮询策略不考虑节点的实际处理状况，如果存在处理速度慢的服务提供方，那么会导致积累请求的问题，在极端情况下甚至会产生"雪崩"效应。

3）最近最少访问策略

受软硬件资源的影响，同一服务的不同节点的处理能力和吞吐量也各不相同。在做负载均衡策略时，常常更希望基于每个节点的实际负载来分配流量，所以对资源相对宽松的节点可以适当多分配一些请求。这种基于各个节点的处理能力来进行流量实时调整的策略，就称为最近最少访问策略，也称为 LRU（Least Recently Used）策略。

在 LRU 策略中，如果有多个最小活跃实例，那么还可以根据每个实例的权重做二次筛选。权重相同，可选择其中任意一个实例；权重不同，则可根据权重大小选择合适的实例。

4）黏滞策略

理想的负载均衡策略会尽量把请求均匀分散到不同的节点上，或者让每个节点的处理能力都能得到充分利用。但有一些业务难以做到服务调用的无状态，因此需要服务提供者支持类似 session 的能力，让同一个服务请求者所发出的请求都由特定的提供者节点来处理，这就需要使用黏滞策略。此时可以选用请求者第一次调用的服务提供者节点作为后续所有请求的默认调用节点，只有这个节点宕机或无法访问，才重新选择另外一个节点。

黏滞策略会存在访问不均的情况，尤其是在一个节点宕机之后，连接这个节点的所有请求者都会寻找新的服务提供者节点，这个过程会导致新节点的负载瞬时升高，极端情况下可能会导致服务节点发生"雪崩"。

5）哈希法策略

哈希法策略主要的作用是把参数相同的请求发送给同一个服务提供者，当某一提供者节点宕机时，原本发往该节点的请求可以被平摊至其他节点上，从而不会导致整体流量分布的剧烈变动。该策略最简单的实现方案是根据服务消费者请求客户端的 IP 地址，通过哈希函数计算得到一个哈希值，将此哈希值和服务器列表的大小进行取模运算，得到的结果便是要访问的服务器地址的序号。采用源地址哈希法进行负载均衡，对于相同 IP 的客户端，如果服务器列表不变，那么将映射到同一个后台服务器进行访问。

为了在节点数量发生波动时实现更均匀的分配，通常会在方案中引入"虚拟节点"机制，即对每个服务节点计算多个哈希值，并在每个计算结果的位置都放置一个此服务的节点，该节点称为"虚拟节点"，具体操作时可以通过在节点的 URL 后面增加编号来实现。这样当实际节点变更时，会有更多的哈希环上的节点可供分配，因此服务请求会被更均匀地分配到其他节点上。

6）组合策略

实际软件平台中的业务往往会比较复杂，单纯采用任何一种负载均衡策略都无法满足要求，因此可以将多种负载均衡策略进行组合生成更加灵活的服务请求分配方案。比如设计多层的请求分发机制，在各层采用不同的策略，从而将大量的复杂请求逐级分配至合适的服务提供者并进行处理。

6.2.3 服务编排

将应用拆分后，微服务数量会变得非常多，因此需要通过服务编排来管理微服务之间的依赖关系并将微服务的部署代码化。这样，服务的发布、更新、回滚、扩缩容等都可以通过修改编排文件来实现，从而提高了可追溯性、易管理性和自动化能力。如果编排文件也可以用代码仓库进行管理，就可以实现部分升级。当编排文件提交时，代码仓库会触发自动部署升级脚本，从而更新线上的环境。当发现新的环境有问题时，可以将新发布的服务进行原子性回滚。如果没有编排文件，那么需人工记录整个过程，而有了编排文件，只要在代码仓库中执行回滚操作，就可以恢复到上一个版本。

编排一般分为资源编排和服务编排两类。资源编排定义了所需的物理资源，而服务编排以服务为中心，定义了服务的弹性伸缩、灰度发布、滚动升级、资源配置等功能组合。具体地说，服务编排技术应该具备以下核心能力。

（1）资源调度：根据应用对 CPU、内存等资源的需求，选择集群内能够满足应用资源需求的主机来运行应用。

（2）应用部署：支持应用的发布和回滚、启动和停止、滚动更新等功能，提供与应用运行相关的配置管理功能。

（3）运行管理：提供容器和应用程序的健康检查机制，当容器宕机或应用不可用时，能够自动重启，保证可用的实例数量符合期望值。

（4）负载均衡：在容器集群中运行了大量的服务程序，每个服务程序又保持了数量不等的运行实例，因此需要提供一种机制，可以让外部系统通过统一的入口访问集群内的服务，并且可以提供多实例间的负载均衡。

（5）弹性伸缩：弹性伸缩是容器编排技术中一个非常重要的功能。当业务非常复杂导致 CPU 利用率持续升高或者服务响应时间过长等情况发生时，可以根据预先设置的阈值自动扩展运行中的服务实例数量；而当负载下降，低于阈值时，自动回收一定数量的运行实例。

6.2.4 流量管控

线上系统难以避免的一大风险就是流量的暴涨暴跌，当微服务数量越来越多时，需要一种服务治理机制对所有服务进行统一管控，以保障微服务的正常运行。在分布式微服务应用中，当一个微服务企图调用另一个微服务发送同步请求时，会面临局部故障的风险。局部故障会导致客户端一直处于等待响应的状态，从而造成访问阻塞，进而影响整个应用的可用性。当一个微服务调用另一个微服务超时时，应该及时返回而非阻塞在那里，从而避免影响其他微服务。当一个微服务发现被调用的微服务因过于繁忙、线程池满、连接池满等总是出错时，就应该及时熔断，防止下一个微服务错误或繁忙导致本服务不正常，进而逐渐向前传导，导致整个应用崩溃。

微服务治理覆盖了整个生命周期，从微服务建模、开发、测试、审批、发布到运行时的管理及下线。而微服务中的服务治理主要是指运行时的治理，除了前面所讲的配置、健康检查等，还包括流量管控。其中，流量管控主要包括熔断、限流、降级等。

6.2.4.1　熔断

熔断（Circuit Breaker）是微服务架构中一种常见的治理机制，用于在服务异常或宕机时，通过快速响应、降级处理等方式保持业务可用。熔断机制常常与服务发现、负载均衡、限流等其他治理机制一起使用，进而实现高可用的微服务架构。

服务调用方根据路由及负载均衡策略从目标服务节点中选择一个，发起调用请求。如果调用异常，那么需要通过微服务框架进行集群容错处理，并根据不同的熔断策略进行重试或者转移调用等操作。熔断是微服务框架的重要能力，常用的模式如下。

1）快速失败（Failfast）

正如字面意思所示，只对服务提供方发起一次调用，失败立即报错。该模式通常用于非幂等性的写操作场景，比如新增记录等。

2）失败安全（Failsafe）

对于一些操作频繁但重要程度不高的调用，即使调用失败也认为其正确，从而快速处理。失败安全模式在出现调用异常时，会返回一个新构建的调用结果，尽管其中信息并非实际调用所得，但调用方并不在乎其正确与否。

3）失败转移（Failover）

在一些对远程调用可靠性要求比较高的场景下，当某个调用请求异常时，需要更换另一个服务节点再次尝试调用，一直到调用成功为止，这就是失败转移模式。由于每次重试都有调用延时，重试次数过多会造成巨大开销及服务阻塞，因此一般会设置重试的最大次数。

4）失败重试（Failback）

失败转移是出现调用异常就重新换一个服务节点重试，但如果异常是由于网络原因导致的，立即重试还是会失败，那么此时更合适的操作应是过一段时间后再发出重试请求，这就是失败重试模式。该模式会以固定的时间间隔重新发起服务调用请求，适用于重要的消息通知或有状态的调用操作。

6.2.4.2　限流

微服务治理中的限流是一种保护后端服务稳定性和可用性的重要手段。在微服务架构中，不同服务之间可能存在各种复杂交互，其中有些服务的调用频率可能较高，容易对后端服务造成负载冲击，导致服务宕机或响应变慢。因此，需要对这些高频率的服务进行限制，以确保所有服务都能够正常工作。

限流是在高流量下保证服务集群整体稳定并提供一定可用性的有效方法。通过全链路的压力测试，能够知道整个应用的支撑能力，因此制定限流策略，保证应用处理的请求处于其支撑能力范围内，超出其支撑能力范围的处理请求可被拒绝。如需限流则一定要将限流操作前置，即在请求接入初期完成，这样既可避免不必要的资源浪费，也可减少请求方的无效等待。

限流时可根据发出请求的应用的某些核心指标进行判定，如根据总并发数、QPS 或并发线程数等决定是否对后续请求进行拦截。限流的模式不仅局限于一种，可以采用多种模式的组合来解决复杂业务场景下的流量控制需求,比如可以先基于IP地址白名单筛选请求,再基于 QPS 进行限流,从而构成多级限流模式。

对于更加复杂的微服务系统,则需构建系统的限流体系,其复杂性高、难度大,涉及服务节点的调用监控、日志采集发送、日志接收聚合、计算分析、限流决策判断、命令下发、节点限流等众多环节,因此需要各环节高效的协作配合与统一的协同调度。

6.2.4.3　降级

当发现整个应用服务负载过高时,可以选择降级某些功能来保证最重要的业务正常工作以及最重要的资源全部用于最核心的流程。被堵塞的请求会占用系统的线程、I/O 等资源,当该类请求越来越多时,占用的资源就会越来越多,从而导致系统出现瓶颈,造成其他请求同样不可用,最终导致业务应用崩溃,所以应当及时将不重要的服务降级。在降级时,需将重要等级较低的一些服务进行策略性地屏蔽或降低服务质量,以释放资源保证线上高等级的服务正常运行。

当服务出现故障或业务高峰时期出现整体性能下降的时候,通过服务降级可以有效保证核心业务的平稳运行。

6.3　微服务框架

微服务框架集成了微服务的主要技术解决方案,一般都具备服务发现注册、配置中心、消息总线、负载均衡、流量控制、状态监控等功能。这些功能有效解决了开发中重复造轮子的问题,大大降低了微服务架构开发的复杂性。下面介绍几种常用的微服务框架。

6.3.1　高速服务框架

高速服务框架(High-Speed Service Framework,HSF),是一个分布式 RPC 框架,其连通了各种不同的分布式系统,并以服务的方式进行调用。HSF 为 EDAS(Enterprise Distributed Application Service)应用开发提供了一套分布式服务框架的解决方案,其从应用层面提供统一的服务发布/调用支持,让开发人员能很容易地开发分布式应用,而不用考虑分布式领域中的各种技术细节(远程通信、性能消耗、调用的透明化、同步/异步调用方式的实现等问题)

该框架的核心功能包括服务注册中心、RPC 框架和服务治理。HSF 是被阿里巴巴广泛使用的分布式 RPC 服务框架,阿里巴巴内部几乎全部在线交易系统都是基于 HSF 来实现服务之间的相互调用。

区别于传统的 SOA,HSF 是一个"去中心化"的服务框架。如图 6-1 所示,整个系统中虽然有 EDAS 地址注册中心,但不管是服务提供方还是服务消费方,都只在应用启动时连接 EDAS 地址注册中心。服务提供方应用启动时,负责把自身的服务和地址信息注册到 EDAS 地址注册中心;服务消费方应用启动时,根据自身订阅的服务信息,从 EDAS 地址注册中心拉取服务及地址列表到应用的本地缓存。运行过程真正发起某一个服务调用时,由服务消费方从本地缓存中找到对应的服务地址,并根据一定的负载均衡策略发起点对点的直接调用,即在运行过程中完全不依赖 EDAS 地址注册中心,是一个去中心化的点对点调用结构,其效率更高,应用弹性伸缩也更方便。在运行过程中,如果有注册信息发生变更,那么由配置中心负责实时监听服务地址变更并推送到所有的服务消费方。

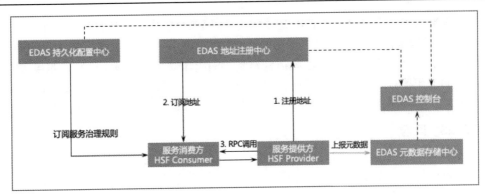

图 6-1　HSF 结构

HSF 底层的通信基于 Netty，其实现了高性能的服务器之间远程调用的功能，支持多种序列方式和多种 RPC 协议。HSF 的高性能得益于快速高效的二进制协议，包括二进制序列化和 TCP。开发方式采用面向接口的编程，对开发人员非常友好，真正实现了远程调用与本地方法调用开发之间无任何差异，而且通过 Java 代理模式，能够透明地将本地调用转换为远程分布式调用。

服务器端负责服务的发布并处理请求。首先服务器端会启动一个 Netty 服务器，然后将服务注册到本地进程中，再将服务的元数据发布到地址注册中心 ConfigServer 上，包括服务名称、版本、地址等。限流、白名单、服务鉴权也在服务器端实现。HSF 透明地将本地调用转换为远程调用，而无须改动业务代码。客户端通过代理模式，支持多种调用方式，包括同步调用、future（并行调用）、callback（异步回调）、泛化调用以及 HTTP 调用。

1）同步调用

通常默认的调用方式就是同步调用。HSF 客户端以同步调用的方式消费服务，同时客户端代码需要同步等待返回结果。同步调用的优点是机制简单，开发人员易于理解及编程；缺点是跨网络会有延迟阻塞、性能低，尤其在多次串行调用的应用场景下。

2）future

这虽然是一种异步调用，但效率高。future 一般用于并行调用，即在需要同时发起多个 HSF 调用，而这些调用之间没有先后依赖关系的情况下，可以通过 future 方式同时发起调用，等所有调用返回结果后再组装成最终结果返回给业务方。

3）callback

它利用 HSF 内部提供的回调机制，在被调用的服务执行完毕后，HSF 框架会通过回调用户实现的 callback 接口，将结果返回给客户端。callback 机制在分布式系统中被广泛应用，它能实现异步调用、事件通知和消息队列等功能，可以提高系统的性能和可靠性。

需要注意的是，在使用 HSF 的 callback 机制时，需要注意线程安全和资源管理等问题，以确保系统的稳定性和可靠性。

4）泛化调用

对于一般的 HSF 调用来说，其客户端需要依赖服务的二方包（二方包与第三方库不同，其是指只被当前团队所控制的依赖包，通常也称为内部依赖库、私有库等）中的 API 进行编程调用，并获取返回结果。但是，泛化调用不需要依赖服务的二方包，其可以直接发起 HSF 调用并获取返回结果。在平台型的产品中，泛化调用的方式可以有效减少平台型产品的二方包依赖，实现系统的轻量级运行。

5）HTTP 调用

为了实现跨语言特性，HSF 新版本支持将服务以 HTTP 的形式暴露出来，从而支持非 Java 语言的客户端以 HTTP 方式进行服务调用。

HSF 服务治理包括服务发布和寻址以及通过各种规则来实现诸如限流、白名单、授权、路由、同机房优先、单元化、动态分组、权重路由、降级等功能，其配置和规则放在 Diamond 中进行集中管理，并有专门的 ops 页面进行维护，所有客户端和服务器端都会订阅这些配置和规则。

对于服务提供方和消费方来说，HSF 的开发非常简单，几乎无任何约束。开发人员以面向接口的方式进行编程，并在本地 Java 服务方法上，通过注解或可扩展标记语言来配置文件的方式暴露及订阅服务，具体开发过程可以参考阿里云的官网中的帮助文档。

6.3.2 Dubbo

Dubbo 是一款 RPC 服务开发框架，用于解决微服务架构下的服务治理与通信问题，官方提供了 Java、Golang 等多语言的 SDK 实现。使用 Dubbo 开发的微服务，原生具备相互之间的远程地址发现与通信能力，其利用 Dubbo 提供的丰富的服务治理特性，可以实现诸如服务发现、负载均衡、流量调度等服务治理诉求。Dubbo 被设计为高度可扩展的框架，用户通过它可以方便地实现流量拦截、选址等各种定制逻辑。

Dubbo 是一款 RPC 框架，它定义了自己的 RPC 通信协议与编程方式。如图 6-2 所示，用户在使用 Dubbo 时首先需要定义好 Dubbo 服务；其次，在将 Dubbo 服务部署上线之后，依赖 Dubbo 的应用层通信协议实现数据交换，Dubbo 所传输的数据都要经过序列化，而这里的序列化协议是完全可扩展的。

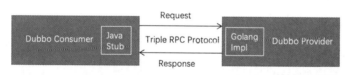

图 6-2 Dubbo 框架的 RPC 模式

使用 Dubbo 框架的第一步就是定义 Dubbo 服务。服务在 Dubbo 中的定义是完成业务功能的一组方法的集合，其可以选择使用与某种语言进行绑定的方式来定义，如在 Java 中 Dubbo 服务就是有一组方法的接口，也可以使用语言中立的 Protocol Buffers（Protobuf）Buffers IDL 来定义服务。定义好服务之后，服务提供方（Provider）需要提供服务的具体实现，并将其声明为 Dubbo 服务，而站在服务消费方（Consumer）的视角，通过调用 Dubbo 框架提供的 API 可以获得一个服务代理（Stub）对象，然后就可以像使用本地服务一样对服务方法发起调用了。在服务消费方对服务方法发起调用后，Dubbo 框架负责将请求发送到部署在远端机器上的服务提供方，服务提供方收到请求后会调用服务的实现类，并将处理结果返回给服务消费方，这样就完成了一次完整的服务调用。

在分布式系统中，尤其是随着微服务架构的发展，应用的部署、发布、扩缩容变得极为频繁，作为 RPC 消费方，如何动态地发现服务提供方地址成为 RPC 通信的前置条件。Dubbo 提供了自动的地址发现机制，用于应对分布式场景下机器实例动态迁移的问题，其通过引入注册中心来协调提供方与消费方的地址。服务提供方在启动之后向注册中心注册自身地址，服务消费方通过拉取或订阅注册中心的特定节点，动态地感知提供方地址列表的变化。

跨进程或主机的服务通信是 Dubbo 的一项基本能力。Dubbo RPC 以预先定义好的协议编码方式将请求数据（Request）发送给后端服务，并接收服务提供方返回的计算结果（Response）。RPC 通信对用户来说是完全透明的，使用者无须关心请求是如何发出去的、发到了哪里，每次调用只需要拿到正确的调用结果就行。

Dubbo 框架基本结构如图 6-3 所示，其在设计上是完全遵循云原生微服务开发理念的，这体现在诸多方面。一方面，是对云原生基础设施与部署架构的支持，包括容器、Kubernetes 等，而且 DubboMesh 总体解决方案也已正式发布；另一方面，Dubbo 众多核心组件都已面向云原生进行升级，包括 Triple 协议、统一路由规则、对多语言的支持等。

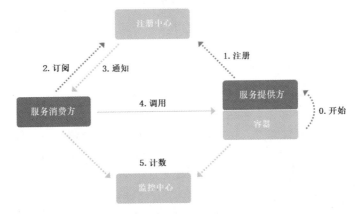

图 6-3　Dubbo 框架基本结构

Dubbo 总体上能很好地满足企业的大规模微服务实践，因为它从设计之初就是为了解决超大规模微服务集群实践问题的，不论是阿里巴巴还是工商银行、中国平安、携程等社区用户，它们都通过多年的在大规模生产环境中的实践对 Dubbo 的稳定性与性能进行了充分验证，因此，Dubbo 在解决业务落地与规模化实践方面有着无可比拟的优势。

6.3.3　Spring Cloud

Spring Cloud 是一个基于 Spring Boot 实现的服务治理工具包，用于微服务架构中管理和协调服务。Spring Cloud 是一系列框架的有序集合。它利用 Spring Boot 的开发便利性，巧妙地简化了分布式系统基础设施的开发过程，如注册中心、配置中心、消息总线、负载均衡、断路器、调用链监控等，都可以用 Spring Boot 的开发风格做到一键启动和部署，如图 6-4 所示。通过 Spring Boot 风格进行再封装，屏蔽掉了复杂的配置和实现原理，给开发人员提供了一套简单易懂、易部署和易维护的分布式系统开发工具包。有了 Spring Cloud，微服务架构的落地变得更简单。

Spring Cloud 包含众多子项目，主要组件如下。

（1）Spring Cloud Config：微服务配置中心，可以让用户把配置信息从代码和配置文件中剥离出来放到远程服务器。服务器存储后端默认使用 git 实现，因此它能轻松支持标签版本的配置环境并可以访问用于管理内容的各种工具。但它是静态的，需配合 Spring Cloud Bus 一起实现动态配置更新。

（2）Spring Cloud Bus：微服务中的事件、消息总线，用于在集群中传播状态变化，可与 Spring Cloud Config 联合实现热部署。

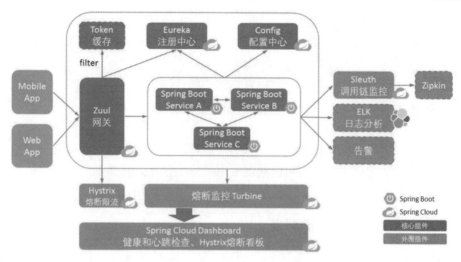

图 6-4　Sprint Cloud 框架体系

（3）Spring Cloud Netflix：针对多种 Netflix 组件提供的开发工具包，其中包括 Eureka、Hystrix、Ribbon、Zuul 等。

（4）Netflix Eureka：微服务注册中心，由两个组件组成，分别为 Eureka 服务器端和 Eureka 客户端。Eureka 服务器端以 REST API 的形式为服务实例提供了注册、管理和查询等操作。同时，Eureka 提供了可视化的监控页面，可以直观地看到各个 Eureka server 当前的运行状态和所有已注册服务的情况。

（5）Netflix Ribbon：基于 HTTP 和 TCP 的负载均衡工具。通过 Spring Cloud 的封装，可以让我们轻松地将面向服务的 REST 请求自动转换成客户端负载均衡的服务调用。

（6）Netflix Hystrix：断路器，旨在通过控制服务和第三方库的节点，对延迟和故障提供更强大的容错能力。当某个服务实例发生故障后，通过断路器的故障监测，向调用方返回一个符合预期的、可处理的备选响应，而不是长时间地等待或者抛出调用方无法处理的异常。

（7）Netflix Zuul：微服务网关，提供 API 网关、路由、负载均衡等多种功能。类似于反向代理，不过 Netflix 增加了一些配合其他组件一起使用的特性。在微服务框架中，后端服务往往不直接开放给调用方，而是通过一个 API 网关，根据请求的 URL 路由到相应的服务。

（8）Netflix Archaius：配置管理 API，包含一系列配置管理 API 的工具，提供动态类型化属性、线程安全配置操作、轮询框架、回调机制等功能。

（9）Spring Cloud Feign：一个声明式的 Web Service 客户端，可以让 Web Service 调用更加简单。Feign 会完全代理 HTTP 的请求，用户只要像调用方法一样调用它，就可以完成 HTTP 服务请求。

（10）Spring Cloud Sleuth：日志收集工具包，封装了 Dapper、Zipkin 和 HTrace 操作。

（11）Spring Cloud Security：安全工具包，为应用程序添加安全控制。

（12）Spring Cloud Consul：服务发现与配置工具，可与 Docker 容器无缝集成。

（13）Spring Cloud CLI：以命令行方式快速建立云组件。

不同于 HSF 和 Dubbo 所采用的 RPC 通信协议，Spring Cloud 采用的是基于 HTTP 的 REST 方式。RPC 一般面向接口来调用远端服务，对开发人员更加友好，且 RPC 主要基于 TCP/IP 协议，参数采用二进制进行序列化，网络传输更加高效；RPC 的缺点是调用双方存在技术栈的强绑定。REST 方式虽然牺牲了一定的服务调用性能，但避免了调用双方的强绑定问题，并且 REST 比 RPC 更灵活，天然具有跨语言的优势，在强调快速演进的微服务环境下，更加合适。

6.4　云原生与微服务

微服务是云原生的重要支撑技术，二者为一脉相承的技术体系。在实际应用中，云原生和微服务通常会一起使用。企业可以通过应用云原生技术，将微服务架构应用到云计算平台上，从而实现更高效、弹性、可扩展及容错能力强的系统。

6.4.1　云原生架构中的微服务

微服务是现代云原生应用普遍适用的架构模式，与传统软件工程强调的"高内聚、低耦合"的架构模式在实现软件功能的"分而治之"上是一致的，与软件的"最大化重用"的目标也是一致的。二者均提倡通过 DDD（领域模型驱动）方法论将软件面临的业务应用问题分解为复杂度低、交付质量高、交付时间可控且更小粒度的应用单元。但在实现这些应用单元之间的隔离及复用手段方面，服务化架构与传统软件架构存在本质不同。传统软件架构更强调开发态静态代码的隔离与复用，而服务化架构则更强调进程级别的运行态隔离，通过接口契约定义每个服务单元为外部提供的功能支撑，并以标准协议（HTTP/HTTPS、gRPC 等）作为接口契约 API 的最终传输协议承载方式。各服务进程之间只能严格通过服务 API 为界面进行业务流程与逻辑的交互与协同，不允许直接访问其他服务内部的数据信息。

云原生时代的微服务技术具备如下特点：

（1）平台化：利用云作为一个平台，为微服务架构进行更多的赋能。

（2）标准化：希望为服务本身的部署、运维，以及微服务与其他服务之间的通信做到标准化，让服务与服务之间的互联互通变得更容易，从而使服务能够跨平台，并做到一次编写、一次定义、多处运行。

（3）微服务轻量化：使得研发人员专注于核心业务代码、业务逻辑的研发，而不是复杂的微服务治理相关逻辑的研发。

（4）微服务的产品化：希望微服务能构建成产品，以产品化的方式支持大家使用微服务架构，从而让开发更加简单高效。

6.4.2　云容器平台

云容器平台（Cloud Container Platform）是一种针对容器化应用的云计算平台。它通常包含多个容器编排工具，具有容器管理功能和弹性伸缩能力等。

随着云原生技术的发展，人们希望能够把微服务、DevOps 这些架构和理念与云所提供的服务、能力、平台更好地进行融合。这就要求云环境不仅能够提供弹性的物理资源，还能够为微服务提供更好的运行环境和平台。一方面通过云资源层面的优化，实现对资源的更优利用，另一方面提升对云服务与平台的充分利用，使研发和运维效率极大提高。因此要求云原生的环境能够提供类似平台一样的能力用以支撑微服务应用，这些能力包括服务的生命周期管理、流量治理、编程模型、云环境可信安全等。

云容器平台能帮助用户把已经标准化的微服务最便捷地运行在底层资源上。对云环境中的存储、计算、网络等，都通过云容器平台进行统一抽象和封装，使得微服务能够直接运行在平台之中。从而，运维人员不用再苦恼如何把微服务分配到具体的部署单元，这大大简化了微服务的生命周期管理，提高了运维效率。

以典型的云容器平台 Kubernetes 为例，它通过引入 Pod 来管理微服务的运行。一个 Pod 实际上就是一组容器的集合，其中可以运行一个或多个容器。Pod 可以提供一个标准接口来显示容器的运行状态，并具有标准化的 DNS 地址服务，可以进行统一寻址。根据这个 DNS 地址来访问 Pod 所暴露的可观测性信息，能够及时地发现运行时问题，使得 Kubernetes 具备良好的日志、监控、追踪能力。

在微服务运行时方面，云容器平台也提供了非常强大的能力用来帮助用户完成微服务更新、发布、扩容等操作，比如各种升级或扩容策略，这些都大大简化了运维工作，提高了运维本身的确定性和自动化效率，使得更多的企业愿意使用微服务技术。

6.5　小结

本章介绍了微服务的主要技术方案、讨论了微服务的主要实现框架以及云原生与微服务的关系；在阐明微服务技术是解决复杂系统架构方案的同时，还强调微服务并非"银弹"，不应被神话为是解决一切问题的完美方案。

习　　题

1．请辨析为什么微服务技术本身并不是什么技术创新。

2．负载均衡的意义是什么？

3．请简述 SpringBoot 和 SpringCloud 的区别与联系。

4．请辨析在微服务解决方案中，服务的粒度是不是越小越好。服务的粒度应根据程序规模、业务功能，或其他哪种标准来确定？

5．去中心化是微服务的重要特点，试说明在微服务架构中，哪些技术方案体现了去中心化的思想。

6．服务注册中心需具备高可用性、数据一致性、高并发性等能力，你认为在微服务架构中哪方面能力更为重要。

7．什么是服务的灾难性的雪崩效应？如何解决灾难性雪崩效应？

8．为什么说 Dubbo 框架不仅是微服务框架，还是一种 RPC 框架？

9．常规的微服务发展至云原生架构中的微服务，有哪些不同以往的特点？

10．云容器平台的作用有哪些？

第 7 章　Serverless 及 Service Mesh 技术

7.1　Serverless 概述

7.1.1　什么是 Serverless

近年来，Serverless 一直在高速发展，呈现出越来越大的影响力。在这样的趋势下，主流云服务商也在不断丰富云产品体系，以便提供更便捷的开发工具、更高效的应用交付流水线、更完善的可观测性及更丰富的产品集成。

2012 年，Serverless 第一次面世，其由 Iron 公司提出，字面意思就是无服务器。但是其真正被大家熟知，是在 2014 年 AWS 推出 Lambda 的时候。Lambda 产品的推出，开启了云计算的新时代，之后所有的大厂都在跟进，先后推出自己的 Serverless 产品。随着云计算的发展，Serverless 已经成为一种技术趋势、一个理念、一条云的发展方向。Serverless 是云原生发展的高级阶段。

7.1.1.1　Serverless 概念

所谓的无服务器并非是指不需要依靠服务器等资源，而是指开发人员再也不用过多考虑服务器的问题，可以更专注于产品业务功能的实现。同时，计算资源也开始作为服务出现，而不再作为服务器的概念出现。Serverless 是一种构建和管理基于微服务架构的完整流程，其允许用户在服务部署级别而不是服务器部署级别来管理用户的应用部署。与传统架构的不同之处在于，它完全由第三方管理，由事件触发，存在于无状态（Stateless）应用中并暂存（可能只存在于一次调用的过程中）在计算容器内。Serverless 的应用可以基本实现自动构建、部署和启动服务。

无服务器架构 Serverless 让开发人员专注于代码的开发和运行，不需要管理任何基础设施，从而摆脱对后端应用程序所需的服务器设备的设置和管理工作。目前，大多数后端基础结构的维护均由云计算厂商提供，这些厂商以服务的方式为开发人员提供所需的资源，如数据库、消息及身份验证等。简单地说，Serverless 平台自动化了整个开发过程中应用的建立、部署和按需启动等操作，简化了开发人员的工作。

Serverless 平台的软件架构如图 7-1 所示。Serverless 的功能调用分为两类：由客户触发的功能请求和由后台事件触发的功能调用。Serverless 系统可以通过一个容器集群管理平台实现，该管理平台具有一个能按需弹性伸缩容器数量的路由器。当然，也需要考虑路由器的伸缩性、容器的创建时间、语言的支持、协议的支持、函数的接口、函数的初始化时间、配置参数的传递及提供证明文件等方面。

Serverless 的发展，就像人类的演进过程一样，代表了生产力的解放，极大提升了用户使用云的效率。Serverless 在其之上封装了容器技术，这是云原生的高级阶段。Serverless 对用户强调无服务器，但本质上并不是不需要服务器，而是将服务器全权托管给了云厂商，用户只需聚焦业务逻辑代码，然后将业务部署到平台上即可。开发应用所需的资源会根据实际请求进行弹性伸缩，用户不用再去关心资源够不够的问题。

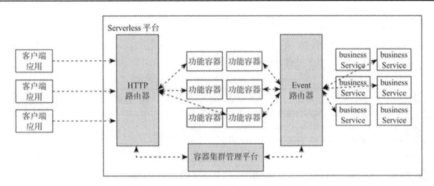

图 7-1　Serverless 平台的软件架构

在 Serverless 技术实现方案中，我们不再像以往的 Web 系统后端实现方案那样，运用云主机、操作系统、Tomcat 等容器，同时也不需要配置 Auto-Scaling Group（一个专门用来处理自动扩展的服务）。公有云的 Serverless 框架会为每个业务模块启动一个进程运行后端程序实例，并自动实现水平扩展。开发人员只需用 Serverless 框架支持的语言编写应用程序，一切非核心业务都外包给了公有云运营商。

7.1.1.2　Serverless 技术实现

Serverless 架构实现分为两部分：函数即服务 FaaS（Functions as a Service），其中 FaaS 函数使用户无须关注基础设施服务器，只专注于编写和上传核心业务代码，并由平台完成部署、调度、流量分发、弹性伸缩等能力；后端即服务 BaaS（Backend as a Service），其是可以直接向云厂商购买的云产品和云服务，实现了开箱即用的可能，无须考虑部署、升级、优化等问题。

1）FaaS

FaaS 可以理解成是给 Function 提供运行环境和调度能力的服务。Function 可以理解为一个代码功能块，这个功能块具体包含多少功能，无法明确给出定义，但有一个明确的指标，即冷启动时间需要在毫秒数量级。因为 FaaS 的本质是以程序的快速启动来实现真正地按需运行、按需伸缩及高可用，所以通过 Function 配合调度系统，就可以完全做到开发人员对服务运行的实例无感。

FaaS 技术体系如图 7-2 所示，它提供了一种构建和部署服务的新方式，即将应用分解为多个函数服务，通过多个函数之间的编排调度完成业务逻辑。函数并不会一直处于运行状态，其只有在需要时才会运行，其他时间都是空闲状态。FaaS 的核心是事件驱动，除了提供代码存放和代码执行的功能，FaaS 还会提供各种同步和异步的事件源集合。HTTP API Gateway 就是一个同步事件源；而消息队列、对象存储等是异步事件源。

FaaS 作为 Serverless 架构的重要组成部分，为基于 Serverless 架构的应用提供了一套完整的开发、运行和管理的解决方案。只要将应用部署到 FaaS 平台上，应用运行所需的底层服务资源就都可以由平台统一管理。在应用开发中经常需要使用到第三方服务，如数据库，消息队列和分布式缓存等，如果应用依赖的第三方服务以传统方式部署运维，那么用户依旧要对这些第三方服务需要的资源进行管理。对于 Serverless 架构而言，这种情况并没有完全实现应用程序 Serverless 化。

整体来看，目前 FaaS 主要着力于和 IaaS 已有的系统进行整合并实现对新语言的支持。在对已有系统的整合上，大致有两种方式：一种是 AWS 方案，即 FaaS 只是 Function 的运行平台，触发器在各系统上进行配置，FaaS 是对其他系统自定义需求的补充；另一种是 Azure 方案，其围绕着 Function 定义触发器、完成输入输出以及和其他系统的整合，这种方案中 Function 是中心，其他系统是支撑。

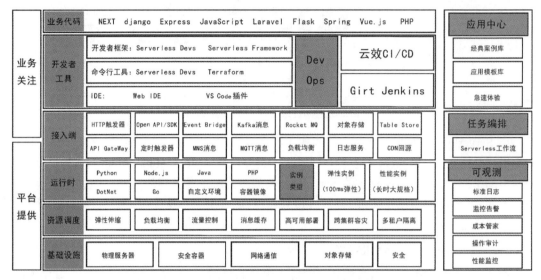

图 7-2　FaaS 技术体系

FaaS 产品不要求必须使用特定的框架或库进行开发。在语言和环境方面，FaaS 函数就是常规的应用程序。例如，AWS Lambda 的函数可以通过 JavaScript、Python 及任何基于 JVM 的语言实现，而 Lambda 函数又可以执行构建的进程，因此可以使用任何语言进行开发，只要能编译成 UNIX 进程即可。

FaaS 使用的技术并不是非常新的，解决方案也不是新的，但放在当前云和分布式容器引擎成熟的场景下，其能发挥出极大的威力，是一种技术的螺旋式上升的结果。

2）BaaS

BaaS 为实现应用所需的第三方依赖工具的服务化提供了解决方案。通过 BaaS 平台可以将数据库、文件存储和消息队列等第三方工具服务化，让用户以 API 的形式进行访问，并按照使用量进行付费。BaaS 平台使得用户不需要关注第三方服务底层的计算资源的运维，极大地减少了应用运维的工作量和成本。

BaaS 并非 PaaS（Platform as a Service），它们的区别在于：PaaS 需要参与应用的生命周期管理，BaaS 则仅仅提供应用依赖的第三方服务。典型的 PaaS 平台需要为开发人员部署和配置应用提供具体的方法，例如，自动将应用部署到 Tomcat 容器中，并管理应用的生命周期。BaaS 却不包含这些内容，其只以 API 的方式提供应用依赖的后端服务，如数据库和对象存储等。BaaS 可以是公有云服务商提供的，也可以是第三方厂商提供的。另外，从功能上讲，BaaS 可以视为 PaaS 的一个子集，即提供第三方依赖组件的部分。

BaaS 服务还允许我们依赖其他人已经实现的应用逻辑。以认证服务为例，很多应用都要自己编写注册、登录、密码管理等代码，对于不同的应用来说，这些代码往往大同小异，完全可以把这些重复性的工作提取出来，做成外部服务，而这正是 Auth0 和 Amazon Cognito 等产品的目标。它们能实现全面的认证和用户管理，使得开发团队再也不用自己编写或者管理这些代码。

为了让应用程序完全 Serverless 化,用户不仅需要利用 FaaS 平台将自身应用 Serverless 化,而且需要通过 BaaS 平台将应用依赖的第三方服务 Serverless 化,这样才能最大程度发挥 Serverless 架构的优势。

7.1.1.3 Serverless 的价值

伯克利在 2019 年 2 月发表的第二篇论文中,预测 Serverless 是云计算下一个十年的发展方向。论文里阐明,Serverless 简单来说就是 Serverless Computing,是由 FaaS + BaaS 构成的一个 Serverless 软件架构。其特点就是能够按需弹性、按需付费,这与 CNCF 的定义是相似的,即应用以微服务或者函数的形式拆解并部署到云上,并能够按需去做弹性伸缩,按需付费,而不用关心底层资源。

在 Serverless 方案中,任何足够复杂的技术方案都可能被实现为全托管、Serverless 化的后端服务。不只是云产品,也包括来自合作伙伴和第三方的服务,云及其生态能力都将通过 API + Serverless 来体现。事实上,对于任何以 API 作为功能输出方式的平台型产品或组织,Serverless 都将是其平台战略中最重要的部分。

Serverless 将通过事件驱动的方式连接云及其生态中的一切。通过事件驱动和云服务连接,Serverless 的能力也会扩展到整个云的生态。无论是用户自己的应用,还是合作伙伴的服务,所有的事件都能以 Serverless 的方式处理。云服务及其生态将更紧密地连接在一起,成为用户构建弹性、高可用应用的基石。

Serverless 计算将持续提升计算密度,从而实现更高的性能功耗比和性能价格比。Serverless 计算平台需要兼顾最高的安全性和最小的资源开销。同时,为了支持任意二进制文件,这种平台需要保证兼容原有程序的执行方式。AWS FireCracker 就是一个例子,它通过对设备模型的裁剪和内核加载流程的优化,实现了百毫秒级的快速启动和极少的内存占用,使其能够支持数千个实例运行在一个裸金属实例上。通过结合应用负载感知的资源调度算法,虚拟化技术可以在保持性能稳定的同时,将超卖率提高到一个新的级别。

当 Serverless 计算的规模与影响力变得越来越大时,在应用框架、语言、硬件等层面上根据 Serverless 负载特点进行端对端优化就变得非常有意义。新的 Java 虚拟机技术大幅提高了 Java 应用的启动速度、非易失性内存帮助实例更快被唤醒、CPU 硬件与操作系统协作为高密度环境下的性能扰动实现精细隔离……所有新技术正在开创崭新的 Serverless 计算环境。

实现最佳性能功耗比和性能价格比的另一个重要方向是支持异构硬件。随着异构硬件虚拟化、资源池化、异构资源调度和应用框架支持的成熟,异构硬件的算力也能通过 Serverless 的方式释放,进而大幅降低用户的使用门槛。

7.1.2 Serverless 的技术特点

作为开发人员,我们可以直接把镜像或者代码包部署到 Serverless 计算平台上,省去了整个资源的购买和环境部署过程。部署之后,后端可以与存储、数据库进行交互,构成完整的 Serverless 架构;然后通过 HTTP 或其他方式,直接访问业务代码。同时,平台会根据用户的请求做调度和弹性伸缩。Serverless 平台支持负载均衡,以应对各种突发流量,使用户不用关心后台资源,因此 Serverless 是对用户强调无服务器的。下面具体介绍 Serverless 的技术特点。

7.1.2.1 按需加载

与传统架构最大的区别在于,在 Serverless 架构中,底层的容器平台管理应用的启动和关闭。应用程序是否正在运行取决于当前是否有事件触发或应用请求。当有事件触发或者请求访问时,服务会被自动启动。如果一段时间内服务不被使用,那么平台将关闭该服务并等待下次触发。应用的加载和卸载意味着应用不总是一直在线的,因此不会持续占用计算资源。用户无须关注 FaaS 函数的水平扩展,因为 Serverless 平台会根据调用量自动扩展运行代码所需要的容器,轻松做到高并发调用。函数即应用,各 FaaS 函数可以独立地进行扩缩容,粒度越小,扩容越快。

7.1.2.2 事件驱动

Serverless 架构的应用是通过事件驱动的方式实现按需加载的,不像传统函数中监听类型的应用那样一直在线。当事件源中包含的事件发生变化时,Serverless 应用会根据不同的事件源类型触发不同的事件,进而执行不同的响应函数来完成对应的请求操作。事件源的类型可以有很多种,如 HTTP 请求、数据库修改、消息发送和文件上传等。

FaaS 函数是短暂且临时的,用完就销毁,因此 FaaS 函数只有在处理请求时才产生资源消耗,不使用就没有消耗,并且用完资源后就会立即释放。在云计算中,云供应商将确保 FaaS 与 BaaS 能够轻松集成,因此 FaaS 可以被设计成由事件通知触发的。Serverless 平台提供许多 FaaS 和 BaaS 均支持的事件,为第三方服务提供了良好的可扩展性,因此通过事件机制即可方便地进行交互。

云函数由事件触发,而触发启动的一个云函数实例,一次仅处理一个事件。由于无须在代码内考虑高并发及高可靠性,因此代码可以专注于业务,这使得开发更简单。通过云函数实例的高并发能力,从而实现了业务的高并发。

7.1.2.3 状态非本地持久化

由于应用和服务器解耦,应用不再绑定到特定的服务器上,所以每次事件触发后的服务实例都可能运行在集群中的任意一个服务器节点上。因此,服务器节点不会保存该节点上应用的状态,这与传统架构有很大的区别。

云函数运行时根据业务弹性,可能伸缩到 0,因此无法在运行环境中保存状态数据。同时,在分布式应用开发中,均需要保持应用的无状态,以便于水平伸缩。所以,必要时可以利用外部服务、产品,如数据库或缓存,实现状态数据的保存。

7.1.2.4 非会话保持

由于应用不再绑定到特定的服务器上,所以每次处理请求的服务实例可能在同一个服务器节点上,也可能在不同的服务器节点上。因此,同一个客户端的多次请求无法保证被同一个服务实例处理。所以传统架构中很容易实现的会话保持功能,不适用于 Serverless 架构应用。因此,无状态的应用比有状态的应用更加适合 Serverless 架构。

7.1.2.5 自动弹性伸缩

Serverless 架构的底层平台原生支持自动扩缩容策略,会根据应用访问量的变化动态调整服务实例的数量来满足应用的访问需求。针对业务的实际事件或请求数,云函数自动伸缩到合适的实例数量来承载实际业务,在没有事件或请求时,无实例运行,不占用资源。

用户无须关注 FaaS 函数的水平扩展，因为 Serverless 平台会根据调用量自动扩展运行代码所需要的容器，从而轻松做到高并发调用。

由于 Serverless 架构是无主机的，因此天然具备良好的弹性伸缩能力和极其灵活的扩展特性。在不需要手动管理资源扩展的同时，也不再需要面对许多资源分配的挑战。一般情况下，用户只需为所使用的内容付费。因此在使用强度较低的情况下，可一定程度地降低运行成本。

7.1.2.6　应用函数化

应用函数化是指将传统的应用程序通过函数切分为一个个小的功能块，这些功能块称为"函数"，并可在 Serverless 计算平台上进行部署和执行。这样的应用程序，形成了一种类似于微服务架构的模式，通过将应用程序划分为更小的单元，使得应用程序更加可扩展、更容易部署和维护、更具灵活性和可复用性。这些函数本身都是无状态的函数服务，无法进行状态保存和会话保持。在 Serverless 架构的实现过程中，应用函数化是一种重要的实现方式。但不能说 Serverless 就是 FaaS，因为 Serverless 涵盖了 FaaS 的一些特性，所以可以说 FaaS 是 Serverless 架构实现的一个重要手段。

7.1.3　Serverless 的应用场景

通过将 Serverless 的理念与当前 Serverless 实现的技术特点相结合，使得 Serverless 架构可以适用于各种业务场景。

7.1.3.1　Web 应用及移动应用

通过将 Serverless 架构和云厂商所提供的其他云产品进行结合，开发人员能够构建可弹性扩展的移动应用或 Web 应用，并轻松创建丰富的无服务器后端，而且这些程序可在多个数据中心高可用运行，无须在可扩展性、备份冗余方面执行任何管理工作。

Serverless 架构可以很好地支持各类静态和动态的 Web 应用。比如，当前流行的 RESTful API 的各类请求动作（GET、POST、PUT 及 DELETE 等）可以很好地映射成 FaaS 的一个个函数，并且功能和函数之间能建立良好的对应关系。通过 FaaS 的自动弹性扩展功能，Serverless Web 应用可以快速地构建出能承载高访问量的站点。

Serverless 应用通过 BaaS 对接后端不同的服务来满足业务需求，提高应用开发的效率。而前端通过 FaaS 提供的自动弹性扩展对接移动端的流量，使开发人员可以更轻松地应对突发的流量增长。在 FaaS 的架构下，应用以函数的形式存在。各个函数逻辑之间相对独立，使得应用更新变得更容易，使新功能开发、测试和上线的时间变得更短。

有些移动应用的大部分功能都集中在移动客户端，服务器端的功能相对比较简单。针对这类应用，开发人员可以通过函数快速地实现业务逻辑，而无须耗费时间和精力开发整个服务器端应用。同时，通过按使用量付费的方式，使得开发人员无须预配置资源，更无须担心预配置资源的浪费。

7.1.3.2　应用于物联网

物联网（Internet of Things，IoT）应用需要对接各种不同的数量庞大的设备，这些设备需要持续采集并传送数据至服务器端，这对数据分析、处理的及时性提出了很高的要求。Serverless 架构可以帮助物联网应用对接不同的数据输入源，使用户可以省去花费在基础架构运维上的时间和精力，并把精力集中在核心的业务逻辑上。随着物联网设备计算能力的进一步提升，云函数作为最小粒度的计算单元，有机会被调度到设备端运行，进而实现边缘计算，并构成端云联合的 Serverless 架构。

Serverless 架构一方面可以确保资源能按量付费；另一方面，当用户量增加时，通过 Serverless 架构实现的智能音箱系统的后端也会进行弹性伸缩，以保证用户侧的服务稳定，且对其中某个功能的维护相当于对单个函数的维护，并不会给主流程带来额外的风险，相对来说会更加安全、稳定。

7.1.3.3　应用于多媒体处理

在视频应用、社交应用等场景下，用户会上传一些视频，通常要对这些视频进行编码或清晰度的转换。Serverless 技术与对象存储相关产品组合后，可利用对象存储的相关触发器，即上传者将视频上传到对象存储中，触发 Serverless 架构的计算平台（FaaS 平台）对其进行处理，处理之后再将其重新存储到对象存储中，这个时候其他用户就可以选择编码后的视频进行播放，同时还可以选择不同的清晰度。

视频和图片网站需要对用户上传的视频和图片信息进行加工和转换。但是这种多媒体转换的工作并不是每时每刻都在进行的，只有在一些特定事件发生时才需要被执行，比如用户上传或编辑图片和视频时。通过 Serverless 的事件驱动机制，用户可以在特定事件发生时触发处理逻辑，从而减少了空闲时段计算资源的开销，最终降低了运维的成本。Serverless 应用引擎不仅解决了弹性扩缩的问题，也提升了资源利用率，同时通过其配套的应用监控，也能在很大程度上提升问题定位的效率。

7.1.3.4　应用于数据及事件流处理

通常对大数据进行处理，需要搭建 Hadoop 或者 Spark 等相关的大数据框架，同时要有一个处理数据的集群。通过 Serverless 技术，只需要将获得的数据以对象存储（基于对象的存储）的方式进行保存，并且通过对象存储相关触发器触发数据拆分函数进行相关数据或者任务的拆分，然后调用相关处理函数，在处理完成后，将结果存储到云数据库中。

函数计算近乎无限扩容的能力可以使用户轻松地进行大容量数据的计算。利用 Serverless 架构可以对源数据并发执行多个数据的处理请求，并在短时间内完成工作。相比于传统工作方式，使用 Serverless 架构更能避免资源的闲置浪费，进而节省成本。

Serverless 可用于对一些持续不断的事件流和数据流进行实时分析和处理，对事件和数据进行实时的过滤、转换和分析，进而触发下一步的处理的场景。比如，对各类系统的日志或社交媒体信息进行实时分析，针对符合特定特征的关键信息进行记录和告警。

7.1.3.5　应用于系统集成

Serverless 应用的函数式架构非常适用于实现系统集成。用户无须像过去一样为了某些简单的集成逻辑而开发和运维一个完整的应用，只需要专注于所需的集成逻辑，编写和集成相关的代码逻辑，而不是一个完整的应用。函数应用的分布式架构，使得集成逻辑的新增和变更更加灵活。

通过对接云函数及云上的各个产品、日志服务、监控告警系统等，使得云时代的运维也可以通过云函数来完成。定时触发的云函数，可以方便地替代需要在主机上运行的定时任务；而日志或告警触发的云函数，可以对云中的事件立刻做出回应及处理。

7.2　Service Mesh 概述

随着云原生技术的普及，传统微服务架构下的应用面临着更多新的挑战，主要包括过于绑定特定技术栈、代码侵入性高、多语言支持受限和老旧系统无法统一运维等问题。为了解决这些问题，以应对新的挑战，微服务架构进一步演化，进而促使服务网格（Service Mesh）的出现。

7.2.1　Service Mesh 定义

微服务架构下许多服务之间相互依赖，如何使它们更好地通信成了一个亟待解决的问题。在传统的应用架构下，模块之间的通信通过应用内部的调用来实现，但是在微服务架构下，由于各个模块以微服务的形式被拆分到不同的进程或者节点上，服务之间的通信只能通过 REST 或者 RPC 来完成，这成为微服务架构的一个性能瓶颈。

2016 年 9 月 29 日，在 Buoyant 公司内部的分享会上，Service Mesh 的概念被首次提出，但是其并非只是一个概念。其实在 2016 年 1 月 15 日，Service Mesh 的第一个实现 Linkerd 就已经完成了首次发布。2017 年 1 月 23 日，其加入 CNCF 进行孵化，同年 4 月 25 日，1.0 版本被发布，这标志着 Service Mesh 正式进入云原生领域。Service Mesh 革命先驱——Buoyant 公司的 CEO，William Morgan 对 Service Mesh 的定义如下：

Service Mesh 是一个处理服务通信的专门的基础设施层。它的职责是在由云原生应用组成的服务的复杂拓扑结构下进行可靠的请求传送。在实践中，它是一组和应用服务部署在一起的轻量级的网络代理，对应用服务透明。

通过其定义可以看出，Service Mesh 作为服务间通信的基础设施层，是轻量级、高性能的网络代理，提供了安全、快速、可靠的服务间通信，与实际应用部署在一起，但对应用透明。应用作为服务的发起方，只需要用最简单的方式将请求发送给本地的服务网格代理，然后网格代理会进行后续的操作，如服务发现、负载均衡等，并最终将请求转发给目标服务。

7.2.2　Service Mesh 架构

Service Mesh 的核心架构分为数据平面和控制平面两部分。其中，数据平面是一种轻量级的网络代理，实现了服务的治理功能；控制平面则是一个控制中心，从全局角度来控制数据平面。其总体架构如图 7-3 所示。

（1）数据平面：与服务部署在一起的轻量级网络代理，通常使用 Sidecar 的形式，用于实现服务框架的各项功能（如服务发现、负载均衡、熔断限流等），使服务专注于业务的本身。在 Service Mesh 中，不再将数据平面代理视为一个个独立的组件，而是将这些代理连接在一起，形成一个全局的分布式网络。

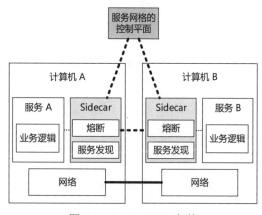

图 7-3　Service Mesh 架构

（2）控制平面：从全局的角度控制 Sidecar，相当于 Service Mesh 架构的大脑。其通过控制 Sidecar 来实现服务治理的各项功能。比如，负责所有 Sidecar 的注册、存储统一的路由表、帮助各个 Sidecar 进行负载均衡和请求调度、收集所有 Sidecar 的监控信息和日志数据等。

7.2.3　Service Mesh 特性

Service Mesh 作为一个独立的基础设施层，其设计的初衷就是为了处理服务之间的通信问题。其主要特性有：

（1）服务发现和服务路由：Service Mesh 提供了丰富的服务发现和路由功能，可以帮助服务实现快速的地址解析和路由选择，并在不同的服务之间进行请求代理和负载均衡。

（2）流量控制和负载均衡：Service Mesh 中的代理可以实现流量控制和负载均衡，从而帮助用户控制流量、优化服务性能及确保服务的高可用性。

（3）可观察性和安全性：Service Mesh 提供了应用程序层面的可观察性，可以实时监控服务的运行状态，包括服务的流量、性能、健康状况等信息，从而帮助运维人员及时发现问题并进行处理。同时，Service Mesh 还提供了安全功能，如服务间的认证、加密、防火墙等。

（4）透明和可扩展性：Service Mesh 是一种透明的、无侵入的技术，可以由开发人员和运维人员进行无缝地部署和管理。Service Mesh 还支持微服务架构中的自动化伸缩，可以快速响应负载变化，并动态地分配资源。

（5）多语言和多平台支持：Service Mesh 可以同时支持多种编程语言和平台，可以为不同的环境提供完全一致的服务治理控制和监控功能。

基于以上特性，Service Mesh 的主要价值总结如下：

（1）简化应用间通信复杂度。Service Mesh 将服务之间的通信下沉到基础设施层，简化了服务之间通信的复杂度，形成了服务之间的抽象协议层。业务开发人员无须关心通信层的细节（包括服务发现、负载均衡、流量调度、流量降级、监控统计等），只需专注于业务开发即可，通信相关的工作都由服务网格统一来支撑。

（2）实现无侵入式服务治理。Service Mesh 将通信和治理的能力从业务功能中解耦，下沉到了基础设施层，屏蔽了语言和平台的差异性，实现了无侵入式的服务治理能力。

（3）标准化通信和治理流程。Service Mesh 通过 Sidecar 将所有微服务之间的流量通信标准化，带来了一致的微服务治理体验，减少了业务之间由于服务治理标准不一致带来的沟通和转换成本，提升了全局服务治理的效率。

（4）简化应用上云的复杂度。Service Mesh 使业务不需要做过多的改造即可实现云上部署，简化了应用上云的复杂度。

7.2.4　Service Mesh 实现框架

Service Mesh 诞生之初，国内外研究人员关于如何实现 Service Mesh 就提出了很多想法。目前比较活跃的 Service Mesh 的产品主要有 5 个，分别是：Linkerd、Envoy、Conduit、

SOFAMesh、Istio。下面对各个产品做简要介绍。

7.2.4.1　Linkerd

Linkerd 是 Buoyant 公司于 2016 年率先开源的高性能网络代理，是业界的第一款基于 Service Mesh 架构的产品。其主要用于解决分布式环境中服务之间通信面临的一些问题，如网络不可靠、不安全、延迟、丢包等。

目前 Linkerd 分为 Linkerd1.x 和 Linkerd2.x 两个系列，其中，Linkerd1.x 使用 Scala 语言编写，运行于 JVM 上；Linkerd2.x 通过使用 Go 语言和 Rust 重写了 Linkerd，其专门用于 Kubernetes。Linkerd 的主要特性是快速、轻量级、高性能，每秒以最小的延迟处理万级请求，易于水平扩展。除此之外，还包括以下特性：

（1）支持授权策略：支持限制服务之间的流量；

（2）双向 TLS：对于服务之间的通信，自动启用双向 TLS 加密；

（3）无侵入注入：支持通过注解自动注入数据平面代理；

（4）支持 CNI 插件：支持通过 CNI 插件初始化容器，以避免网络的兼容性问题；

（5）全工具支持：支持通过 CLI 和 UI 界面进行控制和操作；

（6）链路追踪：支持分布式链路跟踪；

（7）故障注入：支持运行时故障的自动注入；

（8）高可用：支持高可用模式部署；

（9）具有 HTTP 访问日志：支持采集 HTTP 访问日志；

（10）多协议代理：支持 HTTP、HTTP/2 和 gRPC 高级特性，比如负载均衡、重试等；

（11）支持 Ingress：支持与 Ingress 同时工作；

（12）负载均衡：支持 HTTP、HTTP/2 和 gRPC 负载均衡配置；

（13）支持多集群通信：支持不同集群之间服务的加密通信；

（14）Iptables 多模式支持：支持在 iptables-legacy 和 iptables-nft 模式下运行；

（15）支持重试和超时：支持服务的重试和超时配置；

（16）配置文件化：支持通过配置文件来配置服务的超时和重试等参数；

（17）支持 TCP 代理和协议检测：支持所有的 TCP 流量代理，包括的 TLS 连接、WebSockets 和 HTTP 隧道；

（18）态势感知：支持自动收集服务发送过程中的指标；

（19）流量切割（金丝雀、蓝绿部署）：支持动态流量切割。

Linkerd 架构如图 7-4 所示，主要包括控制平面（Control Plane）和数据平面（Data Plane）两部分。其中，控制平面是对 Linkerd 进行控制的一组服务的集合；数据平面由代理组成，它们以 Sidecar 的

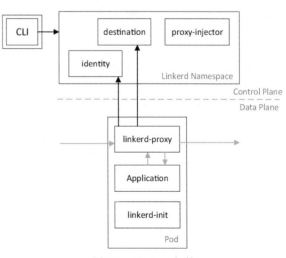

图 7-4　Linkerd 架构

形式在每个服务实例中运行，自动化地处理服务所有的 TCP 流量，并与控制平面进行通信。

除此之外，它还提供了 CLI，用来与控制平面和数据平面进行交互。

7.2.4.2　Envoy

同 Linkerd 一样，Envoy 也是一款高性能的网络代理，于 2016 年 10 月由 Lyft 公司开源。它为云原生应用而设计，可作为边界入口，处理外部流量；此外，也作为内部服务间的通信代理，实现服务间的可靠通信。Envoy 的实现借鉴了现有生产级代理及负载均衡器，如 Nginx、HAProxy 等，同时基于 C++语言进行编写。Lyft 公司的生产实践证明了 Envoy 的性能非常优秀、稳定。Envoy 架构如图 7-5 所示。

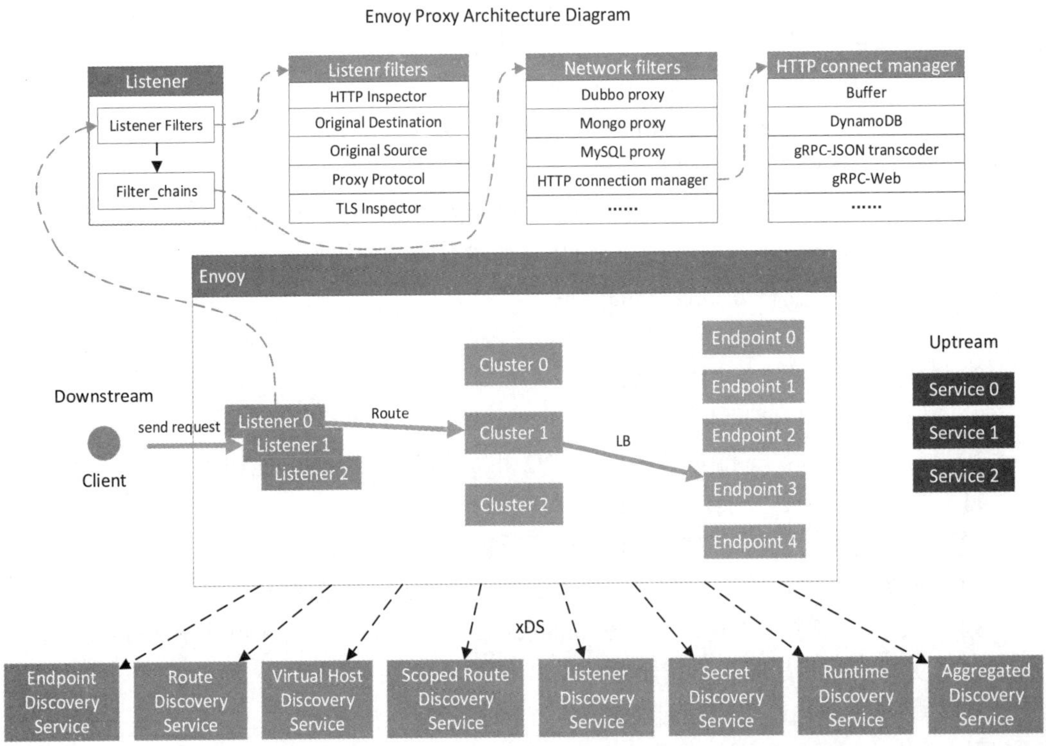

图 7-5　Envoy 架构

Envoy 是专为大型现代 SOA（面向服务架构）设计的 L7 代理和通信总线，其体积小、性能高。为了做到这一点，Envoy 提供了以下高级功能：

1）非侵入的架构

Envoy 是一个独立进程，伴随着每个应用程序的运行。所有的 Envoy 形成一个透明的通信网络，使得每个应用程序发送消息到本地主机或从本地主机接收消息时，不需要知道网络拓扑，对服务的实现语言也完全无感知。这种模式也称为 Sidecar。

2）优异的性能

由 C++语言实现，拥有强大的定制化能力和优异的性能。

3）L3/L4/L7 架构

传统的网络代理，要么在 HTTP 层工作，要么在 TCP 层工作。如果在 HTTP 层工作，那么将会从传输线路上读取整个 HTTP 请求的数据，并对它做解析，这种做法的缺点就是非常复杂和缓慢。更好的选择是下沉到 TCP 层进行操作，即只读取和写入字节，并使用 IP

地址、TCP 端口号等来决定如何处理事务，但无法根据不同的 URL 代理到不同的后端。Envoy 支持同时在 3/4 层和 7 层进行操作，从而避免了上述两种方法的局限性。

4）顶级 HTTP/2 支持

Envoy 支持 HTTP/2，并且可以在 HTTP/2 和 HTTP/1.1 之间相互转换（双向），通常建议使用 HTTP/2。

5）服务发现和动态配置

与 Nginx 等代理的热加载不同，Envoy 可以通过 API 来实现其控制平面。控制平面可以被集中服务发现，并通过 API 接口动态更新数据平面的配置，不需要重启数据平面的代理。不仅如此，控制平面还可以通过 API 对配置进行分层，然后逐层更新，如上游集群中的虚拟主机、HTTP 路由、监听的套接字等。

6）gRPC 支持

gRPC 是一个来自 Google 的 RPC 框架，它使用 HTTP/2 作为底层多路复用传输协议。Envoy 完美支持 HTTP/2，也可以很好地支持 gRPC。

7）可观测性

Envoy 的主要目标是使网络透明，但是其也可以生成许多流量方面的统计数据，这是其他代理软件很难取代的地方。例如内置 stats 模块，它可以集成诸如 prometheus/statsd 等监控工具。此外，其还可以集成分布式追踪系统，对请求进行追踪。

7.2.4.3　Conduit

Conduit 于 2017 年 12 月发布，是 Buoyant 公司继 Linkerd 后赞助的另外一个开源项目，也是 Linkerd 面向 Kubernetes 的独立版本。Conduit 旨在彻底简化用户在 Kubernetes 上使用 Service Mesh 的复杂度，提高用户体验，而不是像 Linkerd 一样针对各种平台进行优化。

Conduit 对运行在 Kubernetes 上的服务间通信进行透明的管理，使服务变得更加安全和可靠。在不需要变更代码的前提下，Conduit 为微服务提供了可靠性、安全性和可监控性。Conduit 也包括数据平面和控制平面，其中，数据平面由 Rust 语言开发，使得 Conduit 使用了极少的内存资源，而控制平面由 Go 语言开发。Conduit 依然支持 Service Mesh 要求的功能，而且包括以下功能：

（1）超级轻量级和极快的性能；

（2）专注于支持 Kubernetes 平台，提高运行在 Kubernetes 平台上的服务的可靠性、可见性及安全性；

（3）支持 gRPC、HTTP/2 和 HTTP/1.x 请求及所有 TCP 流量。

（4）Conduit 以极简主义架构、零配置理念为中心，旨在减少用户与 Conduit 的交互，实现开箱即用。

7.2.4.4　SOFAMesh

SOFAMesh 是基于 Istio 改进和扩展而来的 Service Mesh 大规模落地实践方案。在继承 Istio 强大功能和丰富特性的基础上，为满足大规模部署下的性能要求及应对落地实践中的实际情况，有如下改进：

（1）采用 Go 语言编写的 MOSN 取代 Envoy；

（2）合并 Mixer 到数据平面以解决性能瓶颈；

（3）增强 Pilot 以实现更灵活的服务发现机制；

（4）增加对 SOFA RPC、Dubbo 的支持；

SOFAMesh 架构如图 7-6 所示。

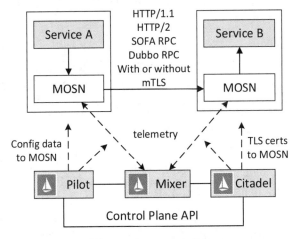

图 7-6　SOFAMesh 架构

该项目的初始版本由蚂蚁金服和阿里大文娱 UC 事业部携手贡献，不过，在 2020 年，该项目已经停止更新，此后相关的需求实现直接向 Istio 贡献，而不再单独对其进行开发。

7.2.4.5　Istio

Istio 是由 Google、IBM 和 Lyft 联合发起的开源的 Service Mesh 框架。该项目在 2017 年推出，并在 2018 年 7 月发布了 1.0 版本。Istio 是 Service Mesh 实现的典型代表，其数据平面使用 Envoy 作为 Sidecar，而控制平面全部使用 Go 语言编写，因此性能上有了很大的提升。它透明地分层部署到现有的分布式应用程序上。Istio 通过其强大的特性提供了一种统一和更有效的方式来保护、连接和监视服务。Istio 只需要很少或不需要更改服务代码就可以实现负载平衡、服务到服务身份验证和监视。

强大的控制平面使 Istio 有如下特点：

（1）使用 TLS 加密、强身份认证和授权的集群内服务到服务的安全通信；

（2）实现自动负载均衡的 HTTP、gRPC、WebSocket 和 TCP 流量

（3）通过丰富的路由规则、重试、故障转移和故障注入，对流量行为进行细粒度控制；

（4）具有可插入的策略层和配置 API，支持访问控制、速率限制和配额；

（5）对集群内的所有流量（包括集群入口和出口）进行自动度量、记录日志和跟踪。

Istio 是为可扩展性而设计的，其可以处理不同范围的部署需求。Istio 的控制平面运行在 Kubernetes 上，可以将部署在该集群中的应用程序添加到网格中，将网格扩展到其他集群，甚至连接 VM 或运行在 Kubernetes 之外的其他端点上。服务网格的控制平面如图 7-7 所示。

Istio 是 Service Mesh 的最佳实践者，7.3 节将详细介绍它。

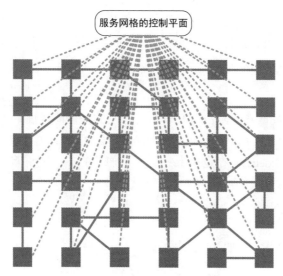

图 7-7　服务网格的控制平面示意图

7.3　Istio：Service Mesh 最佳实践者

本节将介绍 Istio 是如何将 Service Mesh 的相关概念进行落地并支撑具体的生产场景的。

7.3.1　Istio 架构

Istio 服务网格从逻辑架构上分为数据平面和控制平面两部分。

数据平面：由一组智能代理（Envoy）组成，被部署为 Sidecar。这些代理负责协调和控制微服务之间的所有网络通信。它们还收集和报告所有网格流量的遥测数据。

控制平面：管理并配置代理来进行流量路由。

组成 Istio 每个平面的不同组件如图 7-8 所示。

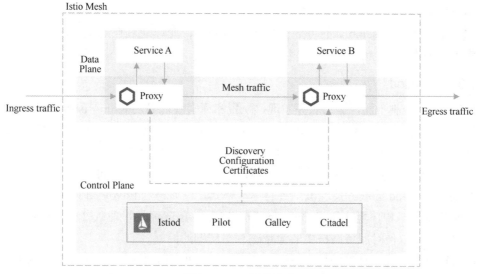

图 7-8　Istio 组件构成

　　Istio 以统一的方式提供了许多跨服务网格的关键功能，主要包括三大特性，分别是流量管理、安全和可观察性。其特性主要是通过 Istio 的各种资源来实现的，7.3.2～7.3.4 节将对这三个特性进行具体介绍。

7.3.1.1　Envoy

　　Envoy 在 Istio 的数据平面，是用 C++语言开发的高性能代理，用于协调服务网格中所有服务的入站和出站流量。Envoy 代理是唯一与数据平面进行流量交互的 Istio 组件。Envoy 代理被部署为服务的 Sidecar，在逻辑上为服务增加了 Envoy 的许多内置特性：

　　（1）动态服务发现；

　　（2）负载均衡；

　　（3）TLS 终端；

　　（4）HTTP/2 与 gRPC 代理；

　　（5）熔断器；

　　（6）健康检查；

　　（7）基于百分比流量分割的分阶段发布；

　　（8）故障注入；

　　（9）丰富的指标。

　　这种 Sidecar 部署允许 Istio 执行策略决策，并提取丰富的遥测数据。这些遥测数据被发送到监视系统以提供有关整个网格行为的信息。Sidecar 代理模型还允许向现有的应用部署添加 Istio 功能，而不需要重新设计架构或重写代码。

　　由 Envoy 代理启用的一些 Istio 的功能和特性包括：

　　（1）流量控制功能：通过丰富的 HTTP、gRPC、WebSocket 和 TCP 流量路由规则来执行细粒度的流量控制。

　　（2）网络弹性特性：重试设置、故障转移、熔断器和故障注入。

　　（3）安全性和身份认证特性：执行安全性策略，并强制实行通过配置 API 定义的访问控制和速率限制。

　　（4）基于 WebAssembly 的可插拔扩展模型功能：允许通过自定义策略执行和生成网格流量的遥测数据。

7.3.1.2　Istiod

　　Istiod 位于控制平面，提供服务发现、配置和证书管理等功能，是 Istio 1.5 版本及以上引入的组件，也是 Istio 控制平面中的核心组件。Istiod 的主要功能是代替了 Pilot、Citadel 和 Galley 三个组件的工作，并且提供了更加简单的安装和管理方式。

　　Istiod 将控制流量行为的高级路由规则转换为 Envoy 特定的配置，并在运行时将其传播给 Sidecar。Istiod 的服务发现机制具有标准格式，任何符合 Envoy API 的 Sidecar 都可以使用，其还支持多种环境，如 Kubernetes 或 VM 等。Istio 流量管理 API 使 Istiod 重新构造 Envoy 的配置，以便对服务网格中的流量进行更精细的控制。

　　Istiod 通过内置的身份和凭证管理，实现了强大的服务对服务和服务对终端用户的认证。Istiod 可以升级服务网格中未加密的流量。使用 Istiod，运营商可以基于服务身份而不是相对不稳定的第 3 层或第 4 层网络标识符来执行策略。此外，可以通过 Istiod 的授权功能控制谁可以访问自己的服务。Istiod 管理流量控制和策略等功能，并通过 Istio CA 证书授权系统协调数据平面中的证书颁发和更新以实现安全的 mTLS 通信。

7.3.2　流量管理

Istio 简单的规则配置和流量路由允许用户控制服务之间的流量和 API 调用过程。借助 Istio，我们可以轻松地配置服务级属性，如熔断器、超时和重试等。此外，Istio 还能够使我们更加轻松地执行一些重要任务，如 A/B 测试、金丝雀发布和按照流量百分比进行分阶段发布等。因此，我们可以更加高效地管理和控制我们的服务，并且更加灵活地进行版本升级和发布。

Istio 的流量管理模型源于和服务一起进行部署的 Envoy 代理。网格内服务发送和接收的所有流量（数据平面流量）都经由 Envoy 代理，这使得控制网格内的流量变得异常简单，而且不需要对服务做任何的更改。

Istio 为了实现流量管理，主要提供了以下几种资源：

（1）虚拟服务；

（2）目标规则；

（3）网关；

（4）服务入口；

（5）Sidecar。

7.3.2.1　虚拟服务

虚拟服务（Virtual Service）和目标规则（Destination Rule）是 Istio 流量管理的重要组成部分，它们相互协作以控制和管理服务之间的流量，并对客户端请求的目标地址与真实响应请求的目标工作负载进行解耦，从而增强 Istio 流量管理的灵活性和有效性。虚拟服务实现了在服务网格内将请求路由到服务，其基于 Istio 和平台提供的基本的连通性和服务发现能力。每个虚拟服务都包含一组路由规则，Istio 按顺序评估它们，并将每个给定的请求匹配到虚拟服务指定的实际目标地址。网格可以有多个虚拟服务，也可以没有。虚拟服务提供了丰富的方式为发送至这些工作负载的流量指定不同的路由规则。

用户可以通过单个虚拟服务处理多个应用程序服务。如果网格使用 Kubernetes，那么可以配置一个虚拟服务处理特定命名空间中的所有服务。单一的虚拟服务映射到多个“真实”服务特别有用，其使客户可以在不需要适应转换的情况下，将单体应用转换为微服务构建的复合应用系统，并将路由规则指定为“对 monolith.com 的 URI 调用转到 microservice A”等。通过下面的例子可以看出虚拟服务是如何工作的。

虚拟服务通过和网关整合并配置流量规则来控制出入流量。

在某些情况下，还需要配置目标规则来使用这些特性，因为目标规则是用来指定服务子集的。在一个单独的对象中指定服务子集和其他特定目标策略，有利于在虚拟服务之间更简洁地重用这些规则。

示例 7-1 是一个简单的虚拟服务设置的示例，其根据请求是否来自特定的用户，将它们路由到服务的不同版本。

示例 7-1　虚拟服务设置示例

```
apiVersion: networking.istio.io/v1alpha3
kind: VirtualService
metadata:
  name: my-virtual-service
spec:
  hosts:
  - my-service
  http:
  - route:
    - destination:
        host: my-service
        subset: v1
      weight: 75
    - destination:
        host: my-service
        subset: v2
      weight: 25
```

在上述示例中，hosts 字段指定了该虚拟服务所代表的主机或服务的名称；http 字段包含了一组路由规则，每条路由规则由一个或多个目标规则组成；destination 字段指定了目标规则所要路由到的服务主机及其所使用的子集（subset）；weight 字段表示该目标规则所占总路由权重的百分比。

虚拟服务除了提供以上的路由功能，还提供了超时、重试和故障注入等功能，下面将具体讲解。

7.3.2.2　超时

超时是指 Envoy 代理等待来自给定服务的答复的时长，通过其确保服务不会因为等待答复而无限期地挂起，并可在指定时间内知道服务调用成功或失败。HTTP 请求的默认超时时长是 15 秒，这意味着如果服务在 15 秒内没有响应，那么调用就失败了。

对于特定的应用程序和服务的需求，Istio 的默认超时配置可能不太适合。例如，如果将超时时间设置得太长，那么可能由于长时间等待失败服务的回复而导致不必要的延迟，而如果将超时时间设置得太短，那么可能会在等待涉及多个服务操作的返回结果时触发不必要的失败。因此，需要根据实际情况设置合适的超时时间，以实现更好的应用程序和服务性能。为了找到并使用最佳超时设置，Istio 允许动态调整超时配置，且不必修改业务代码。

示例 7-2 是一个虚拟服务超时配置示例，它将 ratings 服务的 v1 子集的调用超时时长指定为 10 秒。

示例 7-2　虚拟服务超时配置示例

```
apiVersion: networking.istio.io/v1alpha3
kind: VirtualService
metadata:
  name: ratings
spec:
  hosts:
```

示例 7-2　虚拟服务超时配置示例（续）

```
- ratings
http:
- route:
  - destination:
      host: ratings
      subset: v1
    timeout: 10s
```

7.3.2.3　重试

重试设置规定了初始调用失败时，Envoy 代理尝试连接服务的最大次数。该设置的目的在于确保调用不会因为短暂的服务过载或网络等问题而永久失败，从而提高服务可用性和应用程序性能。Istio 会自动确定重试之间的时间间隔（通常为 25ms 以上），以避免请求过度调用服务。默认情况下，HTTP 请求最多重试两次。

与超时一样，Istio 默认的重试设置在延迟方面可能不适合特定的应用程序需求（对失败的服务进行过多的重试会降低速度或可用性）。用户可以在虚拟服务中按服务的要求调整重试设置，而不必修改业务代码；还可以通过添加每次重试的超时来进一步细化重试行为，并指定每次重试成功连接到服务等待的时长。下面的示例 7-3 配置了在初始调用失败后最多重试 3 次，且每个重试在等待 2 秒后超时。

示例 7-3　失败重试次数及超时时长的配置示例

```
apiVersion: networking.istio.io/v1alpha3
kind: VirtualService
metadata:
  name: ratings
spec:
  hosts:
  - ratings
  http:
  - route:
    - destination:
        host: ratings
        subset: v1
      retries:
        attempts: 3
        perTryTimeout: 2s
```

7.3.2.4　故障注入

在配置了网络以及故障恢复的策略之后，可以使用 Istio 的故障注入机制来测试整个应用程序的故障恢复能力。故障注入是一种通过将错误引入系统以确保系统能够承受并从错误条件中恢复过来的测试方法。使用故障注入对开发人员特别有用，其能确保故障恢复策略不至于不兼容或者太严格，从而避免造成关键服务不可用的问题。

与其他故障注入机制（如延迟数据包或在网络层杀掉 Pod）不同，Istio 允许在应用层注入故障。因此可以注入更多相关的故障，如 HTTP 错误码，以获得更多相关的结果。

通常，可以注入以下两种故障，它们都使用虚拟服务进行配置。

（1）延迟：延迟是时间故障，其模拟增加的网络延迟或一个超载的上游服务。

（2）终止：终止是崩溃失败，其模仿上游服务的失败。终止通常以 HTTP 错误码或 TCP 连接失败的形式出现。

示例 7-4 是一个故障注入的配置文件子例，其中配置了一个虚拟服务，将千分之一的请求流量定向到 ratings 服务，并为该请求配置了一个 5 秒的延迟。

示例 7-4　故障注入的配置文件示例

```
apiVersion: networking.istio.io/v1alpha3
kind: VirtualService
metadata:
  name: ratings-delay
spec:
  hosts:
  - ratings
  http:
  - route:
    - destination:
        host: ratings
      weight: 1000
    fault:
      delay:
        percentage:
          value: 0.1
        fixedDelay: 5s
```

在这个例子中，metadata.name 属性指定了虚拟服务的名称；spec.hosts 属性指定了该虚拟服务的目标服务为 ratings；http.route 属性用于配置流量路由，指定将所有请求流量都定向到 ratings 服务，并设置了该路由的权重为 1000；fault.delay 属性用于配置请求延迟，其中，percentage 属性指定了要造成错误的请求占总请求的比例为 0.1%（即千分之一）；fixedDelay 属性指定了造成请求延迟的时间为 5 秒。

7.3.2.5　目标规则

与虚拟服务一样，目标规则也是 Istio 流量路由功能的关键部分。用户可以利用虚拟服务指定流量如何路由到给定的目标地址，并通过使用目标规则来配置该目标的流量。在评估虚拟服务路由规则之后，目标规则将应用于流量的"真实"目标地址。特别是，可以使用目标规则来指定命名的服务子集，例如，按版本为所有给定的服务实例分组，然后在虚拟服务的路由规则中使用这些服务子集来控制分配到不同服务实例的流量。

目标规则还允许在调用整个目标服务或特定服务子集时定制 Envoy 的流量策略，比如负载均衡模型、TLS 安全模式或熔断器设置等。

默认情况下，Istio 使用轮询这一负载均衡策略，使实例池中的每个实例依次获取请求。Istio 也支持以下负载均衡模型，并可以在 DestinationRule 中为流向某个特定服务或服务子集的流量指定这些模型。

（1）随机：请求以随机的方式转到池中的实例；

（2）权重：请求根据指定的百分比转到实例；

（3）最少请求：请求被转到最少被访问的实例；

目标规则可以配置不同的负载均衡策略子集，每个子集都是基于一个或多个 labels 进行定义的。在 Kubernetes 中，它是附加到像 Pod 这种对象上的键值对。这些标签应用于 Kubernetes 服务的 Deployment 对象并作为 metadata 来识别不同的版本。除了定义子集，目标规则对于所有子集都有默认的流量策略。示例 7-5 是一个目标规则配置示例。该例中，定义在 subsets 上的默认策略，为 v1 和 v3 子集设置了一个简单的随机负载均衡器；在 v2 子集中，轮询负载均衡器被指定在相应的子集字段上。

示例 7-5　目标规则配置示例

```
apiVersion: networking.istio.io/v1alpha3
kind: DestinationRule
metadata:
  name: my-destination-rule
spec:
  host: my-svc
  trafficPolicy:
    loadBalancer:
      simple: RANDOM
  subsets:
  - name: v1
    labels:
      version: v1
  - name: v2
    labels:
      version: v2
    trafficPolicy:
      loadBalancer:
        simple: ROUND_ROBIN
  - name: v3
    labels:
      version: v3
```

目标规则除了能够定义目标子集，还能支持对服务的熔断处理。熔断器是 Istio 为创建具有弹性的微服务应用提供的另一个有用的机制。在熔断器中，可以设置一个对服务的单个主机进行调用的限制，例如并发连接的数量或对该主机调用失败的次数。一旦"限制"被触发，熔断器就会"跳闸"并停止连接到该主机。使用熔断模式可以避免客户端去尝试连接过载或有故障的主机。

熔断适用于在负载均衡池中的"真实"网格目标地址，用户可以在目标规则中配置熔断器阈值，使其适用于服务中的每个主机。示例 7-6 是一个并发连接数的配置示例，其将 v1 子集中的 review 服务的工作负载的并发连接数限制为 100。

示例 7-6　并发连接数配置示例

```
apiVersion: networking.istio.io/v1alpha3
kind: DestinationRule
metadata:
  name: reviews
```

示例 7-5　并发连接数配置示例（续）

```
spec:
  host: reviews
  subsets:
  - name: v1
    labels:
      version: v1
    trafficPolicy:
      connectionPool:
        tcp:
          maxConnections: 100
```

7.3.2.6　网关

使用网关可以为 Istio 服务网格管理来自外部的入站流量和从网格中出去的出站流量，并指定要进入或离开网格的流量。网关配置通常被用于处在网格边界的 Envoy 代理。换句话说，网关是一个独立的边缘代理，用于处理和路由来自外部的流量，而不是像 Sidecar 代理一样，被深度嵌入应用的工作负载中。

Istio 的网关不同于控制进入系统流量的其他机制，如 Kubernetes Ingress API 等。用户可以利用 Istio 网关的流量路由功能，去配置网关资源的负载均衡属性，例如暴露的端口和 TLS 设置等。通过将通用的 Istio 虚拟服务绑定到网关上，可以像管理数据平面的流量一样管理网关流量，这与应用层流量路由（L7）的效果相同。

除了用于管理进入网格的流量，其还可以被配置为出口网关，为离开网格的流量配置一个专用的出口节点。该功能可以限制哪些服务可以或应该访问外部网络，增强了出口流量的安全性。用户还可以使用网关配置一个纯内部代理。如果使用 Istio 时，我们提供了一些预先配置好的网关代理部署（如 istio-ingressgateway 和 istio-egressgateway），那么就可以方便地使用它们。它们已经被包含在安装程序的演示文稿中，如果使用默认或 SDS 配置文件，那么仅部署入口网关即可。此外，用户还可以将自己的网关配置应用到这些部署中或自行配置自己的网关代理。

示例 7-7 展示了一个外部 HTTPS 入口流量的网关配置。

示例 7-7　外部 HTTPS 入口流量的网关配置

```
apiVersion: networking.istio.io/v1alpha3
kind: Gateway
metadata:
  name: ext-host-gwy
spec:
  selector:
    app: my-gateway-controller
  servers:
  - port:
      number: 443
      name: https
      protocol: HTTPS
    hosts:
    - ext-host.example.com
    tls:
```

```
      mode: SIMPLE
      serverCertificate: /tmp/tls.crt
      privateKey: /tmp/tls.key
```

这个网关配置使 HTTPS 流量从 ext-host.example.com 通过 443 端口流入网格，但没有为请求指定任何路由规则。如果想要为工作的网关指定路由，那么必须把网关绑定到虚拟服务上。示例 7-8 是对使用虚拟服务的 gateways 字段进行设置的例子。

示例 7-8　使用虚拟服务的 gateways 字段设置示例

```
apiVersion: networking.istio.io/v1alpha3
kind: VirtualService
metadata:
  name: virtual-svc
spec:
  hosts:
  - ext-host.example.com
  gateways:
    - ext-host-gwy
- route:
  - destination:
      host: ext-host-svc
      subset: v1
```

该例中，Istio 的网关配置定义了一个名为 virtual-svc 的虚拟服务，其定义了一个外部主机 ext-host.example.com，并使用名为 ext-host-gwy 的 Istio 网关代理作为它的前端。此配置示例中还包括一个路由规则，其将外部主机的请求定向到 ext-host-svc 服务的 v1 版本。具体来说，这个路由规则通过将请求的目标主机设置为 ext-host-svc 服务的 v1 子集来指定路由到该服务的 v1 版本。这个配置可以让 Istio 代理拦截 ext-host.example.com 的所有请求，并将其路由到 ext-host-svc 的 v1 版本。

7.3.2.7　服务入口

服务入口（Service Entry）可以用来添加一个到 Istio 内部维护的服务注册中心的入口。添加了服务入口后，Envoy 代理就可以向服务发送流量，就好像它是网格内部的服务一样。通过配置服务入口，允许用户管理运行在网格外的服务的流量。服务入口包括以下几种能力：

（1）为外部目标重定向（redirect）和转发请求，如来自 web 端的 API 调用或者流向遗留老系统的服务；

（2）为外部目标定义重试、超时和故障注入策略；

（3）添加一个运行在虚拟机上的服务来扩展网格。

用户不必为网格服务要使用的每个外部服务都添加服务入口。默认情况下，Istio 通过配置 Envoy 代理将请求传递给未知服务。但是，如果没有为外部服务添加服务入口，那么用户将无法使用 Istio 的流量控制和请求路由特性来控制目标服务的流量。

简单来讲，如果没有为外部服务添加服务入口，那么即使请求可以通过 Istio 代理传递到目标服务，用户也无法使用 Istio 的流量控制和请求路由等特性来控制这些流量。

在示例 7-9 中，mesh-external 服务入口将 ext-resource 外部依赖项添加到了 Istio 的服务注册中心中。

示例 7-9　服务入口配置示例

```
apiVersion: networking.istio.io/v1alpha3
kind: ServiceEntry
metadata:
  name: svc-entry
spec:
  hosts:
  - ext-svc.example.com
  ports:
  - number: 443
    name: https
    protocol: HTTPS
  location: MESH_EXTERNAL
  resolution: DNS
```

该示例中指定了外部资源使用 hosts 字段，其可以使用完全限定名或通配符作为前缀域名。

与网格中其他服务配置流量的方式相同，用户可以配置虚拟服务和目标规则，以更细粒度的方式控制到服务入口的流量。例如，在示例 7-10 中，目标规则调整了使用服务入口进行配置的 ext-svc.example.com 外部服务的连接超时。

示例 7-10　目标规则调整示例

```
apiVersion: networking.istio.io/v1alpha3
kind: DestinationRule
metadata:
  name: ext-res-dr
spec:
  host: ext-svc.example.com
  trafficPolicy:
    connectionPool:
      tcp:
        connectTimeout: 1s
```

7.3.2.8　Sidecar

Istio 默认情况下会让每个 Envoy 代理都能够访问与其相关的工作负载的所有端口的请求，并将请求转发到对应的工作负载。然而，可以使用 Sidecar 配置进行微调，例如限制 Envoy 代理可以访问的服务集合或接受的端口和协议集等。但是，对于较大的应用程序，限制 Sidecar 的访问可能会对网格的性能造成影响，因为它会导致高内存使用量。用户可以选择将 Sidecar 配置应用于特定命名空间中的所有工作负载或者使用 workloadSelector 选择特定的工作负载。例如，示例 7-11 中的 Sidecar 配置将 bookinfo 命名空间中的所有服务配置为仅能访问运行在相同命名空间和 Istio 控制平面中的服务（Istio 的出口和遥测功能需要使用）。

示例 7-11　Sidecar 配置示例

```
apiVersion: networking.istio.io/v1alpha3
kind: Sidecar
metadata:
  name: default
  namespace: bookinfo
spec:
```

示例 7-11　Sidecar 配置示例（续）

```
egress:
- hosts:
  - "./*"
  - "istio-system/*"
```

7.3.3　安全

Istio 通过 Istio Security 提供了全面的安全解决方案，Istio 的安全特性使开发人员只需要专注于应用程序级别的安全。Istio 提供了底层的安全通信通道，并为大规模的服务通信管理认证、授权和加密。有了 Istio，服务通信在默认情况下就是受保护的，其可以使用户在跨不同协议和运行时的情况下实施一致的策略，而所有这些功能的实现都只需要很少甚至不需要修改应用程序。

7.3.3.1　Istio 的安全目标

Istio 的安全目标主要有三个：

（1）网络安全：Istio 提供了一套流量管理和安全机制，以确保应用程序内部和外部的网络安全。

（2）服务身份认证和授权：Istio 提供了一种安全认证和授权机制，允许在应用程序内部进行身份验证和授权，并能够通过凭证管理和访问控制来保护应用程序中的敏感数据。

（3）数据保护：Istio 提供了一种安全传输机制，可以加密和解密应用程序之间传输的数据，以保护敏感数据的隐私和安全。此外，Istio 还提供了安全审计功能，以便管理员可以对数据访问进行审计和跟踪，确保安全策略得到执行。

Sidecar 和边缘代理作为 Policy Enforcement Points（PEPs）保护客户端和服务器之间的通信安全。

通常，通过对一组 Envoy 代理进行扩展，来管理遥测和审计。

Istio 中控制平面可以处理来自 API Server 的配置，但在数据平面中配置 PEPs。通常，PEPs 用 Envoy 实现。图 7-9 显示了 Istio 的安全架构。

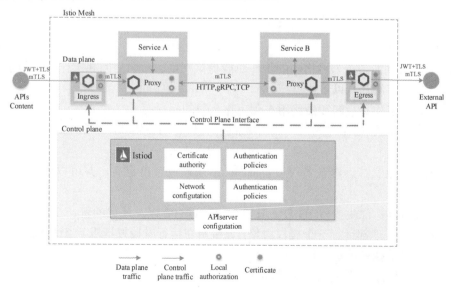

图 7-9　Istio 的安全架构

总之，Istio 提供了一种安全的基础架构，其适用于各种不同的应用程序场景，同时提供了一系列安全特性和工具，用来帮助管理员保障应用程序的安全性和可用性。

7.3.3.2　认证

Istio 提供了两种类型的认证，分别是：服务间（mutual TLS）认证和用户认证。它们分别用于保护应用程序内部和外部的安全。

1）服务间认证

服务间认证是 Istio 中基本的安全特性之一，用于在应用程序内部建立信任关系并保护流量安全。它的基本原理是使用 mutual TLS（双向传输层安全）证书来验证服务之间的通信，并确保只有经过身份验证的服务才可以与其他服务进行通信。具体来说，服务间认证的过程包括以下几个步骤：

（1）Istio CA（Certificate Authority）为每个 Istio 管理的服务发放证书；

（2）在服务之间传输流量时，发件人使用其证书对消息进行签名，并将其公钥附加到消息中；

（3）收件人使用自己的私钥来验证发件人证书的正确性，以确保消息来自可信的来源；同时，收件人将自己的证书公钥附加到消息中并进行后续的通信。

通过这种方式，服务之间使用 mutual TLS 建立了信任关系，并确保只有经过身份验证的服务才可以与其他服务进行通信，以防止未经授权的服务访问应用程序内部。

2）用户认证

用户认证是 Istio 中用于保护应用程序外部流量的一种特性。它允许管理员为每个用户提供单独的令牌，以授权其访问特定的服务和资源。具体实现方式是在 Gateway 配置中定义用户令牌，并通过 Auth 子系统将其交给 Istio 代理进行验证。如果令牌可信，那么 Istio 代理允许该用户访问应用程序中指定的服务和资源。用户认证可以提供比传统的基于 IP 的防火墙更为严格和灵活的安全防御措施，其允许管理员基于具体的用户身份来定义访问策略和限制规则。

总之，Istio 通过服务间认证和用户认证提供多层次的安全保障，以确保应用程序内部和外部的流量安全并实现隐私保护。

7.3.3.3　授权

Istio 的授权功能是指为网格中的工作负载提供网格、命名空间和工作负载级别的访问控制。这种控制层级具有以下优点：

（1）实现了工作负载间和最终用户到工作负载的授权；

（2）一个简单的 API：它包括一个单独的并且很容易使用和维护的 AuthorizationPolicy CRD。

（3）灵活的语义：运维人员可以针对 Istio 属性进行自定义，并可以使用 DENY 和 ALLOW 动作；

（4）高兼容性：原生支持 HTTP、HTTPS 和 HTTP2 以及任意的普通 TCP 协议。

每个 Envoy 代理都运行一个授权引擎，该引擎在运行时授权请求。当请求到达代理时，授权引擎根据当前授权策略评估请求上下文，并返回授权结果（ALLOW 或 DENY）。运维人员使用".yaml"文件指定 Istio 授权策略。

Istio 授权架构如图 7-10 所示。

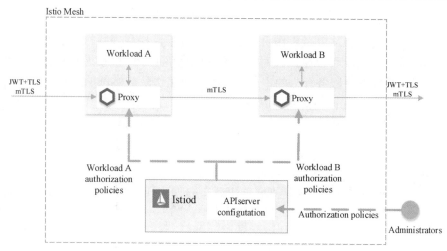

图 7-10　Istio 授权架构

7.3.4　可观测性

Istio 为网格内所有的服务通信生成了详细的遥测数据。这些遥测数据提供了服务行为的可观测性，使运维人员能够排查故障、维护和优化应用程序，而不会给服务的开发人员带来任何额外的负担。通过 Istio，运维人员可以全面了解受监控的服务如何与其他服务及Istio 组件进行交互。

Istio 生成以下类型的遥测数据，以提供对整个服务网格的可观测性。

1）指标

指标（Metric）提供了一种以聚合的方式监控和理解行为的方法。Istio 基于 4 个监控的黄金标识（延迟、流量、错误、饱和）生成了一系列服务指标，并为网格控制平面提供了更详细的指标。除此之外，还提供了一组默认的基于这些指标的网格监控仪表板。

为了监控服务行为，Istio 为服务网格中所有出入网格以及网格内部的服务流量都生成了指标。这些指标提供了关于行为的信息，如总流量数、错误率和请求响应时间等。除了监控网格中服务的行为，监控网格本身的行为也很重要。Istio 组件可以导出自身内部行为的指标，以提供对网格控制平面的功能和健康情况的洞察能力。

2）分布式追踪

Istio 为每个服务生成分布式追踪 span。span 是分布式追踪的一个基本单元，它记录了一次服务调用过程中的基本信息，如调用开始时间、请求和响应数据等，并且包含唯一的标识符，用于标识这次调用。通过 Istio 生成的这些 span，我们可以在服务调用过程中进行追踪和诊断，以便发现和解决问题。span 便于运维人员理解网格内服务的依赖和调用流程。分布式追踪通过监控流经网格的单个请求，提供了一种监控和理解行为的方法。追踪使网格的运维人员能够理解服务的依赖关系及服务网格中的延迟源。Istio 支持通过 Envoy 代理进行分布式追踪。Envoy 代理自动为其应用程序生成追踪 span，只需要应用程序转发适当的请求上下文即可。

Istio 支持很多追踪系统，包括 Zipkin、Jaeger、LightStep、Datadog 等。运维人员可以通过控制生成追踪的采样率（每个请求生成跟踪数据的速率），来控制网格生成追踪数据的数量和速率。

3）访问日志

访问日志提供了一种从单个工作负载实例的角度来监控和理解行为的方法。当流量流入网格中的服务时，Istio 可以生成针对每个请求的完整记录，包括源和目标的元数据。这些信息使运维人员能够将服务行为的审查控制到单个工作负载实例的级别。

Istio 能够以一组可配置的格式为服务流量生成访问日志，使操作员可以完全控制日志记录的方式、内容、时间和地点。示例 7-12 是一个 Istio 访问日志示例。

示例 7-12　Istio 访问日志示例

```
[2019-03-06T09:31:27.360Z] "GET /status/418 HTTP/1.1" 418 - "-" 0 135 5 2 "-" "curl/7.60.0"
"d209e46f-9ed5-9b61-bbdd-43e22662702a" "httpbin:8000" "127.0.0.1:80" inbound|8000|http|httpbin.default.svc.
cluster.local - 172.30.146.73:80 172.30.146.82:38618 outbound_.8000_._.httpbin.default.svc.cluster.local
```

7.4　小结

本章主要介绍了 Service Mesh 和 Istio 的相关内容。通过学习 Service Mesh 相关内容，读者能够对 Service Mesh 的定义、架构、特性和实现框架有一定的了解。同时本章进一步介绍了 Service Mesh 的最佳实践者——Istio，以及 Istio 的架构和核心资源。通过此部分内容，使读者能够了解到 Istio 是如何对 Service Mesh 的相关概念进行定义和应用的，从而进一步加深对 Service Mesh 的理解。

习　　题

1. Service Mesh 是什么？
2. 简要描述 Service Mesh 的架构。
3. Service Mesh 有哪些特性？
4. Envoy 有哪三大特性？请简要描述。
5. Istio 有哪些关键功能？请简要叙述。
6. 通过虚拟服务（Virtual Service）可以做什么？
7. 尝试配置一个虚拟服务对象，使其满足以下条件：若请求来自用户 jack，则将其路由到服务 myservice 的 v1 版本，否则路由到 v2 版本；此外，v1 版本初始调用失败后至多重试 3 次，每次重试 5 秒超时，而对 v2 版本的调用指定 10 秒超时。
8. 目标规则（Destination Rule）是什么？有什么作用？
9. 尝试配置一个含有三个负载均衡策略子集（v1、v2、v3）的目标规则对象，使其满足以下条件：使用默认策略的负载均衡器 ROUND_ROBIN，其 v1 子集负载均衡策略为 LEAST_CONN，并限制 v2 子集 mydr 服务工作负载的并发连接数最大为 200。
10. Istio 的授权功能为服务网格中的工作负载提供了什么级别的访问控制？有什么优点？

第8章　DevOps

8.1　DevOps 基本概念

8.1.1　什么是 DevOps

DevOps 是"开发"（Development）和"运维"（Operations）这两个词的组合。正如其名称一样，DevOps 试图将两套不同的 IT 实践结合起来。DevOps 是一种理念和实践，是对一组过程、方法与系统的统称，其将开发和运维有机地结合在一起，用于促进应用开发、应用运维和质量保障（QA）部门之间的沟通、协作与整合，以期打破传统开发和运营之间的壁垒和鸿沟，以实现更快、更高效的软件开发和部署。它主要关注创造一种文化和流程，使得交付软件更快、更可靠和更频繁。DevOps 注重团队合作和自动化，并将软件开发和部署过程中的每个阶段都纳入考虑和实践之中，从而实现高质量软件的快速、连续性交付。

在开发环境中，DevOps 可以直接进行代码的提交，以提高工作效率、消除等待时间。其实现了从编码到运维的全流程自动化，具有稳定、快速、交付结果可预测、可回滚等优点。此外，DevOps 还可以持续进行自动化回归测试，使代码交付质量得到保障。

综上所述，DevOps 的好处更多基于持续部署与交付，这是对于业务与产品而言的。而从公司角度来说，DevOps 是部门间沟通协作的一组流程和方法，有助于改善公司组织文化、提高员工的参与感。

8.1.2　DevOps 和应用程序生命周期

DevOps 影响应用程序生命周期中的计划、开发、交付和运营等阶段。每个阶段都依赖于其他阶段，并且每个角色在某种程度上都涉及各个阶段。DevOps 和应用程序生命周期的关系，如图 8-1 所示。

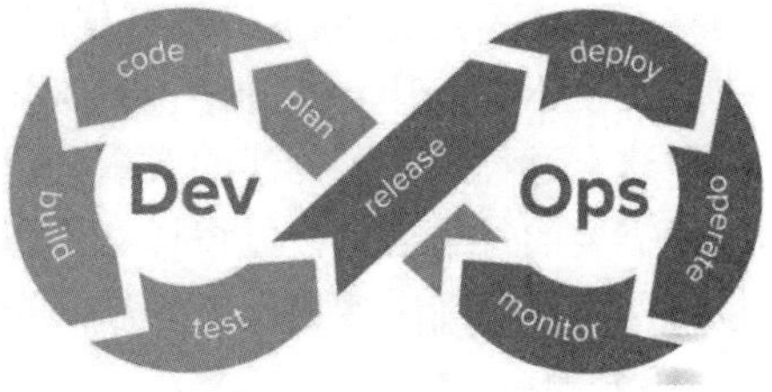

图 8-1　DevOps 和应用程序生命周期的关系

8.1.2.1　计划（Plan）

在计划阶段，DevOps 团队进行可行性分析并构思、定义和描述它们即将构建的应用程序的特性和功能。团队以敏捷和直观的方式进行规划，主要工作包括：

（1）确定目标：通过市场调研、风险评估制定项目的目标。

（2）产品规划：产品研发部门根据目标制定产品关键路线图，这个路线图中分布着不同的产品特性和其完成时间。

（3）组织产品待办列表：产品规划产生的客户需求、市场人员收集到的缺陷等共同组成产品待办列表；

（4）需求梳理：产品负责人针对预代办列表进行梳理，同时，团队成员根据需求的复杂度评估每个任务的工作量，输出本次迭代的待办任务列表，并完成优先级排序。

（5）迭代规划：通过 Sprint 计划会，明确本次冲刺的目标、此次冲刺任务的开发顺序等。

8.1.2.2 开发（Code、Build、Test）

开发阶段包括编码（Code）、构建（Build）和测试（Test）的各个方面。首先，团队成员集成代码，并将代码构建为可部署到各种环境中的生成工件。其次，DevOps 团队尽可能在保证软件质量的前提下，高效快速地完成冲刺目标。通常团队会使用高效的管理工具、开发工具、自动化测试工具及代码质量保障工具，并通过自动化测试和持续集成来实现增量迭代。

1）编码

在这个阶段，团队开始编写源代码，以实现计划中的功能。这个阶段涉及的人员可能包括开发人员、开发管理人员、DevOps 工程师等。在这个阶段，应该编写高质量的代码，并使用版本控制工具（如 Git）进行代码管理和团队协作。此外，还需要不断更新文档和博客，以帮助团队成员理解系统的构成和内部工作流程。

2）构建

在这个阶段，团队需要构建、测试、审核代码，并将产生的可执行文件和静态文件放在可访问的位置。这个阶段可能涉及的人员包括 DevOps 工程师、开发人员、测试人员等。在这个阶段，团队需要进行以下工作。

（1）编译代码：在构建阶段，将源代码转换为可以在设备或服务器上运行的程序，并将其生成可执行文件或可部署的软件包。

（2）打包代码：将编译后的源代码打包成可以部署的软件包，例如 JAR、WAR、DOCKER 等。

（3）自动化构建：自动化构建是一个重要的过程，它通过使用工具和流程来简化和自动化构建过程。例如，使用 CI/CD 工具（如 Jenkins、Travis CI 等），可以轻松实现自动化构建流程。

（4）配置管理：在构建阶段中，还需要定义构建过程需要的所有资源（如硬件、软件、网络、存储等），以确保构建过程的可重复性和一致性。

在 DevOps 中，构建阶段是实现快速、准确和可靠的应用程序软件交付的关键步骤之一。这个过程确保了构建的质量和可重复性，同时降低了构建的成本和风险。因此，构建阶段需要的每个过程，如编译、打包、自动化构建、配置管理等，都需要进行仔细考虑，以确保成果的高质量和投资的高回报。

3）测试

在这个阶段，团队需要测试应用程序是否可以正常工作。这个阶段可能涉及的人员包括测试人员、QA 团队、用户体验（UI/UX）设计师等。在这个阶段，团队应该编写各种类型的测试用例，从功能、安全、性能等方面进行测试，以保证应用程序的质量和稳定性。通常，推荐使用自动化测试及功能和性能测试平台等工具。

8.1.2.3 交付（Release、Deploy）

在完成测试之后，交付阶段将为应用程序推向市场做准备。这意味着对编写并测试好的代码进行构建并将其提交到软件存储库（如 Docker、Ubuntu、CentOS 等）中。在交付阶段中，应该充分考虑迭代问题，以实现高度一致和自动化。敏捷开发中的交付，是一个持续集成的过程。

在交付阶段之后，就要将应用程序部署到运行环境中，即将应用程序安装到部署平台（如 Kubernetes、OpenShift 等）中。在这个过程中，要确定目标环境、部署的配置文件和数据备份方式等。

持续交付（Continuous Delivery）指的是频繁地将软件的新版本交付给质量团队或者用户，以供评审。如果评审通过，那么代码就进入生产阶段。

8.1.2.4　运营（Operate，Monitor）

运营阶段包括维护（Operate）、监视（Monitor）生产环境中的软件系统的运行状态。在软件开发和运维过程中，运营阶段是为了保证软件系统的正常运作而进行的维护和监测的过程。在采用 DevOps 方法时，团队会努力确保系统的可靠性和高可用性，同时也会加强安全性和治理力度，以实现零停机的目标。

DevOps 团队希望在影响客户使用之前就发现问题，并在问题出现时快速解决它。监视是为了提高软件质量而进行的。这个过程涉及运营团队的参与，他们会监视用户活动中的错误和任何不正常的系统行为。同时，团队也可以通过使用专门的监视工具来实现这个过程，该工具会持续监视应用程序的性能并提醒团队出现的问题。

8.1.3　DevOps 工具链

DevOps 工具链是一组辅助实施 DevOps 流程的工具，能够帮助 DevOps 团队在整个产品生命周期中进行协作并解决各种问题。DevOps 工具链通常包括一些集成工具，如版本控制和协作开发工具、自动化构建和测试工具、持续集成和交付工具、部署工具、维护工具、监控警告和分析工具等。下面给出几种常见的 DevOps 工具。

（1）版本控制和协作开发工具：如 GitHub、GitLab、BitBucket、SubVersion、Coding、Bazaar 等。

（2）自动化构建和测试工具：如 Ant、Maven、Selenium、PyUnit、QUnit、JMeter、Gradle、PHPUnit、Nexus 等。

（3）持续集成和交付工具：如 Jenkins、Capistrano、BuildBot、Fabric、Travis CI、flow.ci Continuum、LuntBuild、CruiseControl、Integrity、Gump、Go 等。

（4）容器平台：如 Docker、Rocket、Ubuntu（LXC）以及像 AWS 和阿里云这样的第三方厂商的平台。

（5）配置管理工具：如 Chef、Puppet、CFengine、Bash、Rudder、Powershell、RunDeck、Saltstack、Ansible 等。

（6）微服务平台：如 OpenShift、Cloud Foundry、Kubernetes、Mesosphere 等。

（7）服务开通工具：如 Puppet、Docker Swarm、Vagrant、Powershell、OpenStack Heat 等。

（8）日志管理工具：如 Logstash、CollectD、StatsD 等。

（9）监控、警告和分析工具：如 Nagios、Ganglia、Sensu、Zabbix、ICINGA、Graphite、Kibana 等。

（10）代码管理工具：如 GitHub、GitLab、BitBucket、SubVersion 等。

（11）构建工具：如 Ant、Gradle、Maven 等。

（12）自动部署工具：如 Capistrano、CodeDeploy 等。

（13）持续集成（CI）工具：如 Bamboo、Hudson、Jenkins 等。

（14）容器工具：如 Docker、LXC 及像 AWS 这样的第三方厂商等。

（15）编排工具：如 Kubernetes、Core、Apache Mesos、DC/OS 等。

（16）服务注册与发现工具：如 Zookeeper、etcd、Consul 等。

（17）脚本语言工具：如 Python、Ruby、Shell 等。

（18）系统监控工具：如 Datadog、Graphite、Icinga、Nagios 等。

（19）性能监控工具：如 AppDynamics、New Relic、Splunk 等。

（20）压力测试工具：如 JMeter、Blaze Meter、loader.io 等。

（21）预警工具：如 PagerDuty、pingdom 以及像 AWS SNS 这样的第三方厂商的工具等。

（22）HTTP 加速器：如 Varnish 等。

（23）消息总线工具：如 ActiveMQ、SQS 等。

（24）应用服务器：如 Tomcat、JBoss 等。

（25）Web 服务器：如 Apache、Nginx、IIS 等。

（26）数据库：如 MySQL、Oracle、PostgreSQL 等关系型数据库等。

8.1.4　DevOps 文化

实施 DevOps 不要局限于从技术和流程上对应用程序进行优化，更需要从文化和人员参与等方面采取措施，这意味着需要深刻改变人们的工作流程和协作方式。培养 DevOps 文化的核心在于如何让组织内部的每个人都能够参与并认同这一文化。刚开始实施时，团队可能会遇到一些挫折，但是，只要组织和人员意识到 DevOps 的重要性，并始终致力于培养 DevOps 文化，就一定能够享受到这种文化带来的益处。DevOps 文化的树立需要基于持续学习和不断改进的理念，每个人都应该积极参与到对流程的改善中。由此，DevOps 可以促进员工之间的协作和沟通，提高组织内部的效率和工作质量，并且能够更好地应对不同的挑战和变化。

要想更好地实施 DevOps 需要从以下几方面入手。

8.1.4.1　沟通协作

"沟通协作"是 DevOps 文化中的一个核心概念。它指的是团队成员之间通过互相交流、协作和分享知识来提高软件交付和部署的效率和质量。在 DevOps 中，沟通协作是建立在信任、尊重和合作的基础上的，其要求团队成员能够尽早参与到软件交付的全过程，包括设计、开发、测试、部署等环节，以便更好地协同工作并解决问题。

团队成员之间要保持频繁沟通和交流，以便及时解决问题并提高效率。这种协作方式需要建立在敏捷开发和持续交付的基础上，同时采用自动化工具来简化和加速交付过程。

要想实现 DevOps 文化的"沟通协作"，需要以下几方面的支持：

（1）建立开放式文化：团队成员应该倾听其他成员的意见和建议，并鼓励他人提出新想法和解决方案。开放式的文化有助于建立互信，进而促进团队合作并提高工作效率。

（2）强调团队合作：团队成员需要共同参与到整个软件交付和部署的过程中，而不是只关注自己的专业领域。这样才能够更好地通力合作，解决问题。

（3）工具与流程支持：使用自动化工具可以提高效率，但也需要建立良好的工作流程，以避免重复劳动并减少人为错误。

总之，沟通协作是 DevOps 文化的基石，它将各个团队成员紧密地联系在一起，进而提高整个团队的生产效率和工作质量。

8.1.4.2　范围和责任的转变

DevOps 文化中的"范围和责任的转变"可以从两方面来理解：一是人员的角色和职责的变化，二是所负责的系统和应用程序的范围的扩大。

首先，在传统的软件开发流程中，通常由分别独立的团队负责开发、运维和测试。这种模式下，团队之间往往缺乏有效的沟通和协作，导致项目的延迟和低效。而在 DevOps 中，强调团队的协同作战，要求开发、运维和测试人员密切合作，从而实现快速、可靠的软件交付。DevOps 鼓励培养全栈开发人员，即具备软件开发、运维和测试等多种技能的人员，这样可以更好地协调和处理系统中的各种问题，提升项目的交付质量和速度。

其次，DevOps 文化中系统和应用程序的范围也发生了变化。在传统方法中，软件开发人员只负责开发应用程序，而运维人员只负责将应用程序部署到服务器上并维护运行环境。然而，在 DevOps 中，开发工程师、QA、OPS 等人员都需要在软件生命周期中扮演积极的角色，他们必须具备系统性思维，能够考虑全局，并致力于实现满足客户需求的高质量产品。在 DevOps 中，负责软件开发和运维的人员需要思考如何实现系统的可伸缩性、可靠性、易用性和安全性等问题，这通常需要掌握应用程序和基础设施领域中涉及地广泛的技术知识，如编程语言、操作系统和云平台等。

总之，DevOps 文化中的"范围和责任的转变"强调协作和协调，专注于提供高质量的软件和服务，以满足客户需求和市场竞争的要求。在这种文化中，开发团队、运维团队和测试团队的职责不再是孤立的，而是通过相互合作和支持来提供更高效、更可靠的产品和服务。

8.1.4.3　发布周期变短

在传统的软件开发模式中，软件的发布周期往往比较长。开发人员在完成一定的代码编写工作后，需要将代码提交给测试团队进行测试。测试团队需要花费一定的时间来完成测试工作。一旦测试完成，即可将软件部署到生产环境中，以供用户使用。整个过程通常需要数周或数月时间。

在 DevOps 文化中，DevOps 团队通常采用敏捷的开发方法，即通过小步快跑、快速迭代的方式，缩短发布周期，其更能体现以人为本的特性。DevOps 文化强调持续集成和持续交付，同时要求将发布周期缩短到几周、几天甚至几个小时。这是因为短周期发布可以提供以下三方面的优点：

（1）更快地响应客户需求：将软件更快地交付给用户，可以更快地响应客户需求和反馈，从而提高客户满意度。

（2）更加灵活地开发：快速地迭代和发布软件，可以让开发人员迅速体验到他们的工作成果，这将激励他们在接下来的开发中持续改进和优化。

（3）更快地发现错误和修复：采用短周期的软件发布，可以让测试和运维团队更快地发现和修复错误。

为了实现短周期的软件发布，通常需要采用一些 DevOps 实践方式，主要包括以下三方面：

（1）自动化部署和测试：自动化能够帮助开发团队从编写代码到部署运行都能进行快速且自动化的集成，从而缩短发布周期。

（2）持续集成和持续交付：这意味着要实现软件开发的连续性。开发人员的代码提交后，即可进行持续的构建、测试和部署。

（3）流程优化：希望实现短周期的软件发布，流程优化是非常关键的。例如，需要优化代码审查、测试、部署等流程，减少冗余的工作，以提高软件开发、测试和运维的效率。

总之，采用短周期的软件发布模式是 DevOps 文化的核心之一。通过自动化、持续集成和持续交付等实践方式，可以大大缩短软件发布的周期，从而更快地响应客户需求，同时提高软件交付的质量。

8.1.4.4　持续改进

在 DevOps 文化中，持续改进是一种重要的思想和方法，其目的是通过不断地反馈和分析来优化整个软件开发过程并提高软件的质量、性能和效率。

持续改进的实现过程包括以下几个环节。

（1）收集反馈并分析：持续改进的第一步是要收集来自各个环节的反馈，并对其进行分析。例如，开发人员可以通过代码审查来发现和纠正错误；运维人员可以监控系统的性能并收集技术支持请求；用户可以提供使用反馈和建议等。

（2）制订改进计划：基于反馈和分析的结果，团队需要制订相应的改进计划。这些计划应该具有可量化的目标和明确的实施步骤，以及制订改进计划的相关人员和时间表等信息。

（3）实施改进计划：改进计划应该被有针对性地被实施。这可能涉及不同的方面，例如修改代码、更新文档、优化数据库、改进流程等。

（4）测试改进效果：改进计划实施后，需要对其进行测试和评估。这通常包括收集反馈和性能指标，并对其进行分析，以确定改进是否成功实现了预期的效果。

（5）反馈和迭代：团队需要将改进后的效果反馈给所有涉及的人员，并将结果集成到整个开发、测试和运维的过程中。如果仍有需要改进的地方，团队应该及时制订新的计划并重复上述流程。

总之，持续改进是 DevOps 文化中非常重要的一部分，对于团队的持续发展和软件项目的成功实施都具有关键的作用。通过持续迭代、学习和改进整个开发流程，团队可以不断提高软件的质量和性能，为用户提供更佳的使用体验。

8.1.5　如何更好地实施 DevOps

要想成功地实施 DevOps，需要坚定地树立基础设施即代码（Infrastructure-as-Code，IaC）的理念，即使用代码来定义和管理基础设施，而不是通过手动流程进行管理和定义。IaC 是将软件工程方法应用于云基础设施的有效手段。DevOps 的实现基于自动化工具，如 Docker（容器化）、Jenkins（流水线）、Puppet（基础架构构建）及 Vagrant（虚拟化平台）等。为了确保标准软件工程实施方案和工具可以充分发挥作用，我们需要使用专门为云上基础设施设计的平台。

持续交付是非常重要的思想。其将软件开发分成相对较短的周期（通常为一至四个周期），每个周期都有一个产出，以确保软件可以稳定持续地处于可以发布的状态。通过持续交付，软件的构建、测试和发布将变得更快、更频繁，这样可以降低软件开发的成本、时间及风险。

此外，需要注意持续交付和持续部署（Continuous Deployment）的区别。部署是将制品安装到不同的运行环境中，如测试环境、预发布环境和生产环境等，并不一定交付给用户使用。持续部署能够快速验证是否存在功能、性能等方面的问题，或者尽可能快速地将最终用户可以使用的功能交付给用户。这需要将产品持续部署到测试环境和预发布环境中，使测试团队能够尽早开始测试，并将测试结果尽快反馈给开发人员，从而加快软件产品的开发进度。持续部署到生产环境让最终用户能够看到产品，这将快速获得最终用户的使用反馈。持续部署过程中涉及两个时间：修复时间（Time to Repair，TTR）和产品上线时间（Time To Marketing，TTM）。要高效地交付可靠的软件，需要尽可能地缩短这两个时间。部署可以采用多种方式，如蓝绿部署、金丝雀部署等。

在 DevOps 实践时，还需要进行高效率地协作和沟通。"每日站"是一个进行协作和沟通的好方法，其可以让所有参与项目的人员同步项目进度、讨论遇到的问题、确定下一步工作任务的优先级排序等，以便尽早了解项目存在的问题和风险。"每日站"可供产品、UI、研发、测试、技术支持和运维人员使用。这样开发人员和运维人员才能更好地相互沟通和协作。

最后，充分利用自动化工具是非常重要的。通过这些自动化工具，DevOps 团队可以快速识别瓶颈或潜在问题，并及时采取措施，以降低风险。良好的协作和沟通是 DevOps 实施成功的关键因素。

8.2　IaC 和 GitOps

8.2.1　基础设施即代码（IaC）

随着软件技术的快速发展，与之配套的基础设施也在快速更迭，变得越来越复杂，在快速变化过程中，对基础设施的可维护性、扩展性和安全性等提出了更高的要求。如果依旧采用传统基础设施运维方式，那么会带来部署效率低、可靠性低、维护成本高、更新不及时、安全性、稳定性无法得到有力保障等问题。

为了实现基础设施全生命周期的标准化、自动化和可视化，提出了 IaC 的理念，这是一种通过软件以结构化的安全方式来构建和管理动态基础设施的理念。引入 IaC 理念，可以极大提升基础设施运维团队的能力的保障基础设施的质量。基于 IaC 的运维的主要优势包括：

（1）可重复性：IaC 允许以代码的方式描述并自动化地配置和部署基础设施，保证了环境的一致性和可重复性。

（2）持续交付：IaC 允许持续交付基础设施，并支持在开发、测试和生产环境之间进行快速切换，这有助于加快软件发布的速度。

（3）可管理性：IaC 允许在更高层次上管理基础设施，并为整个环境引入自动化管理，减少了手动操作和错误，提高了管理效率。

（4）可追溯性：IaC 可跟踪和监控基础设施的变更及变更影响的范围，从而使维护、排错和审计更容易，其也可以方便地回滚和还原基础设施。

（5）易于维护：IaC 允许在不同的环境中进行测试和部署，并允许在单个位置上维护所有代码，减少了维护成本和错误。

总的来说，IaC 为运维人员提供了管理基础设施的最佳实践，并对 DevOps 文化和模式提供了支持。IaC 主要是针对基础设施的理念，不包含对应用程序的部署和管控，而 GitOps 可以很好地同时兼顾这两方面。

8.2.2　什么是 GitOps

GitOps 是一种基于 Git 的持续交付模式，它使得应用程序和基础设施的管理更加高效和可靠。GitOps 的核心思想是将所有部署的配置、代码和基础结构作为 Git 代码进行管理，并使用 Git 作为单一的事实来源，通过自动化工具在集群中实时同步这些更改。

通过 GitOps，整个应用程序可以被编写成一个"应用程序代码库"，开发人员和部署人员可以共享相同的代码库和上下文，进而应用程序和基础设施的管理会更加标准化和易于维护，同时能防止漏洞的产生。

在 GitOps 中，应用程序代码的更改会触发 CI/CD 管道，该管道将在 Git 代码管理库中检索所需的配置和基础设施信息，然后使用自动化工具（如 Kubernetes）进行部署、测试和验证。这种方式可以自动化部署和管理整个应用程序的生命周期，减少了部署时间，并大大降低了系统故障发生的概率。

GitOps 是一种可靠、高效和自动化的持续交付模式，它通过使用 Git 作为单一的代码来源，将应用程序和基础设施的治理与部署结合在一起。

8.2.3　GitOps 优势与价值

（1）更快地部署：对于 GitOps 部署方式来说，所有事情都发生在应用程序的版本控制系统中，在部署应用程序的时候不需要切换其他工具，且开发人员只需要关注应用程序的版本控制，因此可以更快地部署。

（2）快速恢复错误：GitOps 使得开发人员可以十分方便地获取环境随时间变化的完整历史，这就使得恢复系统或者环境发生的错误十分简单。如果环境出现问题，那么只需发出一个 git revert 命令，就能使出现问题的环境很快被恢复。

（3）凭据管理简便：GitOps 允许从环境内部管理部署。因此，环境只需访问存储库和镜像注册表，无须直接让开发人员访问环境。

（4）使用 GitOps 可以自动记录部署日志：任何环境的每次更改，都必须通过存储库进行。开发人员总是可以检测出主分支，并获得完整的部署内容描述。开发人员还可以免费获取系统中任何更改的审计跟踪记录。

（5）团队可以共享知识：Git 存储了已部署基础设施的完整描述，团队中的每个人都可以查看其随时间变化发生的演变。开发人员可以根据提交消息来再现更改基础设施的过程，同时还可以轻松找到设置新系统实例的方法。

8.2.4　GitOps 原理

GitOps 以声明的方式描述了整个系统。用户可以在 Git 中创建一些声明性配置文件，包括 Kubernetes 对象、应用程序配置等，用于描述整个应用程序的架构、应用程序的运行环境和部署策略等。这些配置文件包含预期的状态，并将其作为源头真理进行版本化和规范化。当对系统进行更改时，用户只需提交新的配置文件到 Git 仓库，GitOps 系统会自动检测到这些变化，并将其部署到生产环境中。

GitOps 系统是自动化异构系统。GitOps 使用自动化工具来持续监控 Git 仓库和生产环境的状态，并自动对它们进行同步。例如，当用户提交了新的配置文件到 Git 仓库时，GitOps 系统会自动检测到这些变化，并使用自动化工具将它们部署到生产环境中。这个自动化过程可以提高开发和运营效率，并显著缩短交付的时间。在自动化过程中，GitOps 系统还提供了对整个工作流程的可视化和监控，使用户可以始终了解应用程序在生产环境中的状态。

GitOps 系统采用安全的管理方法。GitOps 使用基于 Git 的版本控制来保存所有应用程序的配置文件，因此它具有极高的可追溯性和可审计性。此外，GitOps 系统还提供了一些安全控制措施，例如，使用签名提交及 Git 仓库中的分支和合并请求等，可以防止未经授权的人员操作生产环境，从而保证整个交付过程的安全性。

综上所述，GitOps 通过声明性配置、自动化异构系统、基于安全的管理方法等原则，使得软件交付变得更加可靠、高效和安全。与传统的 DevOps 方法相比，GitOps 使得开发人员可以更加专注于业务逻辑和应用程序开发，而运维团队可以更加专注于生产环境的管理和优化。

8.2.5　GitOps 实践

8.2.5.1　将环境配置放入 Git 存储库

以代码存储库为中心的组织部署至少有两个存储库，分别是：应用程序存储库和环境配置存储库。将环境配置放入 Git 存储库是 GitOps 实践的一部分，它实现了基于声明性的编排方式，使得整个环境配置可以被视为代码，并且可以在版本控制中进行管理。

环境配置通常包括应用程序的配置、基础设施的配置、容器镜像、网络配置及其他相关的配置信息。将这些环境配置放入 Git 存储库，就可以将它们视为代码，从而允许开发人员和运维人员对其进行版本控制、测试和审核。当有环境配置发生变更时，开发人员只需要提交新的代码到 Git 存储库，这些变更即可被自动化的 CI/CD 管道检测到并自动部署到生产环境中。

通过将环境配置放入 Git 存储库，还可以使其他开发人员或团队更容易地重现从生产环境到开发环境的部署。由于环境配置已经经过了 Git 的版本管理，所以其包含所有必要的信息，如用程序所依赖的第三方、操作系统版本、数据库配置及网络拓扑等。这些信息可以通过 Git 存储库提供的可视化工具、合并请求、版本记录和分支等机制来进行管理和维护。

总之，将环境配置放入 Git 存储库，可以提高环境配置的可靠性、可重复性和可维护性，从而实现更加流畅、高效和安全的应用程序部署和交付。

通常，有两种方法可以实现 GitOps 的部署策略，分别是：基于推（push）的部署和基于拉（pull）的部署。这两种部署类型之间的区别在于如何确保实际的部署环境与所需的基础设施相似。如果可能，应该首选基于拉的方法，因为它被认为是更安全的，是更好的 GitOps 实践。

8.2.5.2　基于推的部署

基于推的部署策略由流行的 CI/CD 工具实现，如 Jenkins、CircleCI 或 Travis CI 等。该策略将应用程序的源代码与部署应用程序所需的 Kubernetes yaml 一起驻留在应用程序存储库中。每当更新应用程序代码时，就会触发构建流水线，然后构建容器镜像，并使用新的部署描述符更新环境配置存储库。基于推的部署方式如图 8-2 所示。

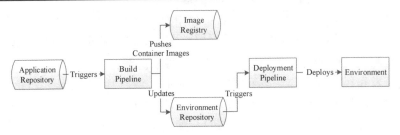

图 8-2　基于推的部署方式

使用这种方法，向部署环境提供凭据是必不可少的。

在某些案例中，当运行云基础设施的自动化部署时，基于推的部署是不可避免的。在这种情况下，强烈建议使用云提供商的细粒度可配置授权系统，以获得更严格的部署权限。

8.2.5.3　基于拉的部署

基于拉的部署策略使用与基于推的部署相同的概念，但在部署流水线的工作方式上有所不同。传统的 CI/CD 流水线由外部事件触发，例如当新代码被推入应用程序存储库时。在基于拉的部署方法中，引入了操作人员。它通过不断地比较环境存储库中的期望状态与已部署的基础设施的实际状态来决定流水线的工作。每当这两种状态有差异时，操作人员就更新基础设施以匹配环境存储库。基于拉的部署方式如图 8-3 所示。

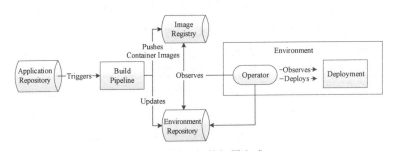

图 8-3　基于拉的部署方式

这种方法的变化解决了基于推的部署的问题，即只有在更新环境存储库时，才会更新环境。但是，操作人员仍需要监测系统以确保其正常工作。操作人员通常会通过发送邮件或 Slack 通知的方式来获得状态更新，以保证环境能够达到其期望的状态，如正确拉出容器镜像等。此外，也应该对操作进行监视，因为没有监视就不可能实现自动化部署。

该策略用来描述在 Kubernetes 集群中创建、更新和删除资源的配置文件应该始终位于与要部署的应用程序相同的环境或集群中，这避免了基于推的方法中的 god-mode（在 Kubernetes 中超级管理员的操作模式）。当实际部署实例位于完全相同的环境中时，外部服务不需要知道任何凭据就可以进行访问。使用部署平台的授权机制可以限制执行部署的权限，这对安全有着巨大的影响。在使用 Kubernetes 时，可以使用 RBAC 配置和服务账户来进行授权。

8.2.5.4　多应用环境管理

对于大多数应用程序，只使用一个应用程序存储库和一个环境是不现实的。在使用微服务体系架构时，用户可能希望将每个服务都保存在自己的存储库中，并且可能会在多个环境部署开发的应用程序，比如测试环境、预发布环境、生产环境等。

GitOps 可以设置多个流水线来更新环境存储库，并部署应用程序的所有部分，如图 8-4 所示。

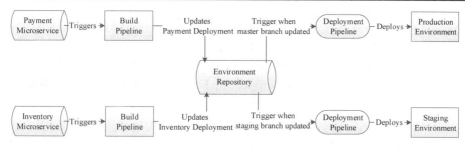

图 8-4　GitOps 多环境部署示意图

用户可以在环境存储库中选择单独的分支，并通过 GitOps 管理多个环境。同时，可以设置操作符或部署流水线，使其通过部署到生产环境对一个分支上的更改做出反应，并将另一个分支部署到其他环境。

8.3　源代码管理

8.3.1　什么是源代码管理

对于大多数软件团队，源代码是一个关于问题领域宝贵知识和理解的储存库，这些知识和理解是开发人员通过精心努力收集和提炼而成的。源代码管理可以保护源代码免受灾难并避免人为错误和意外导致代码出现问题。

在开发过程中，源代码管理系统（版本控制系统）可以帮助团队协同处理代码并跟踪代码更改情况。使用版本控制可以保存个人的工作并确保多个开发人员之间的代码更改协调一致。源代码管理对于多人协作项目尤为重要，通过版本控制系统可以保存快照（历史记录）以便于查看和回滚任何版本的代码。另外，在计算多个来源的代码贡献时，其可以帮助我们解决冲突问题。

版本控制用于跟踪软件资产的每次更改，其可以精细地跟踪和管理谁更改了代码、更改了哪些内容及何时进行了更改。使用版本控制是确保质量、流程和价值的第一步，是任何软件开发团队着手开始工作的必要工具。所有这些功能不仅能为团队创造价值，最终也能为客户创造价值。

版本控制是一种解决方案，用于管理和保存手动创建的资产的任意更改记录。如果对源代码进行了更改，那么版本控制可以帮助开发人员迅速回退到之前的版本，并对每个时期的更改进行跟踪。版本控制工具使得试验变得简单，其在协作中起到至关重要的作用。如果没有版本控制，那么针对源代码进行协作将是一个痛苦的过程。

8.3.2　源代码管理的价值

开发人员编写代码时应该始终使用源代码管理系统对代码进行版本控制。源代码管理的一些优点包括：

（1）协作与协调：源代码管理可以帮助多个开发人员同时处理代码，跟踪代码的更改历史，避免冲突和重复性的工作。

（2）版本管理：源代码管理跟踪每个版本的历史记录，确保项目中的每次变化都可以被追踪记录，这有助于回溯错误，并获取历史数据进行分析和评估。每个版本都有注释形式的说明，这些说明可帮助开发人员根据版本而非单个文件来跟踪代码中的更改，并根据需要随时通过版本控制查看和还原存储在各版本中的代码。它使新工作可以很容易地建立在任何版本的代码基础之上。

（3）分支管理：源代码管理可以在多个分支中开发和管理不同功能的代码，避免对主干代码产生影响。版本控制工作流可防止人们由于使用不同且不兼容的工具导致开发过程出现混乱的现象。

（4）自动化：使用源代码管理，开发人员可以自动化构建和测试工作流程，这有助于实现一个良好的 DevOps 文化。

（5）知识共享：开发人员可以共享代码的知识，并将其视为一个项目，项目中的所有人都可以学习并建立自己的贡献。

无论是对个人还是团队工作，源代码管理都是非常重要的一环，它决定了软件开发的质量与效率。

8.3.3　源代码管理的最佳做法

源代码管理是开发人员日常工作的一项基本内容，如果使用得当，那么可为组织节省大量的成本和资源。关于源代码管理有以下最佳实践：

（1）进行少量更改，换句话说，就是尽早提交并经常提交。注意，不要提交可能会中断代码执行的任何未完成的工作。

（2）不要提交个人文件，它可能包括本地应用程序设置或 SSH 密钥。如果个人文件意外提交了，那么当其他团队成员处理相同的代码时可能会引发问题。

（3）在推送之前经常更新，以避免合并冲突。

（4）先验证代码更改，再将其推送到存储库，以确保它进行了编译且测试均通过。

（5）密切注意提交消息，因为它会告诉开发人员为什么进行了更改。可以考虑将消息以小型更改文档的形式提交。

（6）将代码更改链接到工作项。它将通过提供跨要求和代码更改的可跟踪性，并将创建的内容链接到创建或修改它的原因信息上。

（7）想要成为团队合作者，必须遵循商定的惯例和工作流。一致性至关重要，其有助于确保质量，使团队成员能够更轻松地从中断的位置开始评审、调试代码等。

使用版本控制对于任何组织来说都是必要的，遵循这些准则可帮助开发人员避免花费不必要的时间来修复错误。

8.3.4　版本管理工具 Git

版本管理工具主要有集中式和分布式两种。对于集中式版本管理工具，所有的版本库都是放在中央服务器中的，我们每一次的修改上传记录都是保存在中央服务器中的。如 SVN，它会有单一的集中管理服务器，用来保存所有文件的修订版本，协同工作的人可以通过客户端连接到这台服务器，拉取最新的文件或者是提交更新。在这个系统中，每个人都可以看到项目中其他人的工作，管理员也能很好地掌握和分配每个开发人员的权限。但由于版本库是集中在服务器上的，如果出现了中央服务器的单点故障，那么在故障时间内，谁都无法提交更新。另外整个项目的历史记录都被保存在单一位置，就有丢失所有历史更新记录的风险。

分布式的版本管理工具解决了集中式版本控制的一些问题，其客户端并不只提取最新版本的文件快照，而是把代码仓库完整的镜像拉取下来。这么一来，任何一个协同工作的服务器发生故障，事后都可以用任何一个镜像出来的本地仓库进行恢复。因为每一次的克隆操作，实际上都是一次对代码仓库的完整备份。更进一步来讲，许多这类系统都可以指定和若干不同的远端代码仓库进行交互。因此，就可以在同一个项目中，分别和不同工作小组的人相互协作。开发人员可以根据需要设定不同的协作流程，比如层次模型式的工作流，这在以前的集中式系统中是无法实现的。

Git 是典型的分布式版本管理工具，基于 Git 的源代码管理平台越来越流行。本书主要介绍 Git 与基于 Git 的源代码管理平台。Git 作为目前世界上最为流行的分布式版本控制工具，与其他版本控制工具的主要差别在于 Git 处理数据的方法。

从概念上来区分，其他大部分系统以文件变更列表的方式存储信息，Git 并不是这种方式，其更像是把数据视为对小型文件系统的一组快照。每次提交更新或在 Git 中保存项目状态时，它主要对当时的全部文件制作生成一个快照并保存这个快照的索引。为了提高效率，如果文件没有修改，那么 Git 不再重新存储该文件，而只保留一个链接指向之前存储的文件。Git 对待数据的方式更像是一个快照流。

Git 的绝大多数操作只需要访问本地文件和资源，离线进行，因此不需要每一次操作都基于服务器，相比于集中式版本管理系统，如 SVN，Git 的速度更快。因为集中式版本管理工具需要在线时才能进行操作，如果网络环境不好，那么提交代码会变得非常缓慢。

为了保证数据的完整性，Git 在存储文件前会计算其校验和，并通过校验和来引用文件。这样一来，开发人员就不可能在 Git 不知情的情况下更改文件或目录内容。这个功能是 Git 中不可或缺的一部分，由 Git 底层构建而成。如果在传输或存储过程中丢失信息或损坏文件，那么 Git 能够及时发现并处理这些问题。

Git 几乎只执行数据的增加操作，而不执行任何不可逆或清除数据的操作。类似于其他版本控制系统，Git 如果不提交更新，那么修改的内容可能会丢失或损坏。但是一旦将快照提交到 Git 仓库中，就很难再丢失数据了，特别是在定期将数据库推送到其他仓库的情况下。

Git 有三种状态，分别是：已提交（committed）、已修改（modified）和已暂存（staged）。"已提交"表示数据已经安全地保存在本地数据库中，即 Git 仓库中；"已修改"表示已对文件进行了修改，但这些修改尚未被保存到数据库中，文件暂时位于工作区中；"已暂存"表示已对修改文件的当前版本进行了标记，使其被包含在下一次提交的快照中，并将代码存储在暂存区域。

图 8-5 是 Git 提交状态变化示意图。

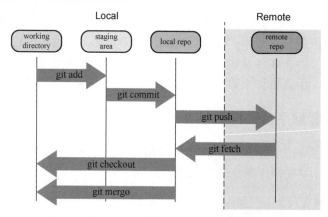

图 8-5　Git 提交状态变化示意图

8.3.5　源代码管理平台

目前市面上主流的源代码管理平台包括：GitHub、GitLab、Gitee、Bitbucket、SourceForget等。下面简要介绍其中最常用的三个。

8.3.5.1　GitHub 简介

GitHub 是一个用于版本控制和协作的代码托管平台，其向互联网开放，同时对开源及私有软件的代码进行托管，即对于公有仓库免费，但建立私有仓库需要收费。在 GitHub 上，有两种主要协作方式，分别是：共享存储库、复刻和拉取。

使用共享存储库，个人和团队被显式指定为具有读取、写入或管理员访问权限的参与者。这种简单的权限结构与受保护的分支等功能相结合，可帮助团队在采用 GitHub 时快速取得进展。

对于开源项目或者任何人都可以参与的项目，管理个人权限可能具有挑战性，因此复刻和拉取模型允许任何可以查看项目的人做出贡献。复刻是开发人员个人账户下项目的副本。每个开发人员都可以完全控制复刻的分支，并自由地实现修复或新功能。在复刻中完成的工作要么保持独立，要么能通过拉取请求返回到原始项目。

8.3.5.2　GitLab 简介

GitLab 是唯一的以单个应用程序交付的 DevOps 平台，其主要用于企业内部搭建自己的 Git 平台，在全球各类分析报告中赢得关注，被广泛使用。GitLab 是全球成千上万的社区贡献者协作的成果，其集合了全球十万多家 GitLab 客户的真实反馈。GitLab 用户基于在现实中遇到的挑战，在社区贡献代码、文档、翻译、设计和产品创意等，这使得 GitLab 解决方案在用途上不断迭代、价值上不断提升。

GitLab 主要是从 group 和 project 两个维度对代码和文档进行管理。其中，group 是群组，project 是工程项目，一个 group 里可以创建多个 project，即一个群组中有多个项目，而每个 project 中可能又会包含多个 branch，即每个项目中有多个分支，这些分支相互独立，项目可以对不同分支进行归并。

8.3.5.3　Gitee 简介

Gitee 是中国开源社区在 2013 年推出的基于 Git 的代码托管服务，其目前已经成为国内知名的代码托管平台，致力于为国内开发人员提供优质稳定的托管服务。

Gitee 除了提供最基础的 Git 代码托管，还提供代码在线查看、历史版本查看、Fork、Pull Request、打包下载任意版本、Issue、Wiki、保护分支、代码质量检测、PaaS 项目演示等方便管理、开发、协作和共享的功能。注意：个人私有仓库最多支持 5 人协作（如个人拥有多个私有仓库，所有协作人数总计不得超过 5 人），公有仓库无协作人数限制。

8.3.6　代码管理平台操作

下面以 Gitee 为例讲解代码管理平台的使用方法。在讲解代码管理平台的使用方法之前，先介绍一下 Git 主要操作命令及基本操作。

8.3.6.1　Git 操作命令

Git 操作命令可以帮助开发人员在项目中进行版本控制、跟踪并管理项目的变化，协调多个开发人员之间的工作，同时还可以更轻松地管理代码。

Git 操作命令如表 8-1～表 8-5 所示。

表 8-1　仓库初始命令

命　　令	说　　明
git init	初始化仓库
git clone	复制一份远程仓库，也就是下载一个项目

表 8-2　代码修改与提交命令

命　　令	说　　明
git add	添加文件到暂存区
git status	查看仓库当前的状态，显示有变更的文件
git diff	比较文件的不同，即暂存区和工作区的差异
git commit	提交暂存区到本地仓库
git reset	回退版本
git rm	将文件从暂存区和工作区中删除
git mv	移动或重命名工作区文件

表 8-3　仓库分支管理命令

命　　令	说　　明
git branch	创建新分支
git checkou	切换已有分支
git merge	合并不同分支

表 8-4　仓库查询记录命令

命　　令	说　　明
git log	查看历史提交记录
git blame <file>	以列表形式查看指定文件的历史修改记录

表 8-5　远程仓库操作命令

命　　令	说　　明
git remote	远程仓库操作
git fetch	从远程获取代码库
git pull	下载远程代码并合并
git push	上传远程代码并合并

下面用一个具体场景介绍 Git 的操作：

场景：需要在一套现有的系统中开发一个新需求。

思路：首先克隆现有仓库到本地，然后为本次需求新建一个分支，开发测试完成之后，将这一部分代码合并至 Master。

操作过程如下：

克隆远程仓库：

```
git clone http://devops-project.com/root/helloword.git
```

新建一个开发分支并检出：

```
git checkout -b dev
```

推送新分支到远程代码仓库:

git push origin dev

在工作区新增或修改代码,将新增或修改的代码由工作区全部添加至暂存区:

git add .

提交代码到本地 Git 仓库:

git commit -m "update"

Git 推送代码到远程仓库,用于测试:

git push origin dev

测试完成之后,合并该分支到主分支:

git checkout master

git merg dev

合并后的分支便于管理仓储,因此删除本地和远程仓库中的新建分支:

git branch -d dev

git push origin --delete dev

上面讲的是 Git 操作命令,这些命令是在开发人员的机器上执行的,是客户端命令。下面以 Gitee 为例,讲解代码管理平台的使用方法,这是在服务端控制台上的操作。

8.3.6.2 创建仓库

在注册完成并成功登录 Gitee 账号后,首先要创建代码仓库。

如图 8-6 所示,单击网站右上角的“+”号,选择“新建仓库”选项,进入新建仓库页面。

如图 8-7 所示,在新建仓库页面填写仓库信息。

图 8-6 新建仓库   图 8-7 填写仓库信息

仓库相关概念说明如下:

(1)仓库名称:每个仓库都有一个名称,用于区分不同的仓库。

(2)归属:仓库归属账户,可以是个人账号/组织/企业中的一种,创建成功后,该账户默认为仓库的拥有者(管理员)。

（3）路径：仓库的 Git 访问路径，由用户个性地址+仓库路径名称组成。新建仓库后，用户在客户端可以通过该路径访问仓库。

（4）仓库介绍：用于填写该代码仓库的一些说明信息。

（5）是否开源：设置仓库是否为公有仓库。公有仓库对所有人可见，私有仓库仅限仓库成员可见。

（6）选择语言：仓库开发主要用的编程语言。

（7）添加.gitignore：系统默认提供的 Git 忽略提交的文件模板。设置.gitignore 后，将默认忽略指定目录/文件到仓库。

（8）添加开源许可证：如果仓库为公有仓库，那么可以设置添加仓库的开源协议，作为对当前项目仓库和衍生项目仓库的许可约束。开源许可证决定了该开源项目是否对商业友好。

（9）Readme：项目仓库自述文档，通常包含对软件的描述或使用的注意事项。

（10）使用模板文件初始化仓库：使用 Issue 或 Pull Request 文件模板初始化仓库。

（11）单击"创建"按钮，即可完成在 Gitee 上创建的第一个仓库。

8.3.6.3　提交代码

在创建完仓库之后，用户可以通过如下方式，向仓库提交代码。假设仓库名为 HelloGitee，对应的仓库地址为：https://gitee.com/用户个性地址/HelloGitee.git。

方法 1：先将仓库克隆到本地，修改后再 push 到 Gitee 的仓库。

```
$ git clone https://gitee.com/用户个性地址/HelloGitee.git #将远程仓库克隆到本地
```

在克隆过程中，如果仓库是一个私有仓库，那么将会要求用户输入 Gitee 的账号和密码，按照提示输入即可。

当然，用户也可以通过配置本地的 Git 信息，执行 git config 命令预先配置好相关的用户信息，配置命令如下：

```
$ git config --global user.name "的名字或昵称"
$ git config --global user.email "的邮箱"
```

修改代码后，在仓库目录下执行下面的命令：

```
$ git add . #将当前目录所有文件添加到 git 暂存区
$ git commit -m "my first commit" #提交，其中引号中为备注信息
$ git push origin master #将本地提交推送到远程仓库
```

方法 2：本地初始化一个仓库，设置远程仓库地址后，再做 push。其和方法 1 的差别在于，其先创建仓库。

```
$ git init
$ git remote add origin https://gitee.com/用户个性地址/HelloGitee.git
```

通过上述语句就完成了版本的一次初始化。

接下来，进入已经初始化的或者克隆仓库的目录，然后执行：

```
$ git pull origin master
```

该命令用于修改/添加文件，否则与原文件相比就没有变动。

```
$ git add .   #注意后面有个"."表示当前目录下的文件
$ git commit -m "第一次提交"
$ git push origin master
```

按照提示输入账号密码，这样就完成了一次提交。此时，可以在服务器的个人面板、

仓库主页上查看到提交记录。

在新建仓库时，如果在 Gitee 平台仓库上已经存在 Readme 或其他文件，那么在提交时可能会存在冲突，这时用户需要选择是保留仓库中已有的文件还是舍弃它。如果选择舍弃，那么在推送时选择强制推送即可，此时原仓库中的文件就会被覆盖。强制推送需要执行下面的命令（默认不推荐该行为）：

```
$ git push origin master -f
```

如果选择保留仓库中的 Readme 文件，那么需要先执行下面的命令：

```
$ git pull origin master
```

8.4　持续集成

8.4.1　什么是持续集成

持续集成是在每次团队成员提交更改到版本控制时自动生成并测试代码的过程。它鼓励开发人员在完成小任务后，将更改合并到共享的版本控制存储库中，以便共享代码和单元测试。

提交更改将触发自动生成系统获取最新代码，并生成、测试和验证整个主分支（也称为主干或主分支）。这样开发人员就可以提前发现新代码和现有代码之间的冲突，此时的冲突仍然相对容易协调。一旦冲突解决，工作就可以继续进行，并确保新代码符合现有代码库的要求。

虽然频繁集成代码并不能保证新功能的质量，但当开发人员将代码合并到主存储库时，自动过程就已经开始生成新代码了。由于之后可能会出现生产问题，因此会对新生成的代码运行测试套件以检查是否引入了集成问题。如果生成或测试阶段失败，那么团队会被通知代码需要重新修复生成。

持续集成的最终目标是使集成成为日常开发工作流中的一个简单可重复的过程，从而降低集成成本并应对早期缺陷。持续集成的成功实现依赖于四个关键元素，分别是：版本控制系统、数据包管理系统、持续集成系统和自动生成过程。持续集成为开发过程提供了许多好处，包括：基于快速反馈的方式提高代码质量、自动测试的触发、缩短生成时间以实现快速反馈和早期问题检测、更好地管理技术债务和执行代码分析，同时减少开发时间长、复杂和容易引发 bug 的合并并提高代码库运行状况的置信度。

持续集成还启用了跟踪指标，以便在一段时间内评估代码质量，如单元测试通过率、经常中断的代码、代码覆盖率趋势和代码分析等。它可以提供生成代码之间发生了哪些信息的更改，以实现可跟踪性这一优势；此外，还引入了团队执行操作的证据，以获取生成结果的全局视图。

持续集成是在源代码变更后自动检测、拉取、构建和（在大多数情况下）进行单元测试的过程。它可以快速验证开发人员新提交的变更是否是好的，并且适合在代码库中进一步使用。

监测程序通常是像 Jenkins 这样的应用程序，它可以协调流水线中运行的所有进程，并监视变更。监测程序可以通过轮询、定期、推送等方式来监测变更。在引入代码库之前，通常可以进行一些其他验证，如测试构建和代码审查等。这些验证功能通常在代码引入流水线之前就被嵌入开发过程中了。但是一些流水线会将它们作为其监控流程或工作流的一部分。

例如,一个名为 Gerrit 的工具允许开发人员在推送代码尚未被允许进入(Git 远程)仓库之前就进行正式的代码审查、验证和测试构建。Gerrit 位于开发人员工作区和 Git 远程仓库之间,它会接收来自开发人员的推送,并执行通过/失败验证,以确保它们在被允许进入仓库之前的检查是能够通过的,例如,检测新的更改并启动构建测试(持续集成的一种形式)。它还允许开发人员在代码进入仓库前进行正式的代码审查。这种方式具有一种额外的可信度评估机制,即变更的代码被合并到代码库中时不会破坏任何内容。

8.4.2　自动构建工具介绍

自动构建工具是 CI/CD 流程中的一个重要组成部分,它们可以自动化构建、编译、测试和生成软件。自动构建工具有很多,比如 Maven 和 NPM,其中 Maven 主要用来进行后端的自动化构建,而 NPM 主要用来进行前端的自动化构建。除此之外,常见的构建工具还有:

(1)Gradle:一个基于 Groovy 语言的自动化构建工具,可用于构建 Java、Groovy、Kotlin 等项目。

(2)Ant:一个 Java 构建工具,使用 XML 文件来定义构建过程,并且可以与其他工具(如 Ivy、JUnit)集成。

(3)Gulp:一个基于 Node.js 平台的自动构建工具,可用于构建 JavaScript、Sass、Less 和 CoffeeScript 等项目。

(4)Grunt:一个 JavaScript 构建工具,使用 JSON 文件来配置构建流程,并且可以与其他工具(如 Sass、CoffeeScript)集成。

(5)Make:一个常见的 Unix 构建工具,使用 Makefile 文件来定义构建流程,支持多语言项目。

这些工具都有自己的特点和用途,开发人员可以根据项目需要来选择合适的自动构建工具。

下面重点介绍后端构建工具 Maven 和前端构建工具 NPM。Maven 和 NPM 都是自动构建工具,不过它们主要针对不同的语言和应用类型。总的来说,Maven 更适合构建 Java 项目,而 NPM 更适合构建 JavaScript 项目,但它们也可以用于其他语言的项目构建(如通过 Node.js 构建 Java 项目时就可以使用 NPM)。

8.4.2.1　Maven 构建工具

Maven 是一款基于 Java 语言的自动构建工具,可管理和构建 Java 项目,包括依赖管理、编译、测试和打包等功能。Maven 利用 XML 文件配置和管理项目,方便地管理依赖关系和版本号,简化了项目构建流程。Maven 提供完整的生命周期框架,可自动完成项目的基础工具建设。其使用标准的目录结构,默认构建生命周期。

在存在多个开发团队的情况下,Maven 可采用标准的配置,并在非常短的时间内完成设置。由于大部分项目都很简单且可重复使用,因此 Maven 使开发人员的工作更轻松,因为其可以自动化创建报表、检查、构建和测试设置。

Maven 的项目对象模型(POM)可进行描述信息管理项目的构建、报告和文档,同时提供高级项目管理工具。由于 Maven 的默认构建规则可重用性较高，因此可用两三行 Maven 构建脚本轻松地构建简单项目。Maven 是目前最流行的自动构建工具，在生产环境下的多框架、多模块整合开发中发挥着重要作用，是大型项目开发过程中不可或缺的重要工具。Maven 可整合多个项目之间的引用关系，并根据业务和分层需要自由拆分项目。

Maven 提供了规范的常用 jar 包及其各个版本管理，并可自动下载和引入项目。它可根据指定版本自动解决 jar 包版本兼容问题，自动下载并引入当前 jar 包所依赖的其他 jar 包。

构建作为从开始到结尾的面向过程的多环节协调工作，包括以下 7 个环节：清理、编译、测试、报告、打包、安装和部署。

（1）清理：删除以前的编译结果，并为重新编译做好准备。

（2）编译：将 Java 源程序编译为字节码文件。

（3）测试：针对项目中的关键点进行测试，确保在迭代开发过程中关键点的正确性。

（4）报告：在每次测试后，以标准格式记录和展示测试结果。

（5）打包：将包含多个文件的工程封装为一个压缩文件，用于安装或部署。Java 工程对应 jar 包，Web 工程对应 war 包。

（6）安装：特指将打包的结果（jar 包或 war 包）安装到 Maven 环境下的本地仓库中。

（7）部署：将打包的结果部署到远程仓库或将 war 包部署到服务器上进行运行。

8.4.2.2　Maven 核心概念及常用命令

Maven 的自动化构建功能是通过如下核心概念实现的。

（1）POM（项目对象模型）：用来描述 Maven 项目的基本信息以及项目构建、报告和文档等元素；

（2）约定的目录结构：Maven 项目必须按照一定的目录结构进行组织；

（3）坐标：用来唯一标识项目或依赖的一组值，包括 Group ID，Artifact ID 和版本号等信息；

（4）依赖管理：用于管理项目依赖的 jar 包；

（5）仓库管理：用来管理和存放项目构建所需的资源和依赖，包括本地仓库和远程仓库；

（6）生命周期：Maven 的构建过程被划分为一系列的阶段和步骤，这些阶段和步骤构成完整的生命周期；

（7）插件和目标：插件是为 Maven 扩展构建能力的组件，目标是插件提供的具体功能；

（8）Maven 坐标仓库：包含丰富的可用依赖信息，用户可以方便地搜索和查询信息；

（9）Maven Profile：用于提供针对特定环境的不同配置，通过指定-profiles 参数进行激活。

Maven 是一个非常强大的构建工具，以下是一些常用的 Maven 命令及其作用：

（1）mvn clean：清理输出目录，删除之前生成的构建结果。

（2）mvn compile：编译源代码并将结果输出到 target 目录。

（3）mvn package：打包成 jar 或 war 包，输出到 target 目录。

（4）mvn install：构建并打包项目，同时把项目发布到本地 Maven 仓库中。

（5）mvn test-compile：编译测试代码并将结果输出到 target/test-classes 目录。

（6）mvn test：运行项目的单元测试。

（7）mvn verify：运行任何检查工具，确保项目符合质量指标。

（8）mvn site：生成基于项目源代码的报告和文档，并将其部署到 target/site 目录。

（9）mvn dependency:tree：列出项目的依赖树，包括传递依赖和冲突依赖。

（10）mvn dependency:list：列出项目的依赖列表，可以指定过滤器来选择特定的依赖。

（11）mvn dependency:analyze：分析项目的依赖关系，查找潜在的问题和不必要的依赖。

（12）mvn archetype:generate：生成一个新的 Maven 项目，并可以选择不同的骨架和选项。

（13）mvn exec:java：执行包含 main 方法的 Java 类，通常用于运行项目的快速原型。

（14）mvn help：列出 Maven 所有命令及其用法的帮助信息。

这些命令可以帮助开发人员处理 Maven 项目中的常见问题和操作。

8.4.2.3　NPM 功能及常用命令

NPM 是一个基于 Node.js 平台的自动构建工具，主要用于管理和构建 JavaScript 项目。它可以管理 JavaScript 库及模块的版本和依赖关系，并提供了一个方便的包管理器来安装、更新和卸载各种模块。同时，NPM 也提供了一些方便的命令，例如测试、代码检查、打包、发布等。

NPM 的主要使用场景和功能包括以下几方面：

（1）模块管理：开发人员可以使用 NPM 安装、升级和删除 Node.js 模块，以便更好地开发应用程序。

（2）依赖管理：NPM 可以自动解决模块之间的依赖关系，自动安装当前模块所需的其他模块，并管理其版本。

（3）包发布：开发人员可以使用 NPM 发布自己编写的模块和应用程序，方便其他开发人员下载和使用。

（4）脚本管理：NPM 还可以执行脚本，并提供生命周期钩子，便于开发人员将脚本与应用程序进行集成。

（5）版本管理：NPM 支持版本管理，允许开发人员在软件开发周期中对代码进行不同的版本控制。它还支持标签和分支等基本的版本控制操作，以便开发人员进行版本管理。

总之，NPM 对于 JavaScript 和 Node.js 开发来说，是一个非常重要的工具，它为开发人员提供了一个方便可靠的包管理体系，帮助开发人员更好地管理依赖项，进而提高开发效率。

NPM 提供了许多命令，以下是一些常用命令及其功能：

（1）npm init：初始化一个新的 Node.js 项目，并生成 package.json 文件。

（2）npm install：安装依赖项，根据 package.json 文件中的依赖项自动安装对应模块。

（3）npm install <package>：安装指定的模块。

（4）npm install --save <package>：安装并将模块添加到 package.json 文件的 dependencies 中。

（5）npm install --save-dev <package>：安装并将模块添加到 package.json 文件的 devDependencies 中。

（6）npm update：更新依赖项。

（7）npm uninstall <package>：卸载指定的模块。

（8）npm --version：查看 NPM 版本号。

（9）npm start：启动应用程序，该命令基于 package.json 文件中的"start"脚本。

（10）npm test：运行测试脚本，该命令基于 package.json 文件中的"test"脚本。

（11）npm run \<script\>：执行自定义脚本命令。开发人员可以在 package.json 文件中自定义脚本并在该命令中执行。

（12）npm ls：查看当前项目安装的所有模块。

（13）npm help：查看 NPM 帮助文档。

以上是一些常用的 NPM 命令，还有许多其他的命令和选项，可以通过 npm help 查看文档命令获取更多信息。

8.4.3　制品管理简介

制品是指对源码进行编译打包生成的二进制文件，不同的开发语言对应着不同格式的二进制文件。这些二进制文件通常在服务器上运行，作为编译依赖或者存档。制品仓库是配置管理中的重要组成部分。

一个制品可以有多种文件类型，例如，Java JAR、WAR、EAR 格式；普通 ZIP 或.tar.gz 文件；其他软件包格式（如 NuGet 软件包、Ruby gems、NPM 软件包）；可执行文件格式（例如.exe 或.sh 文件、Android APK 文件、各种安装程序格式）。

许多研发组织目前仍然使用粗糙的制品管理方式（如搭建简易的 FTP 来提供制品下载），甚至没有进行基本的制品管理。在这种粗放式的制品管理方式下，不同类型包的存储与获取是一件令人头疼的事情，版本追踪会很混乱，团队协作也很困难。

将制品托管至制品仓库，不仅可以进行版本控制，还可以与代码仓库、持续集成和持续部署无缝衔接。接入制品仓库后，还支持使用制品进行扫描，以及时检测可疑漏洞。制品生产流程具备标准化和可追溯能力，是现代化企业制品开发过程中的必备环节。

按照开发语言，常见制品分为以下类型：Docker、Maven、Npm、PyPI、Helm、Composer、NuGet、Conan、Cocoapods 等。

制品管理是 DevOps 实践过程中的重要环节，起着承上启下和收集过程信息的重要角色。同时，制品的引入及使用会存在安全风险，组织需要密切关注这个问题，避免像 Log4j 安全事件一样带来一系列风险。作为实践者，需要结合组织和流水线的需要，确定相应的规范，避免造成混乱。好的制品管理流程，可减少开发自测和测试人员进行接收测试衔接过程中的低效沟通的问题。

为了统一管理不同语言格式的包，制品管理工具通常通过对制品库进行分级来管理组织制品。制品库的层级关系为：仓库>包>版本。每个层级具体描述如下：

仓库：用于管理不同类型的仓库和仓库下的包资源，可以设置仓库对外的访问权限；

包：构建产物对外提供访问的基础单元，用于介绍当前构建产物的用途和使用指引；

版本：列出某个包下的所有构建产物，详细记录了构建产物的每次版本迭代更新的变化。

8.4.4　制品管理的工具

如上所述，由于制品管理的重要性，衍生出了对应的制品管理工具，用来统一管理不同格式的软件制品。除了基本的存储功能，制品管理工具还提供了版本控制、访问控制、安全扫描、依赖分析等重要功能，最终建立了"单一可信源"。通过制品管理工具管理制品是一种企业处理软件开发过程中产生的所有包类型的标准化方式。

目前市场上主流的制品管理工具主要有以下三个：Nexus、Jfrog Artifactory 和 Harbor。下面具体介绍这三个工具。

8.4.4.1　Nexus

Nexus 的全称是 Nexus Repository Manager，是一个由 Sonatype 公司开发的强大仓库管理器，可以极大地简化内部仓库的维护和外部仓库的访问流程。我们主要使用它来搭建公司内部的 Maven 私服，但是它的功能不局限于此，其还可以作为私有仓库，包括但不限于 nuget、docker、npm、bower、pypi、rubygems、gitlfs、yum、go、apt 等，功能非常强大。

Nexus 是一款"开箱即用"的系统，其无须数据库，而是使用文件系统和 Lucene 进行数据组织，同时采用 ExtJS 开发界面，通过 Restlet 提供完整的 RESTfull APIs。Nexus 还支持 WebDAV 和 LDAP 安全身份认证。

所谓的私服是一种特殊的远程仓库，位于局域网中，其作用是代理远程中央仓库并部署第三方构件。使用私服后，当 Maven 需要下载构件时，直接请求私服即可，私服上如果存在所需的构件，那么直接从私服下载到本地仓库。如果私服上不存在所需的构件，那么私服会请求外部的远程仓库（中央仓库），将构件下载到私服，再提供给本地仓库进行使用。这样，需要此构件的其他开发人员就可以直接从私服下载到本地仓库了。

使用 Nexus 私服可以给我们带来如下好处：

（1）节省外网带宽：大量对中央仓库的重复请求会消耗带宽。然而，借助私服代理外部仓库，我们不仅可以避免重复的公网下载，而且能够减小带宽的压力。

（2）加速 Maven 的构建：当私服存在待构建构件时，Maven 会通过内网从私服获取构件，其速度大幅度加快。如此一来，打包构件的速度也得以加快。

（3）部署第三方构件：开发人员自己封装的一些工具类的 Jar 包也可部署至私服，供内部 Maven 项目选择使用。

（4）提高稳定性：当公网网络不稳定时，如果使用远程仓库，那么 Maven 的构建也会受到网络不稳定的影响。但是如果在私服已包含所需构件，那么即使没有公网连接，Maven 仍可顺畅地进行构建。

（5）降低中央仓库的负荷：使用私服可避免从中央仓库重复下载，从而减轻中央仓库的负荷。

这些优点使得 Nexus 成为越来越受欢迎的 Maven 仓库管理器。

8.4.4.2　JFrog Artifactory

JFrog Artifactory（简称 Artifactory）是一款可扩展且通用的二进制存储库管理器，可以自动管理工件和依赖项，因此在整个应用程序开发和交付过程中发挥着重要的作用。简单来说，Artifactory 是一个存放制品（Artifacts）的工具。目前，Artifactory 是一个备受欢迎且功能强大的 DevOps 工具，可作为通用管理仓库使用。

Artifactory 企业版支持所有主要的包格式，其可作为存储库管理器使用。Artifactory 可以将所有二进制文件和包管理都存储在一个地方，甚至可以对市场上几乎所有语言包的依赖进行管理。此外，它与所有主流的 CI 工具集成，并在部署期间捕获详尽的构建环境信息，以实现可完全复制的构建。Artifactory 提供了丰富的 RESTfull API，其可以通过代码以编程方式完成 GUI 页面上的任何操作，进而方便实现 CI/CD。

Artifactory 还提供了强大的搜索功能，帮助用户在大量的制品中快速找到所需的文件。用户可以使用带有正则表达式的名称、通过文件的 checksum 及属性等方式进行快速搜索。这种搜索功能简单易用，可以有效提高用户的工作效率。

8.4.4.3　Harbor

Harbor 是一个用于存储和分发 Docker 镜像的企业级 Registry 服务器，可为企业内部构建 Docker 镜像仓库。相较于 Docker 的开源项目 Distribution，Harbor 还增加了一些企业必需的功能特性，比如镜像同步复制、漏洞扫描和权限管理等。

Harbor 具有如下特性：

（1）采用基于角色的访问控制：项目是组织管理用户与 Docker 镜像仓库的纽带。在同一命名空间下对多个镜像仓库，同一用户也可拥有不同的权限。

（2）采用基于镜像的复制策略：镜像基于此特性在多个 Registry 实例中进行复制（类似于 MySQL 的主从同步功能，兼容负载均衡、高可用、混合云及多云等场景）。

（3）采用图形化用户界面：用户可通过浏览器浏览、检索当前的 Docker 镜像仓库，以便管理项目和命名空间。

（4）支持 AD/LDAP 认证鉴权：Harbor 可集成企业内部已有的 AD/LDAP 进行安全管理。

（5）支持镜像删除与垃圾回收：Harbor 可通过 Web 可视化界面删除镜像、回收无用的镜像并释放磁盘空间。

（6）支持审计管理：所有针对镜像仓库的操作都可被记录，以便于审计管理。

（7）支持 RESTful API：提供给管理员更多的操控工具，并通过与其他管理软件进行集成变得更加便捷。

（8）部署简单：提供线上和线下两种安装工具，并可安装至 vSphere 平台（OVA 形式）的虚拟设备中。Harbor 所有组件都在 Docker 中部署，因此可借助 Docker Compose 完成快速部署。

需要注意的是，由于 Harbor 基于 Docker Registry v2 版本，因此开发人员使用的 Docker 版本必须高于 1.10.0，Docker-Compose 版本必须高于 1.6.0。

8.5　持续交付

8.5.1　什么是持续交付

持续交付（CD）实际上是对持续集成（CI）的扩展，它通过进一步自动化软件交付流程，使得软件可以随时轻松地部署到生产环境中。持续交付主要依赖于部署流水线，项目团队可以通过流水线完成自动化测试和部署的过程。这个流水线是一个自动化系统，其可以针对构建执行一组渐进的测试套件。持续交付具有极高的自动化水平，很容易在云计算环境中进行配置。在流水线的每个阶段，如果构建无法通过关键测试，那么就会向团队发出警报。否则，将继续进行下一个测试，连续通过所有测试后自动进入下一阶段。流水线的最后一部分会将构建部署到与生产环境等效的测试环境。整个过程是一个整体，因为构建、部署和环境都是一起执行和测试的，这可以让构建在实际的生产环境中完成部署和验证。

持续交付是一套流程、工具和技术的集合，可以实现快速、可靠和持续的软件开发和交付。这意味着，持续交付不仅集中于通过流水线发布软件，而且还涵盖了更广泛的范围。虽然流水线是一个重要组件，也是整个过程的重点，但是持续交付所涵盖的范围比流水线更为广泛。

持续交付具有以下 8 个原则：

（1）发布/部署软件的过程必须可重复、可靠。

（2）所有操作自动化，以便助力持续交付。

（3）如果某件事情做起来很困难或痛苦，那么应更频繁重复该操作，以增进熟练度。

（4）对所有内容进行源代码管理，打造可追溯的交付流程。

（5）完成才算成功，"已发布"代表着知识产权的价值兑现，同时也是持续交付的出发点。

（6）构建内在质量，在追求效果和效率的前提下，注重持续优化工艺。

（7）每个相关人员都应对发布过程承担责任。

（8）持续改进，永远追求最优质的交付和最完美的服务。

可以看出，若想实现这 8 个原则，仅通过流水线是不可能的。若要更频繁地进行部署，我们需要考虑软件体系结构（庞大的单一结构难以部署）、测试策略（手动测试无法很好地进行缩放）、组织（分散的业务和 IT 部门无法顺利展开工作）等多个方面。

8.5.2　什么是持续部署

持续部署是指将代码更改自动部署至生产环境的过程。持续部署基于持续交付，能够自动化实现对代码更改的部署，无须人工干预，进一步提高了交付的速度和效率。然而，为避免回滚或产生其他问题，测试环节必须极为可靠，其质量好坏将决定软件发布的成功与否。

考虑到开发过程可能会因为回滚/撤销操作而产生高昂的代价（无论对技术还是用户而言），因此当下已经涌现出多种技术支持"试错部署"，其允许在发现问题时轻松地"撤回"对新功能的部署。这些技术包括：

1）功能开关

对于新功能，开发人员可以添加功能开关（Feature Toggles）以便轻松切换。这类软件功能开关遵循 if-then 原则，即在设置数据值时才激活新代码，同时数据值可以在全球范围内被访问。在部署应用程序时，需要检测这个位置是否应执行新代码。如果数据值设置正确，那么新代码将执行；否则，代码将不执行。功能开关为开发人员提供了远程"终止开关"的方法，以便在生产环境中发现问题时立即关闭新功能。

2）蓝/绿测试/部署

在这种部署软件的方法中，会维护两个相同的主机环境——一个"蓝色"和一个"绿色"。主机前面是一个被称为调度系统的网关，它充当产品或应用程序的客户网关。通过将调度系统指向蓝色或绿色实例，可以将客户流量引导到期望的部署环境。这种方式可以快速、简单和透明地切换网关并指向某个部署实例（蓝色或绿色）。当有新版本准备进行测试时，可以将其部署到非生产环境中。在经过测试和批准后，可以更改调度系统的设置，将传入的线上流量指向它（从而成为新的生产站点）。此时，前一个生产环境实例将成为下一次发布使用的候选实例。同样地，如果在最新部署中发现问题并且之前的生产实例仍然可用，那么可以简单地更改设置，将客户流量引流回到之前的生产实例（有效地将问题实例"下线"或回滚到以前的版本），而这部分有问题的新实例则可以在其他区域中进行修复。

3）金丝雀测试/部署

在某些情况下，通过蓝/绿发布切换整个部署可能不可行或不是开发人员期望的，那么就可以使用另一种方法，即金丝雀（Canary）测试/部署。在这种模型中，一部分客户流量被重新引流到新的版本部署中。例如，可以与当前的生产版本一起部署新版本的搜索服务，然后可以将 10%的搜索查询引流到新版本，以在生产环境中对其进行测试。

如果服务那些流量的新版本没问题，那么可能会有更多的流量被逐渐引流过去。如果仍然没有问题出现，那么随着时间的推移，就可以对新版本进行增量部署了，直到 100% 的流量都被调度到新版本。这有效地更替了以前版本的服务，并让新版本对所有客户生效。

8.6 流水线

8.6.1 什么是流水线

流水线是软件从源代码管理到生产环境部署这一过程的自动化实现方式。相较于传统的软件发布流程，流水线大大简化了发布过程，实现了自动化发布。流水线的主要执行阶段包括编译构建、单元测试、制作镜像和部署软件，这些活动通常需要多个团队之间的协作。定义流水线是指对软件发布过程的业务流程进行建模。通常，通过持续集成和发布管理平台进行流水线的定义。自代码变更被提交到源代码管理仓库开始，到通过各类测试和部署最终发布至生产环境为止，流水线能够支持对发布全过程的查看与控制。

在软件发布过程中，流水线能够反映每个构建版本从提交到发布的全过程。通过流水线，发布流程中的低效环节会很容易被发现，并能提供实时的发布状态反馈。基本上，发布过程所需观察的信息都可从对应的流水线上获取，例如，一个版本预计需要多长时间才能通过各种手动测试、从代码提交到代码发布的平均时长、发布过程中每个阶段发现了多少缺陷等。根据获得的信息，开发人员可以对软件发布流程进行有效的优化，进而提升产品发布的效率与质量。

目前，常见的流水线搭建基础平台有 GitLab 和 Jenkins 两种。基于 GitLab 和 Jenkins 搭建流水线各自有其优缺点，具体选用哪一种流水线要根据实际需求来决定。

8.6.2 GitLab 流水线

8.6.2.1 流水线的主要组成

一般来说，GitLab 流水线由以下几个主要部分组成：

（1）Stage（阶段）：一个流水线可以包含多个 Stage，每个 Stage 包含了许多 Job。

（2）Job（任务）：表示流水线要执行的每个操作，如构建、测试、部署等。

（3）Step（步骤）：表示 Job 中的每个子操作，如下载代码、编译、运行测试等。

（4）Artifact（构件）：表示流水线生成的所有文件和数据，可供后续的阶段或任务使用。

（5）Trigger（触发器）：表示流水线的启动条件，如 Push 事件、定时触发等。

以上是 GitLab 流水线的主要部分，通过对这些部分的组合和配置，可以实现复杂的自动化流程，从而提高团队的协作效率和软件交付速度。

Job 由运行程序执行。如果有足够多的并发运行程序，那么同一 stage 中的多个任务将并行执行。如果一个 stage 中的所有任务都执行成功，那么流水线将转移到下一个 stage；如果一个 stage 中的任何任务失败，那么下一个 stage 通常就不会执行，流水线就会提前结束。一般情况下，流水线是自动执行的，一旦创建就不需要干预。然而，也有一些时候可以手动与流水线进行交互。

典型的流水线包括四个 stage，并按以下顺序执行：build stage、test stage、staging stage 和 production stage。

8.6.2.2　流水线的编写

GitLab 中通过.gitlab-ci.yml 文件来定义流水线，该文件存放在项目的根目录下，当有代码提交时，将自动触发流水线作业。

在.gitlab-ci.yml 文件中可以定义以下内容：

（1）要运行的脚本；

（2）希望包含的其他配置文件和模板；

（3）依赖和缓存；

（4）希望按顺序运行的命令和希望并行运行的命令；

（5）部署应用程序的位置；

（6）脚本运行方式，即自动运行还是手动运行。

示例 8-1 是一个简单的.gitlab-ci.yml 示例，其中定义了一个包含两个任务（Job）的流水线（Pipeline）。这个流水线会在每次推送代码时执行，并分别运行 build 和 test 两个任务。

示例 8-1　.gitlab-ci.yml 示例

```
# 定义流水线
stages:
  - build
  - test

# 定义任务
build:
  stage: build
  script:
    - echo "Running build job"
    - make build

test:
  stage: test
  script:
    - echo "Running test job"
    - make test
```

在这个示例中，stages 定义了流水线中的几个阶段；build 和 test 又分别定义了两个任务，它们被分配到了不同的阶段，并通过对应的脚本（script）来执行。

当代码被推送时，这个流水线会按照定义的阶段顺序执行，即先运行 build 阶段下的任务，再运行 test 阶段下的任务。示例中的脚本简单地输出了一段提示信息并运行 make 命令来构建和测试程序。

这只是一个最简单的示例，实际情况下.gitlab-ci.yml 文件可以更加复杂和灵活，并根据实际需要进行定义和配置。

8.6.2.3　GitLab Runner

GitLab Runner 是一个应用程序，与 GitLab CI/CD 一起在流水线中运行。在代码仓库中添加.gitlab-ci.yml 文件后，GitLab 会检测脚本并调用 GitLab Runner 来运行其中定义的作业。

　　为了使用 GitLab Runner，开发人员可以选择在自己拥有或管理的基础设施上安装该应用程序。出于安全和性能的考虑，建议将 GitLab Runner 安装在与承载 GitLab 实例的机器不同的机器上。使用不同的机器可以运行不同的操作系统和工具，例如 Kubernetes 和 Docker。

　　GitLab Runner 是一个开源的、基于 Go 语言编写的应用程序，它可以作为单个二进制文件运行，不需要基于特定的语言需求。除此之外，用户还可以在其他操作系统上运行 GitLab Runner，只要该操作系统能够编译一个 Go 语言二进制文件即可。此外，GitLab Runner 可以在 Docker 容器中运行，也可以部署到 Kubernetes 集群中。

8.6.2.4　GitLab 流水线实践

　　下面是 GitLab 流水线实践过程的基本步骤：

　　（1）配置 GitLab 项目：在 GitLab 项目中启用 CI/CD 功能，这可以通过在.gitlab-ci.yml 文件中定义管道来完成。

　　（2）定义流水线：创建一个 CI/CD 流水线，将其与代码存储库进行关联，并定义在每个阶段需要执行的特定操作。通常，可以使用预定义的工具或自定义脚本来完成这些操作。

　　（3）编写脚本：为每个构建流程编写脚本，并定义依赖项和参数。这将确保流程可以自动化地运行。

　　（4）触发流水线：当提交代码时，GitLab 流水线将自动触发并执行定义的流程。此外，可以随时手动触发它来验证修改后的流程是否正常运行。

　　（5）审核流水线结果：当流水线完成时，可以查看各个阶段的执行结果，包括任何部署问题和错误。如果有错误，那么可以查找失败的原因并尝试修复它们。

　　（6）持续完善流水线：根据需要调整流程和脚本，并添加适当的测试和代码校验，以确保流水线能够自动化地运行。

　　总之，GitLab 流水线实践是需要进行一些配置、定义、编写脚本并持续不断改进流程的实践。它可以显著提高开发团队的效率，并在软件交付时提供更高的质量和可靠性。

8.6.3　Jenkins 流水线

　　Jenkins 流水线（简称 Pipeline）是一组插件的集合，其可将持续交付的实现和实施集成到 Jenkins 中。Pipeline 可以将基于版本控制管理的软件自动地持续交付到用户和消费者的手中，从而实现了自动化的持续交付流程。

　　Pipeline 提供了一套可扩展的工具，可以将从简单到复杂的交付流程转变为"持续交付即代码"的形式。Pipeline 定义通常被写入一个文本文件中，该文件被称为 Jenkinsfile，其可以被放入项目的源代码控制库中，因此承载 Jenkins 流水线定义的 Jenkinsfile 文件也可以被提交到项目的源代码控制仓库。这是"流水线即代码"的基础，其将 CD 流水线作为应用程序的一部分进行版本化和审查。

　　创建 Jenkinsfile 并将其提交到源代码控制库有以下好处：

　　（1）对所有分支创建流水线构建过程并实现拉取请求自动化；

　　（2）在流水线上进行代码复查/迭代（及剩余的源代码）；

　　（3）对流水线进行审计跟踪；

　　（4）流水线的真正源代码可以被项目的多个成员查看和编辑；

（5）定义了流水线的语法，通常认为在 Jenkinsfile 中定义并检查源代码控制是最佳的实践。

8.6.3.1　声明式和脚本化的流水线语法

Jenkinsfile 能使用两种语法进行编写，分别是：声明式和脚本化。声明式和脚本化的流水线从根本上是不同的。

声明式流水线是一种用于构建 CD 流水线的新语法，它提供了一种简化的和更友好的方式来定义 Pipeline。声明式流水线语法不需要学习 Groovy 语言，因为它提供了特定于声明式流水线的语句，如 pipeline、stages、steps 等。并且声明式流水线语法在脚本开始时就会报告语法错误，这提高了开发人员的开发效率。

脚本化流水线可以理解为通过编写 Groovy 代码来构建 CD 流水线，它与声明式流水线不同。脚本化流水线实际上是由 Groovy 构建的通用 DSL（领域特定语言），其利用了 Groovy 语言提供的大部分功能。相比于声明式流水线，脚本化流水线更加灵活和强大，可以满足更复杂的构建需求。

8.6.3.2　Jenkins 流水线实践过程

Pipeline 提供了一种可拓展的方式来定义整个交付流水线，实现了从版本控制到构建、测试和部署的自动化流程。以下是基本的 Jenkins 流水线实践过程：

（1）安装 Jenkins：通常可以在官网下载安装包并按照提示进行安装。

（2）创建 Pipeline：在 Jenkins 主界面单击"新建项目"按钮，选择"流水线"类型，输入项目名称并单击"确定"按钮。

（3）配置 Pipeline：在流水线配置页面中，可以设置流水线的各种参数，如代码仓库地址、构建触发方式、构建脚本、测试脚本、部署脚本等。

（4）编写 Jenkinsfile：Jenkinsfile 是 Pipeline 脚本。在它里面，可以定义构建、测试和部署的每个阶段，并定期触发构建过程。

（5）Pipeline 阶段：Pipeline 阶段是一个由 Jenkins 自动执行的逻辑区块，例如编译、测试和部署等。

（6）监测和控制流程：使用 Jenkins 观察构建的执行过程，并对其进行监控、管理和控制；同时，也可以在不同的阶段添加或删除单个部件。

（7）集成和插件：Pipeline 具有大量插件和工具，可以支持各种不同的开发和 CI/CD 工作流，如 Git、Docker、Gradle 等。

（8）测试和质量控制：Pipeline 可自动完成全面的测试和质量控制，包括代码审查、静态分析、单元和集成测试等。

（9）自动化部署：使用 Pipeline，可以自动进行部署并在各个环境中部署应用程序。此外，其可以集成各种工具，如 Kubernetes、Ansible 和 Docker 等。

综上所述，Jenkins Pipeline 提供了一种可拓展的方式来管理交付流程，使开发人员无须手动维护流程，其便于管理，能够自动化执行任务，提高了交付的效率。

8.7　代码质量管理工具 SonarQube

编写简洁的代码对于维护代码库的稳定至关重要。简洁的代码被定义为符合特定规范或标准的代码，除了具备其他关键属性，还具有可靠、安全、可维护、可读性高和模块化的特点。

这种定义适用于所有代码类型，如源代码、测试代码、基础设施代码、黏合代码、脚本等。

SonarQube 是一个能够进行自我管理的自动化代码审查工具，其能够帮助开发人员交付简洁的代码。作为 Sonar 解决方案的核心元素，SonarQube 可以与现有的工作流程进行集成，不断检测代码中存在的问题，实现项目的持续代码检查。该工具支持分析 30 多种不同的编程语言，并可以被集成到 CI 管道和 DevOps 平台中，以确保代码符合高质量的标准。

8.7.1 SonarQube 安装及基本使用

8.7.1.1 SonarQube 安装

使用镜像安装 SonarQube 比使用二进制文件安装更简便，下面介绍使用镜像安装 SonarQube 的基本过程。

（1）下载 SonarQube 镜像。打开终端并执行以下命令，从 Docker Hub 中下载 SonarQube 镜像。

```
docker pull sonarqube
```

（2）创建容器。执行以下命令来创建一个名为 sonarqube 的容器并指定本地端口 9000 作为映射端口：

```
docker run -d --name sonarqube -p 9000:9000 sonarqube
```

该命令会在后台启动容器并将 SonarQube 进程绑定到本地端口 9000。

（3）访问 SonarQube。等待几分钟后，访问 localhost:9000，将看到 SonarQube 的登录页面。通过使用默认的用户名（admin）和默认的密码（admin）进行登录。接下来，应该按照提示更改密码并为团队提供访问权限。

（4）访问 SonarQube 控制台。在登录之后，将被重定向到 SonarQube 控制台。从控制台，可以创建和管理 SonarQube 项目，从而可以分析代码库并查看潜在的缺陷、漏洞和技术债务。此刻，可以在 SonarQube 中导入项目并尝试分析它以获得更准确的结果。

此外，如果需要在访问 SonarQube 后将结果保存到本地磁盘上，那么可以添加以下选项到 docker run 命令：

```
-v <path to data folder>:/opt/sonarqube/data
```

该命令会将 SonarQube 的数据文件保存到本地路径中。如果需要将日志保存到本地磁盘上，那么可以添加以下选项：

```
-v <path to logs folder>:/opt/sonarqube/logs
```

该命令会将 SonarQube 的日志文件保存到本地路径中。

在安装 SonarQube 的过程中，可以选择使用内置的 H2 数据库或者外部数据库作为 SonarQube 的数据存储。如果想要使用外部数据库作为 SonarQube 的数据存储，那么需要先安装并配置好该数据库，然后在 SonarQube 的安装过程中选择使用外部数据库，并按照相应的提示进行配置即可。

常用的外部数据库包括 MySQL、PostgreSQL 和 Microsoft SQL Server 等。具体安装方法和配置步骤可以参考各数据库的官方文档或者相关的教程。在安装完数据库后，请务必确保已经创建了一个新的数据库，并且具有足够的权限。

注意，如果选择使用 H2 数据库，那么它将作为 Java 进程的内嵌数据库进行使用，无须进行单独的安装和配置操作。但是，出于性能和稳定性等方面的考虑，我们建议使用外部数据库作为 SonarQube 的数据存储。

8.7.1.2　SonarQube 基本使用

SonarQube 可以帮助我们对代码进行静态分析和检测，并提供各种指标和报告，以便我们更好地了解代码的质量和安全性。下面是 SonarQube 的一些基本使用方法：

（1）安装和配置 SonarQube。在开始使用 SonarQube 之前，我们需要先下载和安装 SonarQube。安装完成后，我们需要进行一些配置，如配置数据库、设置管理员账户、设置 SonarQube 的访问端口等。

（2）导入代码并进行分析。完成 SonarQube 的安装和配置后，我们可以开始将代码导入 SonarQube，并进行分析和检测。代码导入可以通过多种方式实现，如使用 SonarScanner 来分析本地代码或使用集成了 SonarQube 的 CI/CD 工具来自动化进行代码分析和检测。

（3）查看代码质量和安全性报告。完成代码分析后，我们可以进入 SonarQube 的 Web 界面，查看生成的各种报告和指标。通过这些报告和指标，我们可以了解代码质量、安全性、可维护性等方面的信息，如代码覆盖率、代码复杂度、漏洞和安全风险等。

（4）优化和改进代码质量。通过查看 SonarQube 生成的报告和指标，我们可以找出代码中存在的问题和不足，然后针对这些问题和不足，进行代码的优化和改进。例如，我们可以修改代码以优化代码复杂度、提高代码覆盖率、修复漏洞和安全风险等。

（5）与团队共享代码质量信息。最后，我们可以将 SonarQube 生成的报告和指标与团队成员共享，以便大家更好地了解代码质量和安全性，共同努力提升代码质量。通过 SonarQube，我们可以监控代码质量和安全性的变化，以便及时发现问题并进行优化和改进，从而提高代码的质量和可维护性。

8.7.2　Jenkins 集成 SonarQube

Jenkins 是一个流行的 CI/CD 工具，可以与 SonarQube 进行集成，实现自动化的代码质量管理和分析。下面是 Jenkins 集成 SonarQube 的详细步骤：

（1）安装 Jenkins 和 SonarQube。在开始集成之前，我们需要先安装和配置好 Jenkins 和 SonarQube。具体安装过程可以参考官方文档或相关教程。

（2）安装 SonarQube 插件。在 Jenkins 中安装 SonarQube 插件，该插件可以实现 Jenkins 和 SonarQube 之间的数据传递和集成。打开 Jenkins 的管理界面，选择"插件管理"选项，搜索 SonarQube 插件并安装。

（3）创建新的 Jenkins 项目。在 Jenkins 中创建新的项目，该项目用于自动化代码构建和分析。选择"新建项目"选项，填写项目名称和其他基本信息，然后选择"构建一个自由风格的软件项目"选项。

（4）配置 Jenkins 项目。在项目的配置页面中，选择"构建触发器"选项中的"Poll SCM"选项并填写相应的配置信息，以便自动化构建代码。然后选择"构建环境"选项，单击"Provide Node & npm bin/ folder to PATH"按钮，以便在构建过程中使用 Node.js 和 NPM 工具。接下来，在"构建"部分中，选择"Add build step"选项，单击"Execute SonarQube Scanner"按钮并填写 SonarQube 服务器的地址、访问令牌和其他配置信息。最后保存 Jenkins 项目的配置。

（5）配置 SonarQube 服务器。在 SonarQube 服务器中，配置新的 Jenkins 服务器的访问权限。在 SonarQube 的管理界面中，选择"Security"选项并添加一个新的 Jenkins 服务器的访问令牌，以便 Jenkins 项目可以访问 SonarQube 服务器。

（6）执行 Jenkins 项目。现在，我们可以手动执行 Jenkins 项目，并查看 SonarQube 生成的代码质量分析报告。在 Jenkins 项目的执行页面中，可以查看执行状态和日志信息，以及生成的 SonarQube 报告和指标。如果配置正确，那么 Jenkins 项目将自动将分析结果上传到 SonarQube 服务器。

8.8　小结

本章重点讲述了 Devops 及其相关知识，包括主要的 IaC 和 GitOps、代码管理工具与平台、持续集成与制品管理、持续交付和部署、流水线和 SonarQube 的使用与集成。代码管理赋予开发人员协作处理代码并跟踪更改的能力，持续交付和持续集成自动化地实现软件交付，流水线是 DevOps 实践的重要组成部分。从代码管理到持续交付的全流程有效地提升了软件开发的效率、质量、可维护性和可扩展性。

习　题

1. IaC 是什么？
2. 简述 GitOps 的定义与核心思想。
3. 源代码管理的主要优点有哪些？
4. Git 的三种重要状态分别是什么？
5. 什么是持续集成？
6. 什么是 Maven？
7. 什么是持续交付？
8. 持续交付的原则有哪些？
9. 什么是持续部署？
10. 流水线的主要组成部分有哪些？

第9章　云原生实践

9.1　云原生应用实践案例一

为了进一步巩固前面章节所讲的内容，同时深入理解 CNCF 云原生路线图，本章将通过两个例子来介绍云原生应用部署的最佳实践。

9.1.1　基本开发环境搭建

本节主要介绍在 Windows 操作系统下，如何搭建 Java 原生开发环境。具体包括以下三方面的内容：

1）JDK 的安装及环境变量配置

JDK 是 Java 软件开发工具包，是进行 Java 开发的基本工具。首先需要在 Oracle 官网上下载对应版本的 JDK，然后根据安装提示完成安装。安装完成后，需要配置 JAVA_HOME 环境变量，以便计算机能够找到 JDK 所在的位置。配置 JAVA_HOME 变量的具体步骤如下：

（1）右击【计算机】（或【此电脑】），选择【属性】选项，打开【系统】窗口；

（2）选择【高级系统设置】选项，单击【环境变量】按钮；

（3）在【系统变量】下，单击【新建】按钮；

（4）变量名填写"JAVA_HOME"，变量值填写 JDK 所在的路径；

（5）将 JDK 所在的"bin"目录添加到系统"Path"变量中，以便在命令行中使用 Java 命令。

2）Maven 的安装及环境变量配置

Maven 是一款常用的项目管理工具，使用 Maven 可以方便地进行项目构建和依赖管理。用户可以在官网上下载相应版本的 Maven，并按照提示完成安装。安装完成后，需要配置 MAVEN_HOME 环境变量，并将%Maven%\bin 添加到系统 PATH 当中。配置 MAVEN_HOME 环境变量的具体步骤如下：

（1）打开【系统】窗口，单击【环境变量】按钮；

（2）在【系统变量】中新建"MAVEN_HOME"，并将 Maven 的安装目录作为变量值；

（3）在【系统变量】中找到"Path"变量，将 Maven 的"bin"目录添加进去。

3）IntelliJ IDEA 的安装及配置

IntelliJ IDEA 是一款强大的 Java 集成开发环境，可以辅助完成 Java 项目的开发、测试和部署等工作。在 Jetbrains 官网上可以下载免费版或收费版，然后进行安装。安装完成后，需要配置相关信息，例如 Java SDK 的路径等。具体步骤如下：

（1）打开 IntelliJ IDEA，进入【Settings】；

（2）在左侧栏中选择【Project】选项，然后选择【SDKs】选项；

（3）在右侧页面的 Shadered Libraries 区域中添加 JDK 路径即可。

经过以上步骤的配置，就可以成功搭建起 Java 开发环境，并且开始进行项目的开发了。

在实际应用过程中，可能存在诸多其他细节问题需要进一步调试和优化。

9.1.2　DevOps 环境搭建

本节主要介绍浪潮 iGIX DevOps 平台的搭建过程。浪潮 iGIX DevOps 平台基于标准化的 DevOps 快速可靠的协作式应用交付理念，提供源代码配置管理、制品管理、流水线配置等功能模块，支持对业务系统的开发运维一体化管理，实现了应用的持续集成/持续交付过程，提高了软件交付的质量与效率。

9.1.2.1　系统环境准备

提前准备好两个 Linux 环境，相关配置要求如表 9-1 所示。

表 9-1　系统配置要求

环境	系统	内存	磁盘	CPU	用　　　途
环境 1	CentOS	32G	500G	8 Core	搭建依赖组件（Nexus、GitLab、PostgreSQL、SonarQube、Redis、DevOps 安装盘）
环境 2	CentOS	32G	500G	8 Core	搭建 GitLab Runner

9.1.2.2　组件安装

组件采用基于 Docker 镜像的安装方式，这种方式更有利于进行后续 DevOps 环境的运维。安装组件前，首先需要安装 Docker，然后基于 Docker 镜像依次安装 Nexus、GitLab、PostgreSQL 和 SonarQube。

1）安装 Docker

通过执行下面的命令进行 Docker 的安装：

```
#安装 Docker 所需要的一些工具包
sudo yum install -y yum-utils
#建立 Docker 仓库（映射仓库地址）
sudo yum-config-manager --add-repo https://download.docker.com/linux/centos/docker-ce.repo
#更新 yum 缓存
sudo yum makecache fast
#安装 Docker
sudo yum install -y docker-ce docker-ce-cli containerd.io
#检查 Docker 安装状态
docker info
#启动 Docker 服务
systemctl start docker
```

2）安装 Nexus

Nexus 是一个强大的 Maven 仓库管理器，它极大地简化了开发团队内部仓库的维护和外部仓库的访问流程。下面采用容器形式进行安装。

```
#拉取镜像
docker pull sonatype/nexus3
#创建外挂卷目录
mkdir -p /data/nexusdata
#创建容器
docker run -d -p 8081:8081 --name nexus -v /data/nexusdata:/nexus-data --privileged=true
--restart= always sonatype/nexus3:latest
```

上述 Docker 命令通过 sonatype/nexus3 镜像创建容器，然后在主机的 8081 端口上启动该应用程序并且通过本地卷挂载来保持每次重启时的数据更新。同时，由于启动了特权模式，因此在容器内部进行操作，权限不受限制，便于管理、修改和控制。

```
#可以用下面命令查看容器状态是否正常
docker ps | grep nexus
#Nexus 初始化配置
```

Nexus 容器启动完成后，可以通过访问 http://localhost:8081 来查看 Nexus Web UI。如果一切正常，那么可以使用默认的管理员用户名和密码登录（用户名为 admin，初始密码在机器的/nexus-data/admin.password 文件中）到 Nexus 管理页面。

登录后，首先创建一个 default_role 角色，分配 nx-healthcheck-read 的权限，如图 9-1 所示。

图 9-1　Nexus 角色创建

创建名为"default_role"的角色，并分配"nx-healthcheck-read"权限的目的是授权特定的实体或服务以对 Nexus 存储库执行健康检查并读取健康检查结果。这样一来，这个实体或服务就可以调用 Nexus 的 RESTful API 或 CLI 工具来执行相关操作，以确保 Nexus 存储库的健康状态，并采取必要的措施来防止数据丢失或应用程序中断等问题。同时，这种授权策略也可以防止未经授权的访问或恶意操作，从而提高整个环境的安全可靠性。

然后，进入 Nexus 容器内部，设置 Nexus 脚本权限，如图 9-2 所示。图中要修改的配置文件为/nexus-data/etc/nexus.properties。接下来，使用如下命令将权限"nexus.scripts.allowCreation=true"追加到文件末尾。

图 9-2　Nexus 配置文件修改

```
echo nexus.scripts.allowCreation=true>>nexus.properties
```

设置 Nexus 脚本（Nexus Scripts）的权限是为了授权用户或组执行特定的操作脚本。这些脚本可以用来自动化一系列复杂的任务，以减轻管理员的工作负担，同时提高整个环境的安全性和可靠性。

设置完毕后从容器内部退出，然后通过以下命令重新启动该容器。

```
docker restart nexus
```

3）安装代码管理平台

通常，用户可以使用 Gitee、GitHub 等代码仓库也可以自己搭建代码仓库，这里我们选择使用 GitLab 来搭建私有代码仓库。在本书第 8 章中有关于 GitLab 的介绍，它是一个用于仓库管理系统的开源项目，使用 Git 作为代码客户端管理工具。下面我们使用 GitLab 创建自己的私有代码仓库，命令如下：

```
#拉取镜像
docker pull gitlab/gitlab-ce
#创建外挂卷目录
mkdir -p /data/gitlab/config
mkdir -p /data/gitlab/logs
mkdir -p /data/gitlab/data
#创建容器
docker run -d --restart=always --name gitlab -p 80:80 -p 443:443 -p 222:22 -v /data/gitlab/config:/etc/gitlab
-v /data/gitlab/logs:/var/log/gitlab -v /data/gitlab/data:/var/opt/gitlab gitlab/gitlab-ce:latest
#查看容器状态
docker ps | grep gitlab
```

安装完毕后，可以通过 GitLab 的 IP 地址登录到管理平台进行配置管理。

4）GitLab 配置 DevOps 用户的认证信息

使用 root 用户登录 Gitlab，其安装后的初始密码保存在容器中的/etc/gitlab/initial_root_password 文件中。

通常，使用下面命令进入容器并查看密码：

```
docker exec -it gitlba bash
cat /etc/gitlab/initial_root_password
```

找到密码后，就可以在浏览器上通过 GitLab 所在机器的 IP:80 地址进行登录。进入到图 9-3 所示的功能界面（由于 GitLab 版本的差异，如果没有【Settings】则为【Edit profile】），进行 Token 的创建，此处生成的 Token 是用于配置 DevOps 连接 GitLab 的认证信息的。

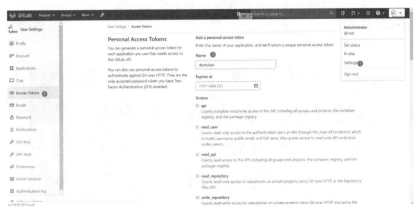

图 9-3　生成 GitLab Token

5）安装 PostgreSQL 数据库

SonarQube 要用到 PostgreSQL 数据库，因此要先安装该数据库。安装命令如下：

```
#拉取镜像
docker pull postgres
#创建外挂卷目录
mkdir -p /data/postgresql
#创建容器
docker run --name postgres --restart=always -e POSTGRES_PASSWORD=postgres 用户密码 -p
5432:5432 -v /data/postgresql:/var/lib/postgresql/data -d postgres:latest
#查看容器状态
docker ps | grep postgres
```

6）配置 SonarQube 要用到的数据库

以下命令是用来连接到 PostgreSQL 数据库服务器的。

```
#安装 Postgre SQL 命令行工具
apt install postgresql-client-common
apt install postgresql-client
#登录 Postgre SQL 数据库
psql -d postgres -U postgres -h hostname -p port_number
```

下面是对各个参数的解释：

psql：表示使用 psql 工具，它是 PostgreSQL 自带的一个命令行工具，用于与数据库进行交互。

-d postgres：表示连接到名为 postgres 的数据库，如果不指定该参数，那么默认连接到与当前用户名称相同的数据库。

-U postgres：表示连接使用的用户名。这里使用的是 postgres 用户，其是 PostgreSQL 安装时所创建的默认超级用户。

-h hostname：表示连接到的数据库服务器的主机名或 IP 地址。这里需要将 hostname 替换为实际的主机名或 IP 地址。

-p port_number：表示连接使用的 PostgreSQL 服务器的端口号。这里需要将 port_number 替换为实际的端口号，其默认值是 5432。

```
#创建数据库用户（注意每条命令后面的分号不能少）
create user sonarqube superuser createdb createrole password 'sonarqube' login;
#创建数据库
create database sonarqube;
#修改数据库拥有者
alter database sonarqube owner to sonarqube;
#连接到新创建的数据库
\connect sonarqube;
#创建模式
create schema sonar;
```

上述命令是对数据库进行的具体操作。

7）SonarQube 安装

以下命令用于完成对 SonarQube 的安装。

```
#拉取镜像
docker pull docker.io/sonarqube:7.8-community
#创建外挂卷目录
```

```
mkdir -p /data/sonarqube/conf
mkdir -p /data/sonarqube/data
mkdir -p /data/sonarqube/logs
chmod 777 -R /data/sonarqube
#设置 vm.max_map_count 的值，要大于 262144
sysctl -w vm.max_map_count=262144
#创建容器
docker run -d --name sonarqube-community  -p 9000:9000  -e SONARQUBE_JDBC_ USERNAME=
sonarqube  -e SONARQUBE_JDBC_PASSWORD=sonarqube  -v /data/ sonarqube/conf:/ opt/sonarqube/conf
-v /data/sonarqube/data:/opt/sonarqube/data  -v /data/ sonarqube/logs:/opt/sonarqube/logs  -e SONARQUBE_
JDBC_URL="jdbc:postgresql://数据库 IP/sonarqube?currentSchema=sonar" docker.io/sonarqube:7.8-community
#查看容器状态
docker ps | grep sonarqube
```

8）SonarQube 初始化配置

添加 PDF 插件，用于生成 PDF 格式的报告，其下载地址可扫描二维码获取。插件下载完成后，放到 SonarQube 容器中，其存放位置如图 9-4 所示。

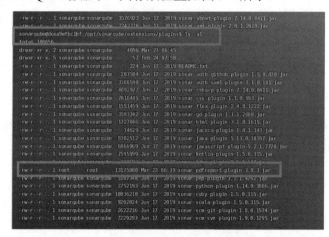

下载地址

图 9-4　插件存放目录

如图 9-5 所示，SonarQube 的默认管理员账号及密码为 admin/admin，通过该账号和密码登录后生成了 admin 的 Token 值。注意及时将生成的 Token 值复制出来，因为以后将不能再查看这个 Token 的内容了。

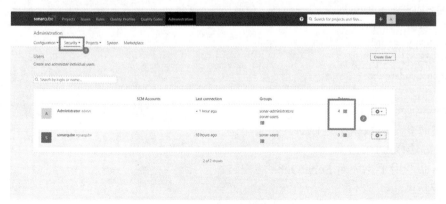

图 9-5　Token 生成

如图 9-6 所示,创建一个新的用户。

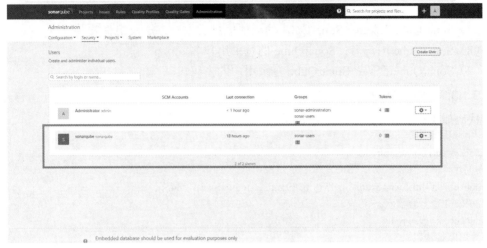

图 9-6 用户创建

9.1.3 DevOps 平台安装

将 DevOps 目录的压缩包复制到 Linux 服务器上后,即可进行解压安装,安装步骤如下。

9.1.3.1 修改 DevOps 配置文件

打开 DevOps 目录中的 server/runtime/application.yaml 文件,修改配置信息,如图 9-7 所示。

图 9-7 DevOps 目录中的配置文件修改

图 9-7 标识信息的相关说明如下:

(1) GitLab URL:GitLab 的安装地址。

(2) GitLab Token:GitLab 的认证信息、生成方法及组件安装。

(3) Nexus URL:Nexus 的安装地址。

(4) Nexus 用户名:Nexus 管理员的登录用户名。

（5）Nexus 密码：Nexus 登录用户的密码。

（6）SonarQube URL：SonarQube 的安装地址。

（7）SonarQube Token：SonarQube 的认证信息、生成方法及组件安装。

（8）SonarQube 用户名：SonarQube 的登录用户名。

（9）SonarQube 密码：SonarQube 登录用户的密码。

9.1.3.2　安装 Redis

代码如下：

```
#拉取镜像
docker pull docker.io/redis
#创建容器
docker run -itd --name redis -p 6379:6379 redis --requirepass 123456
docker #查看容器状态
docker ps | grep redis
数据库脚本还原
#登录 PostgresQL 数据库
psql –u postgres –d postgres –h  数据库 IP
#创建数据库用户
create user main0114 superuser createdb createrole password 'main0114' login;
#创建数据库
create database main0314;
#修改数据库拥有者
alter database main0314 owner to main0114;
#连接到新创建的数据库
\connect main0314;
#创建模式
create schema main0114;
#退出数据库登录
exit
#还原 DevOps 数据库脚本
psql -h  数据库 IP -u main0114 -d main0314 < 文件位置/main0114.sql
```

完成上述步骤后，进入 DevOps 的根目录，启动 DevOps。启动命令为：

```
nohup./startup- linux &
```

9.1.4　容器环境搭建

本节容器环境搭建主要包括两部分，分别是 Kubernetes 集群环境搭建和容器管理平台环境搭建。

9.1.4.1　Kubernetes 集群环境搭建

在本地计算机上部署 Kubernetes，可以帮助开发人员高效地配置和运行 Kubernetes 集群，并在开发阶段方便地测试应用程序。Kubernetes 有很多种安装方式，比如二进制安装和 Kubeadm 安装，但是操作过程都过于复杂，而且集群正常运行所需要的网络组件、Ingress 等组件需要单独进行安装。因此，这里推荐使用浪潮 iGIX 集群安装器进行安装，这种安装方法更简单高效。

浪潮 iGIX 集群安装器是为了快速搭建 Kubernetes 集群而设计的，其支持图形化的界面配置，支持隔网环境部署集群，集成了网络组件、Ingress Controller、服务网格等组件，支持 amd64 和 arm64 等多种架构环境。通过浪潮 iGIX 集群安装器能够降低集群的搭建复杂度，提升搭建效率。下面以 Linux 机器为例，介绍具体安装步骤。

（1）获取浪潮 iGIX 集群安装器安装包，并将其解压到目录下，通过执行./hmdctl 命令启动安装器，其默认占用8181端口。安装器目录结构如图9-8所示。

（2）通过浏览器访问安装器所在机器的 http://[安装器所在的 IP 地址]:8181，输入集群的基本信息，包括容器 IP 段、服务 IP 段和 CNI 网络插件等。填写信息界面如图 9-9 所示。

（3）单击【下一步】按钮，输入管理节点的登录信息及 API Server 的地址信息，如图 9-10 所示。

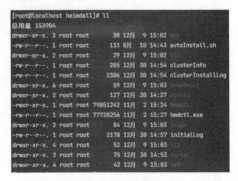

图 9-8　安装器目录

（4）单击【下一步】按钮进行安装，安装完成之后，单击配置文件，此配置文件用于后续导入弹性计算平台进行集群管理，如图 9-11 所示。

图 9-9　安装器初始界面

图 9-10　安装器管理节点界面

（5）集群安装完成之后，选择内置的基础组件，如图 9-12 所示。默认内置 ingress 和 istio 两种组件。

图 9-11　安装集群完毕界面

图 9-12　选择基础组件界面

（6）如图 9-13 所示，选择内置的盘载应用，并内置 iGIX 容器管理平台。

（7）单击【下一步】按钮，等待完成即可。

（8）登录集群所在的 master 节点，并执行 kubectl get pods -A 命令。如果所有的 Pod 都是 Running 状态，那么表示集群、CoreDNS、Ingress 和浪潮 iGIX 弹性计算平台都已经安装成功。各应用状态信息如图 9-14 所示。

图 9-13　选择盘载应用界面

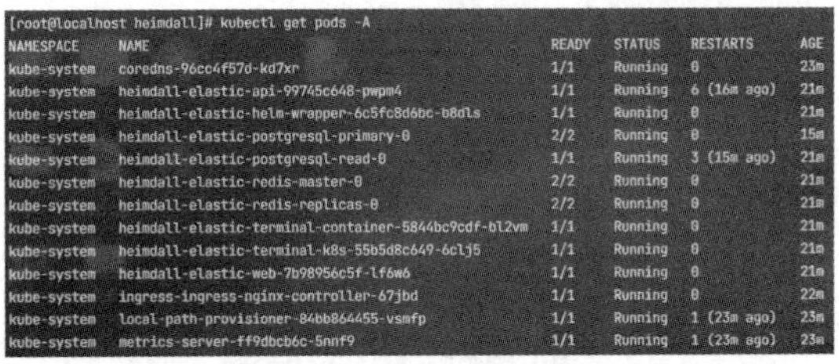

图 9-14　集群容器组列表

9.1.4.2　容器管理平台环境搭建

Kubernetes 集群默认不带 GUI 界面，其所有运维操作都需要通过命令行进行，因此对于 Kubernetes 的运维管理需要一定的技术门槛。为了方便对 Kubernetes 集群的运维，在本节中采用浪潮 iGIX 弹性计算平台对 Kubernetes 集群进行管理。iGIX 弹性计算平台是基于主流的 Kubernetes 进行封装和集成的，它保留了原生 Kubernetes 的所有特性，能够适配所有符合 CNCF Kubernetes 一致性认证标准的 Kubernetes 集群。其通过简单易用的 UI 界面对 Kubernetes 集群进行运维操作，降低了容器化环境下的运维复杂度，提升了运维效率。

通过上一小节，我们已经完成了对浪潮 iGIX 弹性计算平台的部署，但还需要进行初始化配置，以管理部署的集群。

iGIX 默认安装的域名是 heimdall.console.com，我们需要将此域名配置到本机 HOSTS 文件，并将 heimdall.console.com 解析到集群的节点上。通过访问浪潮 iGIX 弹性计算平台，并使用 heimdall/cCyAJKrqSL@F 登录系统，初次登录后需要修改管理员密码，如图 9-15 所示。

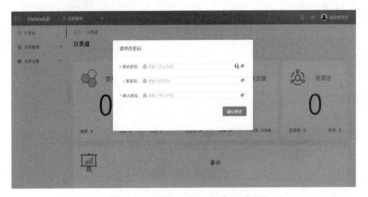

图 9-15　弹性计算平台修改密码

分配资源管理菜单权限之后，导入集群信息，然后将集群管理权限分配给管理员账号。
导入集群配置文件的操作界面如图 9-16 所示。

图 9-16　弹性计算平台导入集群

最后，使用管理员账号登录，就可以对集群进行可视化运维管理了。运维管理平台主
页如图 9-17 所示。

图 9-17　运维管理平台主页

9.1.5　Istio 环境搭建

安装 Istio 之前，要保证上一步的 Kubernetes 集群已经安装完毕。Istio 支持多种安装方
式，包括 Istioctl 安装、Helm 安装和 Istio Operator 安装等，我们推荐使用 istioctl 进行安装。
其安装的步骤如下：

```
下载 Istio
$ curl -L https://istio.io/downloadIstio | sh -
```

通过上面的命令下载最新版本（用数值表示）的 Istio。我们可以给命令行传递变量，
用来下载指定的、不同处理器体系的版本。例如，下载 x86_64 架构的、1.13.1 版本的 Istio。
本节以 1.13.1 版本为例进行说明：

```
$ curl –L https://istio.io/downloadIstio | ISTIO_VERSION=1.13.1 TARGET_ARCH=x86_64 sh -
```

通过上述命令，转到 Istio 包目录。

这里，假设包目录为 istio-1.13.1。

```
$ cd istio-1.13.1
```

安装目录包含以下信息：

samples/ 目录下的示例应用程序
bin/ 目录下的 istioctl 客户端二进制文件
将 istioctl 客户端加入搜索路径（Linux or macOS）
$ export PATH=$PWD/bin:$PATH
开始安装

通常，可以用下面的命令安装 Istio：

$ istioctl install

此命令在 Kubernetes 集群中使用默认配置安装 Istio。默认（default）配置档是建立生产环境的一个良好起点，这和较大的 demo 配置档不同，后者常用于评估一组广泛的 Istio 特性。

安装命令执行成功后，检查 Kubernetes 服务是否部署正常：

$ kubectl get svc -n istio-system

检查相关 pod 是否部署成功：

```
$ kubectl get pods -n istio-system
```

NAME	READY	STATUS	RESTARTS	AGE
istio-ingressgateway-6d747ddb55-tplbj	1/1	Running	0	10m
istiod-8569bb4668-d6vfc	1/1	Running	0	10m

如果所有组件对应的 Pod 的 STATUS 都变为 Running，那么说明 Istio 已经安装完成了。

9.1.6　基于 DevOps 的发布

本节所介绍的云原生发布是基于浪潮 iGIX DevOps 平台提供的流水线管理功能实现的。流水线管理是一个集代码工程持续集成、持续部署（包括生产和测试环境）的管理、监控于一身的工具。它能够为产品相关微服务代码提供持续集成和持续部署的设计流程，展示流水线的构建过程，并及时反馈执行流水线操作的日志信息。

9.1.6.1　应用描述

本节提供一套 gray-demo 程序，用于演示流水线搭建的参数配置和流水线的部署功能。gray-demo 是一套简单的 Java 原生应用程序，其包含流水线编译阶段用到的 settings 文件、制作镜像的 Dockerfile 文件、K8S 集群部署用到的各种 charts 包等。该应用程序实现了一个后端接口，当应用程序发布成功后，可以使用浏览器访问程序的后端接口来验证发布效果。

gray-demo 程序可扫描二维码获取。

9.1.6.2　应用云原生发布

基于浪潮 iGIX DevOps 平台进行云原生发布，首先需要创建产品，然后创建产品下的源代码仓库，并在其创建好后上传 gray-demo 程序，完成以上操作后就可以通过流水线管理界面搭建流水线，并进行云原生的应用发布了。具体发布实现步骤如下：

下载地址

1）创建产品

进入 DevOps 系统，打开菜单，选择【应用管理】→【系统定义】→【项目定义】→【产品定义】选项，如图 9-18 所示，通过单击【新建】按钮创建产品。

2）创建源代码仓库

基于新增的产品，创建源代码仓库。在 DevOps 系统中，打开菜单，选择【DevOps 服务】→【资产管理】→【仓库管理】→【源代码管理】选项，如图 9-19 所示。选择项目后，通过【新增代码仓库】按钮增加源代码仓库。

图 9-18　产品管理

图 9-19　源代码管理

创建源代码仓库后，需要将 gray-demo 代码推送到创建好的代码仓库。

9.1.6.3　流水线搭建

1）新增流水线

在 DevOps 系统中，打开菜单，选择【DevOps 服务】→【持续集成】→【流水线管理】→【项目】→【新增】选项，进入流水线管理页面，如图 9-20 所示。首先选择项目，然后在【新增】界面通过已经预置好的 Java+Maven 流水线构建模板创建流水线或者通过自定义构建过程进行创建。

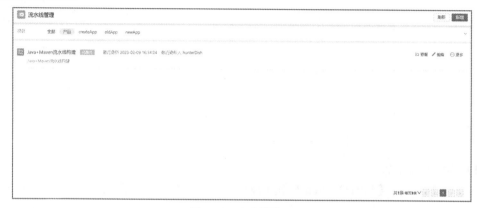

图 9-20　流水线管理

2）基本信息配置

以【Java+Maven 构建】模板为例，如图 9-21 所示，选择【Java+Maven 构建】选项，单击【使用该模板】按钮，然后配置【基本信息】，如图 9-22 所示。

图 9-21　流水线新增模板选择

图 9-22　流水线基本信息配置

3）全局变量配置

如图 9-23 所示，【全局配置】选项的变量已经设置好了，如果需要新增变量，那么单击【添加变量】按钮；如果要删除变量，那么单击【●】按钮。

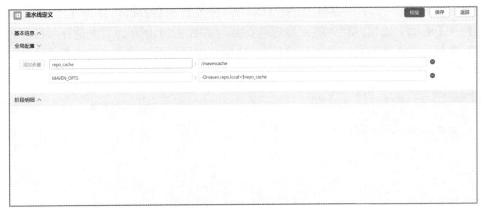

图 9-23　流水线全局配置

4）阶段明细配置

如图 9-24 所示，【Java+Maven 构建】模板的【阶段明细】中已配置了三个阶段：【Java编译】+【自动化测试】+【Maven 推送】，如果需要添加阶段，那么单击【＋】按钮。

图 9-24　流水线阶段配置-编译-测试-Maven 推送

5）阶段明细配置-编译

单击【阶段明细】→【Java 编译】进行编译配置，如图 9-25 所示。

图 9-25　流水线阶段配置-编译

6）阶段明细配置-单元测试

单击【阶段明细】→【自动化测试】→【单元测试】进行单元测试配置，如图 9-26 所示。

图 9-26　流水线阶段配置-单元测试

7）阶段明细配置-代码扫描

单击【阶段明细】→【自动化测试】→【代码质量扫描】进行代码扫描配置，如图 9-27 所示。

图 9-27　流水线阶段配置-代码扫描

8）阶段明细配置-Maven 推送

单击【阶段明细】→【Maven 推送】进行 Maven 推送配置，如图 9-28 所示。

图 9-28　流水线阶段配置-Maven 推送

9）阶段明细配置-容器化部署

进行容器化部署需要添加两个阶段，分别是制作镜像和部署，如图 9-29 所示。

图 9-29　流水线阶段配置-制作镜像和部署

10）阶段明细配置-制作镜像

单击【阶段明细】→【制作镜像】进行制作镜像阶段配置。制作镜像会将编译的产物打包成镜像，并推送到镜像仓库，如图 9-30 所示。

图 9-30　流水线阶段配置-镜像制作

11）阶段明细配置-部署

单击【阶段明细】→【部署】进行部署阶段配置。部署是将 charts 包推送到集群中，并由集群根据 charts 包内容进行部署，如图 9-31 所示。

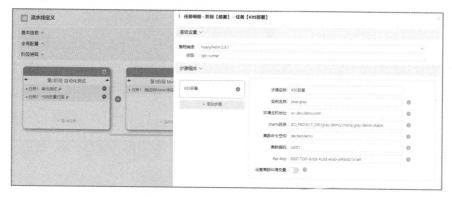

图 9-31　流水线阶段配置-部署

9.1.6.4　流水线发布

1）流水线启用和删除

如图 9-32 所示，新创建的流水线处于停用状态时，需要在【启用状态】栏选择【停用】条件，然后通过单击【更多】按钮选择【启用】条件，使新创建的流水线转为启用状态。如果要删除创建的流水线，那么单击【更多】按钮选择【删除】选项即可。

图 9-32　流水线启用和删除操作

2）流水线查看

单击【查看】按钮进入流水线查看界面，在该界面可以执行流水线、查看流水线执行日志和查看代码扫描报告，如图 9-33 所示。

图 9-33　流水线查看和执行操作

单击【执行流水线】按钮后，就开始执行流水线，待流水线执行完成后，应用就会被发布到 K8S 集群。

3）自动执行流水线

流水线管理支持手动和自动执行流水线。如果采用自动流水线，那么当代码推送到源代码仓库后会自动触发流水线，进行应用的发布，如图 9-34 所示。

图 9-34　自动执行流水线

流水线发布成功后，其应用发布效果如图 9-35 所示。

图 9-35　应用发布效果

9.1.7　基于服务网格的灰度发布

在软件开发过程中，发布新版本是非常重要的一环。新版本上线时，需要考虑许多因素，包括技术稳定性、用户接受程度等。如果将老版本全部升级为新版本，那么会面临很多风险。灰度发布是一种可以有效减少风险的方式，其核心是配置一定的流量策略，将用户在同一个访问入口的流量导向不同的版本。

应用服务网格基于 Istio 提供了服务治理能力，可以支持多种灰度发布场景，包括多版本支持和灵活的流量策略等。在新版本上线时，可以使老版本和新版本同时在线，然后通过配置流量策略，将少量流量导向新版本，等到确认新版本没有问题后，再逐步加大流量比例，从而减少风险，并提高成功率。

9.1.7.1　灰度发布概述

灰度发布主要包括两种模式，分别是：蓝绿发布和金丝雀发布。

蓝绿发布是一种零宕机的部署方式。它的实现方式是在新版本上线之前，使新版本和老版本同时在线，通过部署新版本进行测试并在确认没问题后再将流量切换到新版本上。在这个过程中，老版本状态不会受到任何影响，所以应用始终在线。一旦出现问题，也可以快速切回老版本。只要老版本的资源没有被删除，就可以随时回滚到老版本。蓝绿发布的过程，如图 9-36 所示。

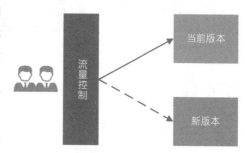

图 9-36　蓝绿发布的过程

金丝雀发布是一种可以在生产环境中对新版本进行测试的策略。其核心思想是只在线上运行少量的新版本服务，然后从这些新版本中快速获得反馈。根据反馈结果，决定最终的交付形态。在整个流程中，开发人员始终关注整个系统的安全性和稳定性，以确保新版本不会对现有系统造成明显的影响。通过这种方式，可以快速验证并最终确定新版本是否能够满足用户的需求。

金丝雀发布主要支持两种发布方式，分别是：

（1）基于流量配比的方式：根据需要灵活动态地调整不同服务版本的流量比例，如图 9-37 所示。

（2）基于请求内容的方式：根据请求的内容控制其流向的服务版本（Cookie, Header, OS, Browser），如图 9-38 所示。

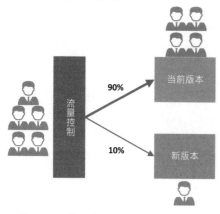

图 9-37　基于流量配比的金丝雀发布

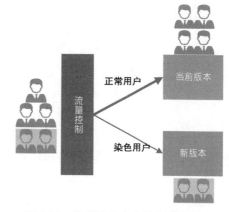

图 9-38　基于请求内容的金丝雀发布

9.1.7.2　应用快速灰度发布

为了快速体验基于服务网格的应用灰度发布，本节将基于一个简单的应用来说明灰度发布的具体流程及效果。该应用只包含一个 API 接口，当对稳定（stable）版本的 API 发送请求时，会返回"Hello World（Version：stable）"；当对 beta 版本的 API 发送请求时，会返回"Hello World（Version：beta）"。其响应过程如图 9-39 所示。

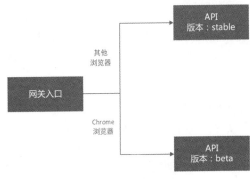

图 9-39　灰度发布示例

图 9-39 中，基于服务网格配置了灰度访问策略，并采用金丝雀发布方式。其灰度发布的条件是判断浏览器的类型，如果浏览器是 Chrome，那么路由到 beta 版本；如果是其他浏览器，那么路由到 stable 版本。本节部署应用采用了 Helm Charts 部署方式，其各个 charts 包的具体功能说明如下：

（1）gray-demo-stable：API stable 版本的部署 charts 包；

（2）gray-demo-beta：API beta 版本的部署 charts 包；

（3）gray-demo-grayscale：API 的灰度发布策略 charts 包。

具体部署操作过程如下：

（1）创建命名空间 gray-demo 并启用 Istio 注入：

```
kubectl label namespace gray-demo istio-injection=enabled
```

（2）创建 Istio 网关：

通过 "kubectl apply -f gateway.yaml -n gray-demo" 命令创建 Istio 网关，其中 gateway.yaml 的具体内容如下：

```
apiVersion: networking.istio.io/v1beta1
kind: Gateway
metadata:
  name: mytest-gw
  namespace: gray-demo
spec:
  servers:
  - hosts:
    - '*.mytest.com'
    port:
      name: http
      number: 8880
      protocol: HTTP
    tls:
      httpsRedirect: false
```

（3）一键部署 API stable 版本：

```
helm install gray-demo-stable .\gray-demo-stable\ -n gray-demo
```

（4）一键部署 API beta 版本：

```
helm install gray-demo-beta .\gray-demo-beta\ -n gray-demo
```

（5）一键部署 API 灰度发布策略：

```
helm install gray-demo-grayscale .\gray-demo-grayscale\ -n gray-demo
```

（6）查看当前命名空间下所有的 Pod 列表，以确保 Pod 的状态都是 Running：

```
>> ~   kubectl get pods -n gray-demo
```

NAME	READY	STATUS	RESTARTS	AGE
gray-demo-beta-api-589c4cf5cd-dmllx	2/2	Running	0	5m
gray-demo-stable-api-847c455c4c-9j57c	2/2	Running	0	10m

（7）通过配置本机 HOSTS 文件，将 gray-scale.mytest.com 配置到集群的 Worker 上。下面分别使用 Chrome 浏览器和 FireFox 浏览器通过 http://gray-scale.mytest.com:8880/ demo/test 访问应用（8880 是 isito-ingress 监听的端口）。若配置了请求的 Header 中的 User-Agent 包含 Chrome，则路由到 beta 版本，否则路由到 stable 版本。如果得到图 9-40 所示的结果，那么表示灰度发布成功。

图 9-40　灰度访问效果

9.1.8　灰度部署原理

上一小节已经通过 Helm Charts 的方式快速部署了灰度发布，本小节将说明灰度部署原理及操作过程。灰度发布的过程中涉及的资源及其关系如图 9-41 所示，其中主要涉及的资源包括 Gateway、VirutalService、DestinationRule、Service 和 Pod。

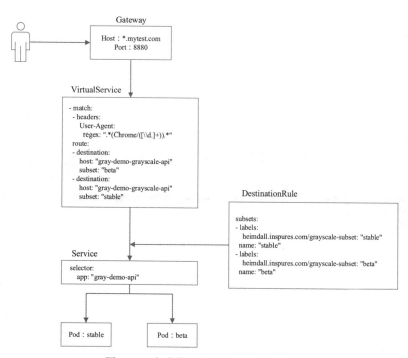

图 9-41　灰度发布涉及的资源及其关系

（1）Gateway：作为请求入口，用来监听域名；

（2）VirtualService：配置路由规则，将满足 User-Agent 中包括 Chrome 的请求，转发到 beta 版本的服务，其他请求转发到 stable 版本的服务；

（3）DestinationRule：用来定义服务的子版本表示，其中 labels 中的 heimdall.inspures.com/ grayscale-subset 是对相应版本的 Pod 所标注的标签；

（4）Service：用来路由 beta 版本和 stable 版本的 Pod；

（5）Pod：用来运行微服务的容器组。

灰度部署原理如下：Gateway 网关资源用来接收外部用户的请求流量，若请求匹配到域名和端口，则进入集群的 VirtualService 来进行流量的路由转发，并在 VirtualService 中配置请求头等路由规则以及对应的需要路由到的版本，同时 DestinationRule 用来配置相应的应用版本信息，并最终路由到不同的 Pod 应用上。

本节以浪潮 iGIX 弹性计算平台为例展示其部署的详细过程。

9.1.8.1　网关部署

按照上一小节的内容，首先需要配置命名空间服务网格的自动注入。查看 gray-demo 命名空间的界面如图 9-42 所示。将【自动注入服务网格代理】按钮开启，通过此操作，只要部署到此命名空间下的应用，就能够通过边车模式，自动注入服务网格的代理，以实现无侵入式的服务治理。

图 9-42　gray-demo 命名空间查看界面

通过【服务网格】→【高级网关】菜单能看到上一小节部署的网关，查看其详情，能看到其监听了*.mytest.com 通配符域名和 8880 端口，这样所有包含 mytest.com 的二级域名，都会通过这个网关。网关详情如图 9-43 所示。

图 9-43　网关详情

9.1.8.2 应用部署

应用部署主要分为两个版本，分别是：stable 版本和 beta 版本。这两个版本需要部署的资源都是一个 Deployment 和一个 Service。

stable 版本的部署详情如图 9-44 所示。

图 9-44 stable 版本部署详情

beta 版本的部署详情如图 9-45 所示。

图 9-45 beta 版本部署详情

上一小节提到的 gray-scale 默认内置的是基于请求内容的灰度策略，其部署的资源包括一个目标规则和一个虚拟服务，其中目标规则是通过标签定义上一步部署的两个子版本：beta 和 stable，具体配置如图 9-46 所示。

虚拟服务则定义了两条路由规则：（1）如果 Header 中的 User-Agent 中包含 Chrome 字段，那么路由到 beta 版本；（2）剩余的请求则路由到 stable 版本。这样，通过虚拟服务的路由规则就实现了基于请求内容的灰度发布，如图 9-47 所示。

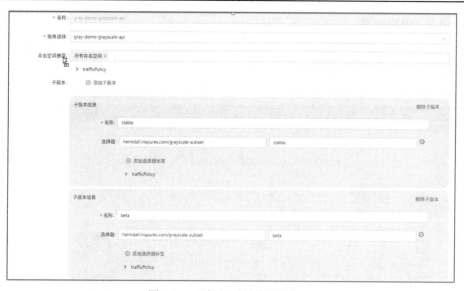

图 9-46 目标规则具体配置信息

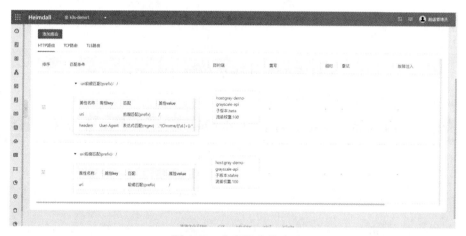

图 9-47 灰度路由策略

通过灰度发布任务，可以看到上一步部署的规则拓扑图，如图 9-48 所示。

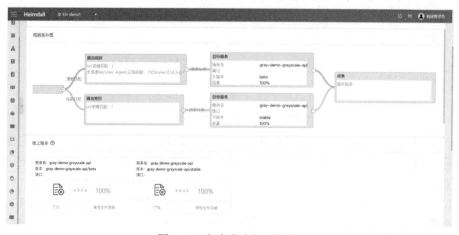

图 9-48 灰度发布规则拓扑

　　此时访问应用，就可以通过服务网格的链路跟踪看到发来的请求，并根据请求内容到达两个应用版本，此例的访问链路如图 9-49 所示。

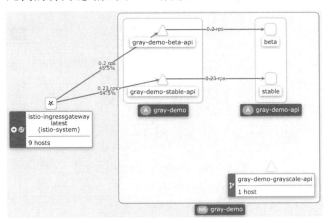

图 9-49　灰度发布访问链路

　　上一步主要介绍了基于请求内容的灰度策略配置，接下来将配置另外一种灰度发布策略：基于流量配比的灰度发布策略，其操作步骤如下：

　　（1）如图 9-50 所示，下线上一步部署的beta 版本；

图 9-50　下线 beta 版本

　　（2）如图 9-51 所示，在未上线版本中，找到刚才下线的 beta 版本，选择【上线】选项，上线方式选择【基于流量配比】选项，并单击【下一步】按钮；

图 9-51　选择灰度发布方式

　　（3）如图 9-52 所示，上线属性配置中，指定 stable 版本流入 90%的流量，beta 版本流入 10%的流量；

　　（4）配置完成之后，查看规则拓扑图，如图 9-53 所示。此时能看到 90%的流量流向了stable 版本，10%的流量流向了 beta 版本；

　　（5）此时通过 http://gray-scale.mytest.com:8880/demo/test 访问应用，则有时候会返回beta 版本的信息，有时候返回 stable 版本的信息，但是 stable 版本的返回信息比例比较大，如图 9-54 所示。通过服务网格的链路跟踪能发现，stable 版本返回信息占 87.5%，beta 版本占 12.5%，stable 与 beta 版本的访问比例接近设置的 9∶1，此时就完成了基于流量配比的灰度发布。

图 9-52　调整流量配比

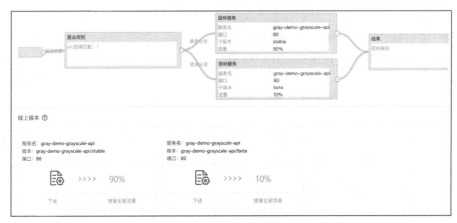

图 9-53　发布之后的拓扑结构

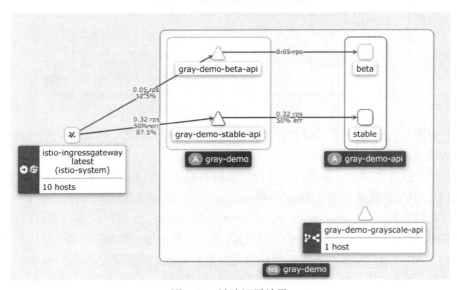

图 9-54　链路调用结果

9.2　云原生应用实践案例二

9.2.1　RuoYi-Cloud 系统架构及项目结构

　　RuoYi-Cloud（若依）是一套全部开源的软件开发平台，其采用前后端分离的模式，前端使用微服务版本（基于 RuoYi-Vue），后端采用 Spring Boot 和 Spring Cloud & Alibaba。其注册中心、配置中心选择 Nacos、权限认证使用 Redis、流量控制框架选择 Sentinel、分布式事务选择 Seata。

　　其系统基本结构如图 9-55 所示。本小节讲解如何搭建 RuoYi-Cloud 云原生环境及如何使用 DevOps 技术对其微服务及数据库进行部署和管理。

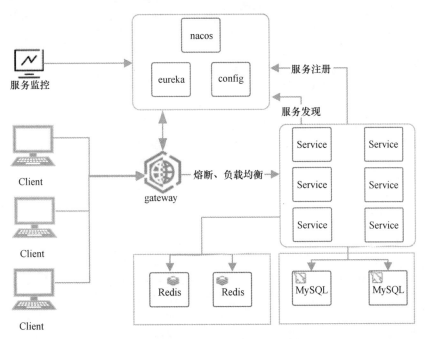

图 9-55　RuoYi-Cloud 系统基本结构

　　RuoYi-Cloud 使用 KubeSphere 来编排 DevOps 流程，并对系统的云原生环境进行管理。DevOps 是一系列做法和工具的集合，其可以使 IT 编码和软件开发团队之间的协作实现自动化。而且，随着敏捷软件开发日趋流行，持续集成（CI）和持续交付（CD）已经成为该领域一个理想的解决方案。在 CI/CD 工作流中，每次集成都通过自动化构建来进行验证，包括编码、发布和测试等，从而帮助开发人员提前发现集成错误，使团队可以快速、安全、可靠地将内部软件交付到生产环境。

　　RuoYi-Cloud 内置模块主要有部门管理、角色用户、菜单及按钮授权、数据权限、系统参数、日志管理、代码生成等。

　　RuoYi-Cloud 后端项目结构代码如下所示：

```
com.ruoyi
├── ruoyi-ui              // 前端框架 [80]
├── ruoyi-gateway         // 网关模块 [8080]
```

```
├── ruoyi-auth                              // 认证中心 [9200]
├── ruoyi-api              // 接口模块
│   └── ruoyi-api-system                    // 系统接口
├── ruoyi-common           // 通用模块
│   └── ruoyi-common-core                   // 核心模块
│   └── ruoyi-common-datascope              // 权限范围
│   └── ruoyi-common-datasource             // 多数据源
│   └── ruoyi-common-log                    // 日志记录
│   └── ruoyi-common-redis                  // 缓存服务
│   └── ruoyi-common-security               // 安全模块
│   └── ruoyi-common-swagger                // 系统接口
├── ruoyi-modules          // 业务模块
│   └── ruoyi-system                        // 系统模块 [9201]
│   └── ruoyi-gen                           // 代码生成 [9202]
│   └── ruoyi-job                           // 定时任务 [9203]
│   └── ruoyi-file                          // 文件服务 [9300]
├── ruoyi-visual           // 图形化管理模块
│   └── ruoyi-visual-monitor                // 监控中心 [9100]
├── pom.xml                                 // 公共依赖
```

RuoYi-Cloud 前端项目结构代码如下所示：

```
├── build                                   // 构建相关
├── bin                                     // 执行脚本
├── public                                  // 公共文件
│   ├── favicon.ico                         // favicon 图标
│   └── index.html                          // html 模板
├── src                                     // 源代码
│   ├── api                                 // 所有请求
│   ├── assets                              // 主题、字体等静态资源
│   ├── components                          // 全局公用组件
│   ├── directive                           // 全局命令
│   ├── layout                              // 布局
│   ├── router                              // 路由
│   ├── store                               // 全局 store 管理
│   ├── utils                               // 全局公用方法
│   ├── views                               // view
│   ├── App.vue                             // 入口页面
│   ├── main.js                             // 入口、加载组件、初始化等
│   ├── permission.js                       // 权限管理
│   └── settings.js                         // 系统配置
├── .editorconfig                           // 编码格式
├── .env.development                        // 开发环境配置
├── .env.production                         // 生产环境配置
├── .env.staging                            // 测试环境配置
├── .eslintignore                           // 忽略语法检查
├── .eslintrc.js                            // eslint 配置项
├── .gitignore                              // git 忽略项
├── babel.config.js                         // babel.config.js
```

```
├── package.json              // package.json
└── vue.config.js             // vue.config.js
```

9.2.2 项目环境要求

本实例运行环境如表 9-2 及表 9-3 所示。其中，Docker 及 Kubernetes 的安装方法在前一节已经做了讲解，因此这里假设系统中已经安装了 Docker 及 Kubernetes。

表 9-2 软件运行环境

系统及软件	版 本 号
Ubuntu	22.04 LTS
Docker	20.10.18
Kubernetes	1.24.0
KubeSphere	3.2

表 9-3 主机 IP

节　　点	IP 地址
master	192.168.0.138
node1	192.168.0.175
node2	192.168.0.176

9.2.3 KubeSphere 的安装

本实例使用 KubeSphere 对 Kubernetes 进行管理。KubeSphere 是在 Kubernetes 之上构建的面向云原生应用的分布式操作系统，完全开源，支持多云与多集群管理，提供了全栈的 IT 自动化运维能力，简化了企业的 DevOps 工作流。它的架构可以非常方便地使第三方应用与云原生生态组件进行即插即用（plug-and-play）的集成。

KubeSphere 提供了对运维友好的向导式操作界面，为用户提供了构建企业级 Kubernetes 环境所需的多项功能，例如多云与多集群管理、Kubernetes 资源管理、DevOps、应用生命周期管理、微服务治理（服务网格）、日志查询与收集、服务与网络、多租户管理、监控告警、事件与审计查询、存储管理、访问权限控制、GPU 支持、网络策略、镜像仓库管理及安全管理等。

自动化是实现 DevOps 落地的重要组成部分，自动、精简的流水线为用户通过 CI/CD 流程交付应用提供了良好的条件。KubeSphere DevOps 系统内置了 Jenkins 并将其作为引擎，支持多种第三方插件。此外，Jenkins 为扩展开发提供了良好的环境，使 DevOps 团队的整个工作流程可以在统一的平台上实现无缝对接，包括开发测试、构建部署、监控日志和通知等。KubeSphere 的账户可以用来登录内置的 Jenkins，满足企业对于 CI/CD 流水线和统一认证多租户隔离的需求。

9.2.3.1 KubeSphere 前置环境安装

1）StorageClass 的安装

检查集群中是否有默认 StorageClass（准备默认 StorageClass 是安装 KubeSphere 的前提条件）。

```
$ kubectl get sc
NAME                            PROVISIONER                    AGE
glusterfs (default              kubernetes.io/glusterfs        3d4h
```

如果没有默认 StorageClass，那么安装 nfs-server。

2）安装 nfs-server

在每个机器上执行：

```
apt-get install -y nfs-kernel-server
```

在 master(192.168.0.138)机器上创建 nfs 目录作为共享文件目录：

```
mkdir -p /nfs/data
```

给文件夹增加读写权限：

```
chmod a+rw /nfs/data
```

配置 NFS 服务目录，并编辑 NFS 的配置文件/etc/exports，在其尾部新增一行，内容如下：

```
cat >> /etc/exports <<EOF
/nfs/data *(rw,sync,no_subtree_check,no_root_squash,insecure)
EOF
```

说明：

（1）*表示任何 IP 都可以访问；

（2）rw 是读写权限；

（3）sync 是同步权限；

（4）no_subtree_check 表示如果输出目录是一个子目录，那么 NFS 服务器不检查其父目录的权限；

（5）no_root_squash 表示对于登录 NFS 主机使用分享目录的使用者来说，如果其是 root 用户，那么对于这个分享的目录，他就具有 root 用户的权限。

执行下面的命令，使配置生效：

```
exportfs -r
```

3）查看结果

执行：

```
exportfs
/data/nfs           <world>
```

启动 rpcbind、nfs-server 服务：

```
systemctl restart rpcbind && systemctl enable rpcbind
systemctl restart nfs-server && systemctl enable nfs-server
```

查看 RPC 服务的注册情况：

```
rpcinfo -p localhost | grep 'nfs'
    100003       3     tcp     2049    nfs
    100003       4     tcp     2049    nfs2
```

执行：

```
showmount -e 192.168.0.138
Export list for 192.168..0.138:
/nfs/data *
```

到这里，NFS 服务端就准备好了，接下来我们准备其客户端。

4）NFS 客户端的安装（选做）

在机器 192.168.0.175、192.168.0.176 上执行如下命令：

安装客户端应用：

```
apt-get install -y nfs-common
```

创建文件夹并挂载 NFS 服务测试：

```
mkdir -p /data/test/nfs
mount 192.168.0.138:/nfs/data /data/test/nfs
```

查看挂载情况：

```
df -Th | grep '192.168.0.138'
192.168.0.138:/data/nfs nfs4        40G    20G    18G   54% /data/test/nfs
```

从上面的命令中可以看到，NFS 服务器端有 40GB 的空间，并且此时已经挂载成功。

5）NFS 的测试

在客户端目录/data/test/nfs 下创建一个文件夹并存入文件：

```
mkdir -p /data/test/nfs/test1
cat > /data/test/nfs/test1/test1.txt <<EOF
我是从客户端 192.168.0.175 写入的
EOF
```

查看服务器端目录 /data/nfs：

```
ls /nfs/data
test1
root@dell:/# cat /nfs/data/test1/test1.txt
我是从客户端 192.168.0.175 写入的
```

从上面命令的执行结果中可以看到，文件已经写入共享目录了。

注意：

如果要取消挂载，那么可执行命令：

```
umount/data/test/nfs
```

查看文件：

```
ls/data/test/nfs/
```

通过上述命令可以看到客户端文件已经消失。

注意：取消挂载后，客户端文件消失，但服务端文件还存在。

6）配置默认存储类

为 KubeSphere 配置动态供应的默认存储类。

```
## 创建了一个存储类
kubectl apply -f sc.yaml
```

修改 sc.yaml 的内容，将 NFS_SERVER（文件中的两处 192.168.0.138）的地址改为实际使用的地址。

```
apiVersion: storage.k8s.io/v1
kind: StorageClass
metadata:
  name: nfs-storage
  annotations:
    storageclass.kubernetes.io/is-default-class: "true"
provisioner: k8s-sigs.io/nfs-subdir-external-provisioner
parameters:
  archiveOnDelete: "true"   ## 删除 PV 的时候，PV 的内容是否要备份

---
```

```yaml
apiVersion: apps/v1
kind: Deployment
metadata:
  name: nfs-client-provisioner
  labels:
    app: nfs-client-provisioner
  # replace with namespace where provisioner is deployed
  namespace: default
spec:
  replicas: 1
  strategy:
    type: Recreate
  selector:
    matchLabels:
      app: nfs-client-provisioner
  template:
    metadata:
      labels:
        app: nfs-client-provisioner
    spec:
      serviceAccountName: nfs-client-provisioner
      containers:
        - name: nfs-client-provisioner
          image: registry.cn-hangzhou.aliyuncs.com/lfy_k8s_images/nfs-subdir-external-provisioner:v4.0.2
          # resources:
          #    limits:
          #       cpu: 10m
          #    requests:
          #       cpu: 10m
          volumeMounts:
            - name: nfs-client-root
              mountPath: /persistentvolumes
          env:
            - name: PROVISIONER_NAME
              value: k8s-sigs.io/nfs-subdir-external-provisioner
            - name: NFS_SERVER
              value: 192.168.0.138    ## 指定自己 NFS 服务器地址
            - name: NFS_PATH
              value: /nfs/data    ## NFS 服务器共享的目录
      volumes:
        - name: nfs-client-root
          nfs:
            server: 192.168.0.138
            path: /nfs/data
---
apiVersion: v1
kind: ServiceAccount
metadata:
  name: nfs-client-provisioner
```

```
    # replace with namespace where provisioner is deployed
    namespace: default
---
kind: ClusterRole
apiVersion: rbac.authorization.k8s.io/v1
metadata:
  name: nfs-client-provisioner-runner
rules:
  - apiGroups: [""]
    resources: ["nodes"]
    verbs: ["get", "list", "watch"]
  - apiGroups: [""]
    resources: ["persistentvolumes"]
    verbs: ["get", "list", "watch", "create", "delete"]
  - apiGroups: [""]
    resources: ["persistentvolumeclaims"]
    verbs: ["get", "list", "watch", "update"]
  - apiGroups: ["storage.k8s.io"]
    resources: ["storageclasses"]
    verbs: ["get", "list", "watch"]
  - apiGroups: [""]
    resources: ["events"]
    verbs: ["create", "update", "patch"]
---
kind: ClusterRoleBinding
apiVersion: rbac.authorization.k8s.io/v1
metadata:
  name: run-nfs-client-provisioner
subjects:
  - kind: ServiceAccount
    name: nfs-client-provisioner
    # replace with namespace where provisioner is deployed
    namespace: default
roleRef:
  kind: ClusterRole
  name: nfs-client-provisioner-runner
  apiGroup: rbac.authorization.k8s.io
---
kind: Role
apiVersion: rbac.authorization.k8s.io/v1
metadata:
  name: leader-locking-nfs-client-provisioner
  # replace with namespace where provisioner is deployed
  namespace: default
rules:
  - apiGroups: [""]
    resources: ["endpoints"]
    verbs: ["get", "list", "watch", "create", "update", "patch"]
---
kind: RoleBinding
```

```
apiVersion: rbac.authorization.k8s.io/v1
metadata:
  name: leader-locking-nfs-client-provisioner
  # replace with namespace where provisioner is deployed
  namespace: default
subjects:
  - kind: ServiceAccount
    name: nfs-client-provisioner
    # replace with namespace where provisioner is deployed
    namespace: default
roleRef:
  kind: Role
  name: leader-locking-nfs-client-provisioner
  apiGroup: rbac.authorization.k8s.io
```

在 master 上执行以下命令：

```
kubectl apply -f sc.yaml
```

查看命令：

```
#确认配置是否生效
kubectl get sc
```

运行集群指标监控组件（在 master 上运行）：

```
kubectl apply –f metrics-server.yaml
```

其中，metrics-server.yaml 的内容如下：

```
apiVersion: v1
kind: ServiceAccount
metadata:
  labels:
    k8s-app: metrics-server
  name: metrics-server
  namespace: kube-system
---
apiVersion: rbac.authorization.k8s.io/v1
kind: ClusterRole
metadata:
  labels:
    k8s-app: metrics-server
    rbac.authorization.k8s.io/aggregate-to-admin: "true"
    rbac.authorization.k8s.io/aggregate-to-edit: "true"
    rbac.authorization.k8s.io/aggregate-to-view: "true"
  name: system:aggregated-metrics-reader
rules:
- apiGroups:
  - metrics.k8s.io
  resources:
  - pods
  - nodes
  verbs:
  - get
  - list
  - watch
```

```yaml
---
apiVersion: rbac.authorization.k8s.io/v1
kind: ClusterRole
metadata:
  labels:
    k8s-app: metrics-server
  name: system:metrics-server
rules:
- apiGroups:
  - ""
  resources:
  - pods
  - nodes
  - nodes/stats
  - namespaces
  - configmaps
  verbs:
  - get
  - list
  - watch
---
apiVersion: rbac.authorization.k8s.io/v1
kind: RoleBinding
metadata:
  labels:
    k8s-app: metrics-server
  name: metrics-server-auth-reader
  namespace: kube-system
roleRef:
  apiGroup: rbac.authorization.k8s.io
  kind: Role
  name: extension-apiserver-authentication-reader
subjects:
- kind: ServiceAccount
  name: metrics-server
  namespace: kube-system
---
apiVersion: rbac.authorization.k8s.io/v1
kind: ClusterRoleBinding
metadata:
  labels:
    k8s-app: metrics-server
  name: metrics-server:system:auth-delegator
roleRef:
  apiGroup: rbac.authorization.k8s.io
  kind: ClusterRole
  name: system:auth-delegator
subjects:
- kind: ServiceAccount
  name: metrics-server
```

```yaml
      namespace: kube-system
---
apiVersion: rbac.authorization.k8s.io/v1
kind: ClusterRoleBinding
metadata:
    labels:
        k8s-app: metrics-server
    name: system:metrics-server
roleRef:
    apiGroup: rbac.authorization.k8s.io
    kind: ClusterRole
    name: system:metrics-server
subjects:
- kind: ServiceAccount
    name: metrics-server
    namespace: kube-system
---
apiVersion: v1
kind: Service
metadata:
    labels:
        k8s-app: metrics-server
    name: metrics-server
    namespace: kube-system
spec:
    ports:
    - name: https
        port: 443
        protocol: TCP
        targetPort: https
    selector:
        k8s-app: metrics-server
---
apiVersion: apps/v1
kind: Deployment
metadata:
    labels:
        k8s-app: metrics-server
    name: metrics-server
    namespace: kube-system
spec:
    selector:
        matchLabels:
            k8s-app: metrics-server
    strategy:
        rollingUpdate:
            maxUnavailable: 0
    template:
        metadata:
            labels:
```

```yaml
      k8s-app: metrics-server
  spec:
    containers:
    - args:
      - --cert-dir=/tmp
      - --kubelet-insecure-tls
      - --secure-port=4443
      - --kubelet-preferred-address-types=InternalIP,ExternalIP,Hostname
      - --kubelet-use-node-status-port
      image: registry.cn-hangzhou.aliyuncs.com/lfy_k8s_images/metrics-server:v0.4.3
      imagePullPolicy: IfNotPresent
      livenessProbe:
        failureThreshold: 3
        httpGet:
          path: /livez
          port: https
          scheme: HTTPS
        periodSeconds: 10
      name: metrics-server
      ports:
      - containerPort: 4443
        name: https
        protocol: TCP
      readinessProbe:
        failureThreshold: 3
        httpGet:
          path: /readyz
          port: https
          scheme: HTTPS
        periodSeconds: 10
      securityContext:
        readOnlyRootFilesystem: true
        runAsNonRoot: true
        runAsUser: 1000
      volumeMounts:
      - mountPath: /tmp
        name: tmp-dir
    nodeSelector:
      kubernetes.io/os: linux
    priorityClassName: system-cluster-critical
    serviceAccountName: metrics-server
    volumes:
    - emptyDir: {}
      name: tmp-dir
---
apiVersion: apiregistration.k8s.io/v1
kind: APIService
metadata:
  labels:
    k8s-app: metrics-server
```

```
name: v1beta1.metrics.k8s.io
spec:
  group: metrics.k8s.io
  groupPriorityMinimum: 100
  insecureSkipTLSVerify: true
  service:
    name: metrics-server
    namespace: kube-system
  version: v1beta1
  versionPriority: 100
```

9.2.3.2　KubeSphere 安装

这里，KubeSphere 使用容器镜像进行安装，首先要下载两个 yaml 文件，一个是用于安装的文件（kubesphere-installer.yaml），另一个是集群配置文件（cluster-configuration.yaml）。集群配置文件要根据自己的机器进行相应的修改，比如 endpointIps 一定要改成安装 KubeSphere 的机器的 IP，其他选项可根据需要选择是否进行修改。

执行以下命令下载配置文件并安装。

下载用于安装的文件：

```
Wget https://github.com/kubesphere/ks-installer/releases/download/v3.3.1/kubesphere- installer.yaml
```

安装该文件：

```
kubectl apply -f kubesphere-installer.yaml
```

下载集群配置文件：

```
wget https://github.com/kubesphere/ks-installer/releases/download/v3.3.1/cluster- configuration.yaml
```

修改该配置文件：

```
---
apiVersion: installer.kubesphere.io/v1alpha1
kind: ClusterConfiguration
metadata:
  name: ks-installer
  namespace: kubesphere-system
  labels:
    version: v3.3.1
spec:
  persistence:
    storageClass: ""        # If there is no default StorageClass in your cluster, you need to specify an
existing StorageClass here.
  authentication:
    # adminPassword: ""      # Custom password of the admin user. If the parameter exists but the value is
empty, a random password is generated. If the parameter does not exist, P@88w0rd is used.
    jwtSecret: ""            # Keep the jwtSecret consistent with the Host Cluster. Retrieve the jwtSecret by
executing "kubectl -n kubesphere-system get cm kubesphere-config -o yaml | grep -v "apiVersion" | grep
jwtSecret" on the Host Cluster.
    local_registry: ""       # Add your private registry address if it is needed.
    # dev_tag: ""             # Add your kubesphere image tag you want to install, by default it's same as
ks-installer release version.
  etcd:
    monitoring: true         # Enable or disable etcd monitoring dashboard installation. You have to create a
Secret for etcd before you enable it.
```

```
    endpointIps: 192.168.0.138   # etcd cluster EndpointIps. It can be a bunch of IPs here.
    port: 2379              # etcd port.
    tlsEnable: true
  common:
    core:
      console:
        enableMultiLogin: true  # Enable or disable simultaneous logins. It allows different users to log in
with the same account at the same time.
        port: 30880
        type: NodePort

    # Apiserver:              # Enlarge the Apiserver and controller manager's resource requests and limits for
the large cluster
      # resources: {}
    # Controller Manager:
      # resources: {}
    redis:
      enabled: true
      enableHA: false
      volumeSize: 2Gi # Redis PVC size.
    openldap:
      enabled: true
      volumeSize: 2Gi     # openldap PVC size.
    minio:
      volumeSize: 20Gi # Minio PVC size.
    monitoring:
      # type: external    # Whether to specify the external prometheus stack, and need to modify the
endpoint at the next line.
      endpoint: http://prometheus-operated.kubespherc-monitoring-system.svc:9090 # Prometheus endpoint
to get metrics data.
      GPUMonitoring:     # Enable or disable the GPU-related metrics. If you enable this switch but have
no GPU resources, Kubesphere will set it to zero.
        enabled: false
    gpu:               # Install GPUKinds. The default GPU kind is nvidia.com/gpu. Other GPU kinds
can be added here according to your needs.
      kinds:
      - resourceName: "nvidia.com/gpu"
        resourceType: "GPU"
        default: true
    es:   # Storage backend for logging, events and auditing.
      # master:
      #   volumeSize: 4Gi  # The volume size of Elasticsearch master nodes.
      #   replicas: 1      # The total number of master nodes. Even numbers are not allowed.
      #   resources: {}
      # data:
      #   volumeSize: 20Gi  # The volume size of Elasticsearch data nodes.
      #   replicas: 1      # The total number of data nodes.
      #   resources: {}
      logMaxAge: 7         # Log retention time in built-in Elasticsearch. It is 7 days by default.
      elkPrefix: logstash     # The string making up index names. The index name will be formatted as
```

```
ks-<elk_prefix>-log.
        basicAuth:
          enabled: false
          username: ""
          password: ""
        externalElasticsearchHost: ""
        externalElasticsearchPort: ""
    alerting:                # (CPU: 0.1 Core, Memory: 100 MiB) It enables users to customize alerting
policies to send messages to receivers in time with different time intervals and alerting levels to choose from.
        enabled: false       # Enable or disable the KubeSphere Alerting System.
        # thanosruler:
        #   replicas: 1
        #   resources: {}
    auditing:                # Provide a security-relevant chronological set of records，recording the sequence
of activities happening on the platform, initiated by different tenants.
        enabled: false       # Enable or disable the KubeSphere Auditing Log System.
        # operator:
        #   resources: {}
        # webhook:
        #   resources: {}
    devops:                  # (CPU: 0.47 Core, Memory: 8.6 G) Provide an out-of-the-box CI/CD system
based on Jenkins, and automated workflow tools including Source-to-Image & Binary-to-Image.
        enabled: true        # Enable or disable the KubeSphere DevOps System.
        # resources: {}
        jenkinsMemoryLim: 8Gi    # Jenkins memory limit.
        jenkinsMemoryReq: 4Gi    # Jenkins memory request.
        jenkinsVolumeSize: 8Gi    # Jenkins volume size.
    events:                  # Provide a graphical web console for Kubernetes Events exporting, filtering and
alerting in multi-tenant Kubernetes clusters.
        enabled: true        # Enable or disable the KubeSphere Events System.
        # operator:
        #   resources: {}
        # exporter:
        #   resources: {}
        # ruler:
        #   enabled: true
        #   replicas: 2
        #   resources: {}
    logging:                 # (CPU: 57 m, Memory: 2.76 G) Flexible logging functions are provided for log
query, collection and management in a unified console. Additional log collectors can be added, such as
Elasticsearch, Kafka and Fluentd.
        enabled: true        # Enable or disable the KubeSphere Logging System.
        logsidecar:
          enabled: true
          replicas: 2
          # resources: {}
    metrics_server:                # (CPU: 56 m, Memory: 44.35 MiB) It enables HPA (Horizontal Pod
Autoscaler)
        enabled: false                # Enable or disable metrics-server.
    monitoring:
```

```
      storageClass: ""                    # If there is an independent StorageClass you need for Prometheus, you
can specify it here. The default StorageClass is used by default.
      node_exporter:
        port: 9100
        # resources: {}
      # kube_rbac_proxy:
      #   resources: {}
      # kube_state_metrics:
      #   resources: {}
      # prometheus:
      #   replicas: 1   # Prometheus replicas are responsible for monitoring different segments of data source
and providing high availability.
      #   volumeSize: 20Gi   # Prometheus PVC size.
      #   resources: {}
      #   operator:
      #     resources: {}
      # alertmanager:
      #   replicas: 1            # AlertManager Replicas.
      #   resources: {}
      # notification_manager:
      #   resources: {}
      #   operator:
      #     resources: {}
      #   proxy:
      #     resources: {}
    gpu:                         # GPU monitoring-related plug-in installation.
      nvidia_dcgm_exporter:      # Ensure that gpu resources on your hosts can be used normally,
otherwise this plug-in will not work properly.
        enabled: false              # Check whether the labels on the GPU hosts contain
"nvidia.com/gpu.present=true" to ensure that the DCGM pod is scheduled to these nodes.
        # resources: {}
  multicluster:
    clusterRole: none   # host | member | none   # You can install a solo cluster, or specify it as the Host or
Member Cluster.
  network:
    networkpolicy: # Network policies allow network isolation within the same cluster, which means
firewalls can be set up between certain instances (Pods)
      # Make sure that the CNI network plugin used by the cluster supports NetworkPolicy. There are a
number of CNI network plugins that support NetworkPolicy, including Calico, Cilium, Kube-router, Romana and
Weave Net.
      enabled: true # Enable or disable network policies.
    ippool: # Use Pod IP Pools to manage the Pod network address space. Pods to be created can be
assigned IP addresses from a Pod IP Pool.
      type: none # Specify "calico" for this field if Calico is used as your CNI plugin. "none" means that
Pod IP Pools are disabled.
    topology: # Use Service Topology to view Service-to-Service communication based on Weave Scope.
      type: none # Specify "weave-scope" for this field to enable Service Topology. "none" means that
Service Topology is disabled.
  openpitrix: # An App Store that is accessible to all platform tenants. You can use it to manage apps across
their entire lifecycle.
```

```
    store:
      enabled: true # Enable or disable the KubeSphere App Store.
    servicemesh:        # (0.3 Core, 300 MiB) Provide fine-grained traffic management, observability and
tracing, and visualized traffic topology.
      enabled: true       # Base component (pilot) Enable or disable KubeSphere Service Mesh (Istio-based)
          istio:      #  Customizing  the  istio  installation  configuration,  refer  to
https://istio.io/latest/docs/setup/additional-setup/customize-installation/
        components:
          ingressGateways:
          - name: istio-ingressgateway
            enabled: false
          cni:
            enabled: false
    edgeruntime:          # Add edge nodes to your cluster and deploy workloads on edge nodes.
      enabled: false
      kubeedge:        # kubeedge configurations
        enabled: false
        cloudCore:
        cloudHub:
          advertiseAddress: # At least a public IP address or an IP address which can be accessed by edge
nodes must be provided.
            - ""            # Note that once KubeEdge is enabled, CloudCore will malfunction if the address
is not provided.
          service:
            cloudhubNodePort: "30000"
            cloudhubQuicNodePort: "30001"
            cloudhubHttpsNodePort: "30002"
            cloudstreamNodePort: "30003"
            tunnelNodePort: "30004"
          # resources: {}
          # hostNetWork: false
        iptables-manager:
          enabled: true
          mode: "external"
          # resources: {}
        # edgeService:
        #   resources: {}
    gatekeeper:        # Provide admission policy and rule management, A validating (mutating TBA)
webhook that enforces CRD-based policies executed by Open Policy Agent.
      enabled: false     # Enable or disable Gatekeeper.
      # controller_manager:
      #   resources: {}
      # audit:
      #   resources: {}
    terminal:
      # image: 'alpine:3.15' # There must be an nsenter program in the image
      timeout: 600         # Container timeout, if set to 0, no timeout will be used. The unit is seconds
```

安装该配置文件：

```
kubectl apply -f cluster-configuration.yaml
```

查看：
```
kubectl get pod -A
```
输出如下结果信息：
```
kubesphere-system  ks-installer-75d4fb4d65-fckr2   0/1   ErrImagePull   0   2m11s
kubectl describe pod ks-installer-75d4fb4d65-fckr2 -n kubesphere-system
   Warning   Failed   43s        kubelet              Error: ImagePullBackOff
   Normal    Pulling  28s (x2 over 2m42s)  kubelet                    Pulling image
"kubesphere/ks-installer:v3.3.1"
```
出现上面的信息，表示未安装成功。失败的原因是镜像没有拉取成。如果出现这类问题，可以先手动下载镜像，然后再安装。比如用下面的命令先拉取镜像，如果镜像源无法拉取，那么可以找其他镜像源来拉取该镜像。
```
docker pull kubesphere/ks-installer:v3.3.1
```
重新安装镜像前，要将刚才出错的安装过程先清除，然后再执行安装命令。

清除命令：
```
kubectl delete -f https://github.com/kubesphere/ks-installer/releases/download/v3.3.1/cluster-configuration.yaml
```
检查安装日志：
```
kubectl logs -n kubesphere-system $(kubectl get pod -n kubesphere-system -l 'app in (ks-install, ks-installer)' -o jsonpath='{.items[0].metadata.name}') -f
```
可能出现的错误：镜像拉取失败。

此时，可先拉取镜像：
```
docker pull kubesphere/elasticsearch-oss:6.8.22
```
再执行配置文件的安装操作：
```
kubectl apply -f cluster-configuration.yaml
```
安装成功后，显示如下日志：
```
Collecting installation results ...
#####################################################
###               Welcome to KubeSphere!         ###
#####################################################

Console: http://192.168.0.138:30880
Account: admin
Password: P@88w0rd
NOTES:
  1. After you log into the console, please check the
     monitoring status of service components in
     "Cluster Management". If any service is not
     ready, please wait patiently until all components
     are up and running.
  2. Please change the default password after login.

#####################################################
https://kubesphere.io           2023-01-01 14:06:56
```
我们可以根据上面的用户名（admin）和密码（P@88w0rd）登录 KubeSphere，并在登录后进行密码修改。

9.2.4　企业空间及项目创建

使用 KubeSphere 部署 RuoYi-Cloud 主要包括如下几个步骤：
（1）创建企业空间；
（2）在企业空间中创建项目；
（3）部署中间件（数据库及 Nacos）；
（4）使用 DevOps 部署系统服务。

9.2.4.1　创建企业空间

登录到 KubeSphere 平台，然后在操作界面中选择【平台管理】→【访问控制】选项进入企业空间。

企业空间是 KubeSphere 多租户系统的基础，是管理项目、DevOps 项目和组织成员的基本逻辑单元。开发人员可以在企业空间中控制资源访问权限，也可以安全地在团队内部分享资源。通常，最佳的做法是为租户（集群管理员除外）创建新的企业空间。同一名租户可以在多个企业空间中工作，并且多个租户可以通过不同方式访问同一个企业空间。

在如图 9-56 所示的企业空间页面，可以在左侧导航栏中选择【企业空间】选项。企业空间列表中已列出默认的企业空间 system-workspace，该企业空间包含所有系统项目，其中运行着与系统相关的组件和服务，该企业空间无法删除。

单击【创建】按钮，可以输入企业空间的名称（如 harbin），并设置企业空间管理员。这里将用户 frankgy 设置为企业空间管理员，完成后单击【创建】按钮。其中，【创建】页面包含以下信息：
（1）名称：为企业空间设置一个专属名称。
（2）别名：该企业空间的另一种名称。
（3）管理员：管理该企业空间的用户。
（4）描述：企业空间的简短介绍。

图 9-56　企业空间页面

9.2.4.2　在企业空间创建项目

如图 9-57 所示，进入企业空间创建我们要部署的项目，在输入信息后单击【确定】按钮。KubeSphere 的项目就是 Kubernetes 的命名空间。KubeSphere 项目有两种类型，即单集群项目和多集群项目。其中，单集群项目是 Kubernetes 的常规命名空间，多集群项目是跨多个集群的联邦命名空间。项目管理员负责创建项目、设置限制范围、配置网络隔离及其他操作。

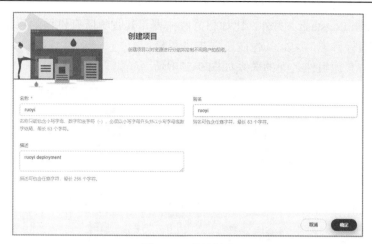

图 9-57 项目创建

9.2.5 MySQL 数据库的部署

9.2.5.1 部署类型选择

单击【平台管理】→【访问控制】选项进入如图 9-56 所示的企业空间 "harbin"，然后选择创建的项目 "ruoyi"。

单击【应用负载】按钮，然后选择【工作负载】选项，就会进入如图 9-58 所示的工作负载界面。常用的工作负载有三种，分别是：

图 9-58 工作负载页面

1）部署（Deployment）

"部署" 就是 Kubernetes 中的 Deployment。一个部署运行着应用程序的几个副本，它会自动替换宕机或故障的实例。部署为 Pod 和 ReplicaSet 提供了声明式的更新能力。如果要部署微服务（通常是无状态应用），那么需要单击 "部署"（Deployment）按钮。

2）有状态副本集（StatefulSet）

有状态副本集就是 Kubernetes 中的 StatefulSet，它用于管理有状态应用程序的工作负载对象，例如 MySQL。通常，中间件都是有状态应用，比如 mysql 等，如果要部署该类应用，那么需要单击 "有状态副本集"（StatefulSet）按钮。

3）守护进程集（DaemonSet）

守护进程集管理多个容器组副本，以确保所有（或某些）节点都运行一个容器组的副本，如 Fluentd 和 Logstash。另外，比如日志收集器，其收集所有机器的日志，且每个机器都只具有一份运行日志，因此其也属于守护进程集。

工作负载与其他组件之间的关系如图 9-59 所示。

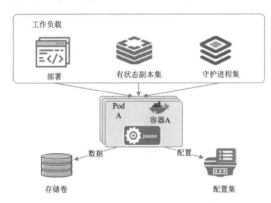

图 9-59　工作负载与其他组件之间的关系

部署中间件（如数据库）可以通过 KubeSphere 中的"应用商店"来实现，也可以手动进行部署，下面以手动部署为例进行讲解。

9.2.5.2　MySQL 数据库安装

RuoYi 系统使用的主要数据库之一是 MySQL，其中保存着 RuoYi 系统的各种数据。下面先将数据库 MySQL 部署到集群中。

MySQL 的安装主要涉及数据存储卷的设置、配置文件的安装、MySQL 数据库程序的安装以及启动 MySQL 需要的环境变量（MySQL_ROOT_PASSWORD 用于设置 MySQL 的登录密码）。其中，MySQL 的配置文件通过 ConfigMap 进行配置，key 对应文件名，value 对应文件内容，如图 9-60 所示。

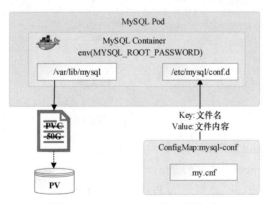

图 9-60　MySQL Pod 各部分关系

9.2.5.3　MySQL 配置文件的安装

1）创建 ConfigMap 用于对 MySQL 进行配置

首先，登录控制台并进入项目，在左侧导航栏中选择【配置】选项下的【配置字典】选项，然后单击【创建】按钮。如图 9-61 所示，在弹出的对话框中，设置配置字典的名称（如 mysql-conf），然后单击【下一步】按钮。

图 9-61　ConfigMap 创建页面

我们可以在对话框右上角启用【编辑 YAML】按钮来查看配置字典的 YAML 清单文件，并通过直接编辑清单文件来创建配置字典；也可以继续执行后续步骤，在控制台上创建配置字典。

如图 9-62 所示，在【数据设置】选项卡中，单击【添加数据】按钮以配置键值对。在输入键值对后，其会显示在清单文件中的 data 字段下。

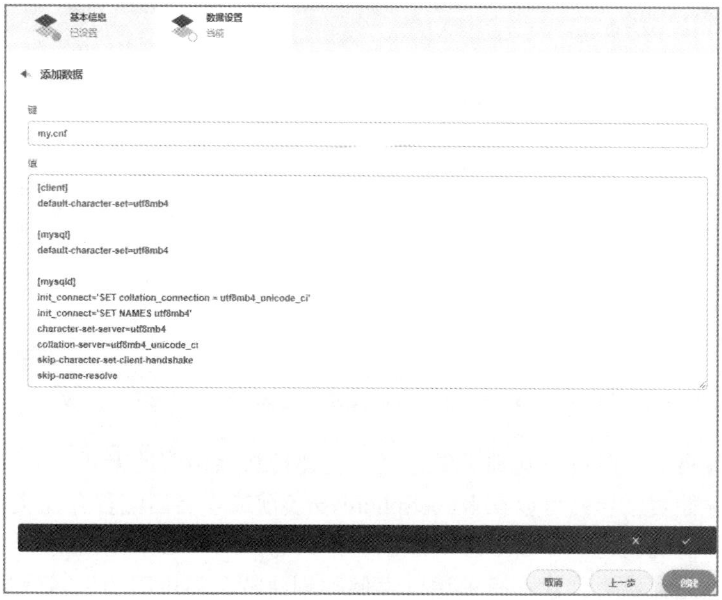

图 9-62　数据设置

单击对话框右下角的√按钮以保存配置。然后，可以再次单击【添加数据】按钮继续配置更多键值对，最后单击【创建】按钮以生成配置字典。

本例中，设置的键名为 my.cnf，键值如下：

```
[client]
default-character-set=utf8mb4
```

```
[mysql]
default-character-set=utf8mb4

[mysqld]
init_connect='SET collation_connection = utf8mb4_unicode_ci'
init_connect='SET NAMES utf8mb4'
character-set-server=utf8mb4
collation-server=utf8mb4_unicode_ci
skip-character-set-client-handshake
skip-name-resolve
lower_case_table_names=2
```

2）准备卷挂载（PVC）

首先，从控制台进入项目，然后在左侧导航栏中单击【存储】下的【持久卷声明】按钮，此时页面上会显示出所有已挂载至项目工作负载的持久卷声明。

在持久卷声明页面，单击【创建】按钮以创建持久卷声明。如图 9-63 所示，在弹出的对话框中设置持久卷声明的名称（如 mysql-pvc），并选择项目，然后单击【下一步】按钮。

图 9-63　持久卷声明

在存储设置页面，有以下几种可供选择的创建持久卷声明的方式：

（1）通过存储类创建：可以在 KubeSphere 安装前或安装后配置存储类。

（2）通过卷快照创建：如需通过快照创建持久卷声明，必须先创建卷快照。

（3）选择通过存储类创建：有关通过存储类创建持久卷声明的更多信息，请参阅存储类相关章节的内容。

本例中，MySQL 数据挂载卷名为 mysql-pvc。

如图 9-64 所示，选择所需的访问模式。访问模式一共有三种，分别是：

（1）ReadWriteOnce：持久卷声明以单节点读写的形式挂载。

（2）ReadOnlyMany：持久卷声明以多节点只读的形式挂载。

（3）ReadWriteMany：持久卷声明以多节点读写的形式挂载。

图 9-64　存储设置

在卷容量区域，设置持久卷声明的大小，然后单击【下一步】按钮。

最后，单击【创建】按钮，如图 9-65 所示，新建的持久卷声明就会显示在项目的持久卷声明页面了。持久卷声明挂载至工作负载后，挂载状态列会显示为已挂载。

图 9-65　新创建的持久卷声明

3）部署 MySQL

首先，从控制台转到项目的应用负载，选择工作负载，然后在有状态副本集选项卡下单击【创建】按钮，输入基本信息，如图 9-66 所示。我们为有状态副本集指定一个名称（mysql），然后单击【下一步】按钮继续操作。

图 9-66　创建有状态副本集

如图 9-67 所示，设置容器组。在设置镜像前，先单击容器组副本数量中的【+】或【-】按钮来定义容器组的副本数量。

图 9-67　容器设置

如图 9-68 所示，添加容器，在官网上查找所要安装的镜像，并选择 MySQL 版本，输入后按回车键。如果找到了镜像，那么会显示相应的信息。然后，单击【使用默认端口】按钮，指定资源限定值。

图 9-68　选择镜像并进行配置

如图 9-69 所示，设置环境变量（MySQL 的密码）和同步主机时钟。用户可根据需求设置 CPU 和内存的资源请求和限制。单击使用默认端口以自动填充端口设置或者自定义协议、名称和容器端口。对于其他设置（健康检查、启动命令、环境变量、容器安全上下文及同步主机时区），也可以在仪表板上进行配置。操作完成后，单击右下角的【√】按钮继续操作。

图 9-69　环境变量等的配置

单击【创建】按钮，则 MySQL 镜像配置完毕，如图 9-70 所示。

图 9-70　mysql 镜像配置完毕

单击【下一步】按钮进行存储设置，如图 9-71 所示，选择【挂载卷】选项。

图 9-71　挂载卷

如图 9-72 所示，选择持久卷，选择【mysql-pvc】选项。

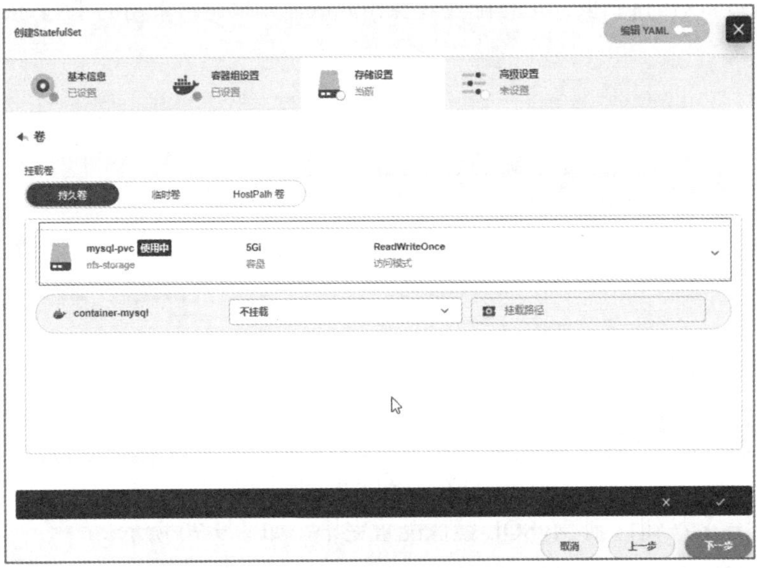

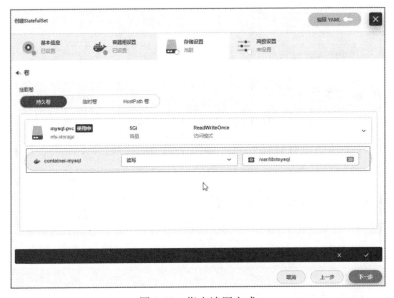

图 9-72　选择持久卷

如图 9-73 所示，选择读写方式。

图 9-73　指定读写方式

单击√按钮之后，弹出如图 9-74 所示的页面，单击【挂载配置字典和保密字典】按钮。

如图 9-75 所示，选择前面创建的 mysql-conf，并指定路径，这样就会自动将 my.conf 放在/etc/mysql/conf.d 目录下面。

单击√按钮，然后单击【下一步】按钮，创建 MySQL 完毕。

如图 9-76 所示，可以查看容器日志，确定是否正常。

如图 9-77 所示，可以进入容器终端查看容器中的信息。

如图 9-78 所示，在容器内部进到目录 etc/mysql/conf.d 下查看配置文件。

图 9-74　挂载配置字典

图 9-75　选择配置字典 mysql-conf

图 9-76　查看容器日志

图 9-77　进入容器终端

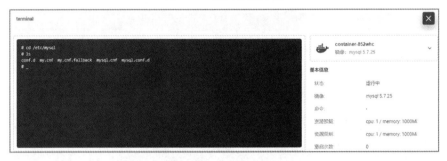

图 9-78　进入容器内部

默认部署的 MySQL 只能在集群内部访问，如图 9-79 所示。用户可通过修改 MySQL 服务，使其能被外部访问。

图 9-79　mysql 服务状态

MySQL 服务的域名如图 9-80 所示。

如图 9-81 所示，进入容器，通过域名链接 MySQL，会显示连接成功，此时集群内部可通过域名直接链接 MySQL 服务。

具体命令为：

```
mysql -uroot -h mysql-yt23.ruoyi -p
```

其中，mysql-yt23.ruoyi 是 service 名称+项目名。

如果需要从集群外部进行访问，那么可以删除服务，如图 9-82 所示，然后重新创建一个指定名称的服务。需要注意的是，在删除服务时，不要删除有状态副本集，如图 9-83 所示。创建服务具体操作如下：

图 9-80　MySQL 服务的域名

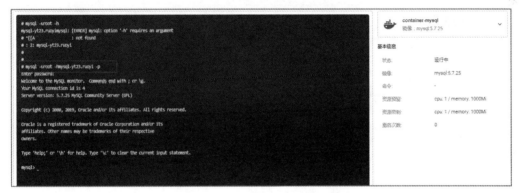

图 9-81　容器内部链接 MySQL

图 9-82　删除服务

图 9-83　不要删除有状态副本集

如图 9-84 所示，单击【创建】按钮，重新创建一个服务。

图 9-84　重新创建一个服务

如图 9-85 所示，指定工作负载。

图 9-85　指定工作负载

如图 9-86 所示，输入相应的信息。

图 9-86　输入相应的信息

如图 9-87 所示，使用内部域名，使用工作负载的标签作为选择器。

图 9-87　指定工作负载的标签

如图 9-88 所示，添加必要的信息。

图 9-88　添加必要的信息

如图 9-89 所示，单击【下一步】按钮，服务创建完毕。

如图 9-90 所示，按上面类似的方式创建一个外网可访问的服务。

如图 9-91 所示，访问模式选择【虚拟 IP 地址】，并指定工作负载为 mysql。

如图 9-92 所示，选择【外部访问】并指定访问模式为【NodePort】。

图 9-89　创建完成

图 9-90　创建外网可访问的服务

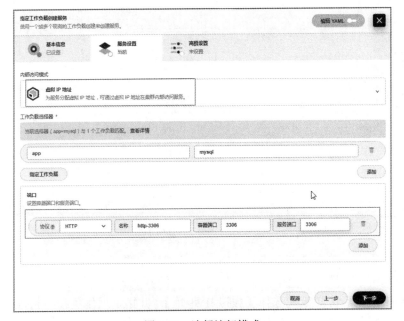

图 9-91　选择访问模式

图 9-92　设置外网访问

如图 9-93 所示，外网可访问的服务创建完毕。

图 9-93　服务创建完毕

集群外部的服务在集群内部也可访问。

如果安装的是 MySQL 8.0 版本，那么默认设置下可能无法远程使用 root 连接。此时，需要进行 MySQL 8.0 版本授权，允许 root 远程连接。修改权限并更改加密方式的具体过程如下：

（1）在 KubeSphere 中通过终端进入 mysql，然后通过命令行登录 MySQL 数据库，具体命令如下：

```
mysql -u root -p
use mysql
```

（2）修改连接权限：

```
update user set host='%' where user ='root';
```

（3）更改加密方式：

```
update user set plugin='mysql_native_password' where user ='root';
```

（4）授权远程连接：

```
grant all on *.* to 'root'@'%';
```

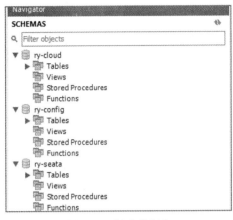

图 9-94　新建数据库

（5）执行刷新权限：

```
flush privileges。
```

9.2.5.4　数据的导入

数据库 MySQL 部署完毕后，需要将 RuoYi-Cloud 中的数据导入其中。

如图 9-94 所示，新建数据库 ry-cloud，然后在此数据库下执行 ry_20220814.sql 和 quartz.sql（任务调度）这两个 SQL 文件。

然后再新建数据库 ry-config，在此数据库下执行 ry_config_202220510.sql 这个 SQL 文件。

最后新建数据库 ry-seata，在此数据库下执行 ry_seata_20210128.sql（分布式事物）这个 SQL 文件。

9.2.6　Redis 数据库的部署

RuoYi-Cloud 系统还用到了另外一个数据库 Redis，下面是 Redis 的部署过程。

9.2.6.1　创建数据库 Redis 部署配置文件

Redis 的部署与 MySQL 类似。首先，完成 Redis 的启动并创建基本配置信息，后续会根据这些信息来确定 Redis 在集群中的部署方式。

Redis 容器启动命令如下：

```
#创建配置文件
## 1、准备 Redis 配置文件内容
mkdir -p /mydata/redis/conf && vim /mydata/redis/conf/redis.conf

##配置示例
appendonly yes
port 6379
bind 0.0.0.0

#Docker 启动 Redis
docker run -d -p 6379:6379 --restart=always \
-v /mydata/redis/conf/redis.conf:/etc/redis/redis.conf \
-v   /mydata/redis-01/data:/data \
 --name redis-01 redis:6.2.5 \
 redis-server /etc/redis/redis.conf
##配置示例
appendonly yes
port 6379
bind 0.0.0.0
```

如图 9-95 所示，首先创建 Redis 的 ConfigMap。

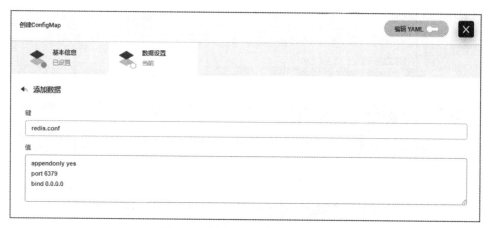

图 9-95　创建 Redis 的 ConfigMap

9.2.6.2　部署 Redis

如图 9-96 所示，选择【工作负载】→【有状态副本集】选项，并输入相应信息。

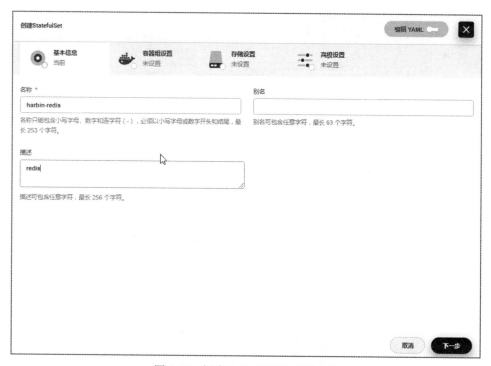

图 9-96　创建 Redis 的有状态副本集

如图 9-97 所示，选择容器并输入基本配置信息。

如图 9-98 所示，指定 Redis 的启动命令为 "redis-server"，启动参数为 Redis 的配置文件，并选定【同步主机时钟】，其他参数暂时可以不设置。

如图 9-99 所示，如果没有创建好的可用存储卷，那么选择【添加存储卷声明模板】选项创建一个存储卷。

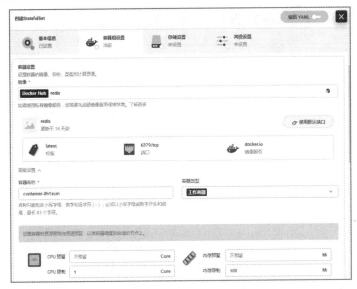

图 9-97　输入基本配置信息

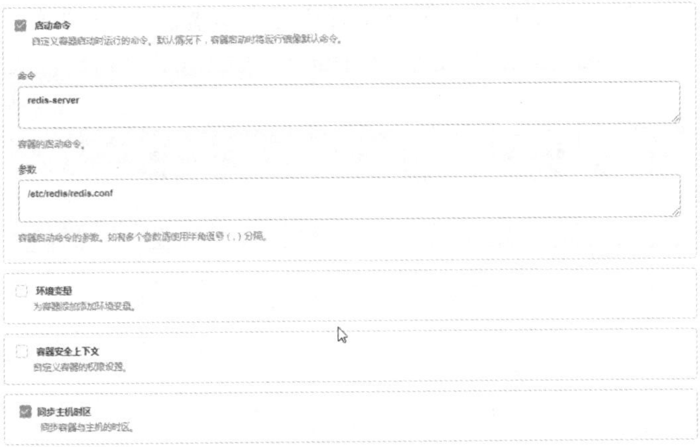

图 9-98　指定启动命令及参数

图 9-99　准备创建存储卷

　　如图 9-100 所示，根据前面 redis docker 启动命令中的信息"-v　/mydata/redis-01/data:/data"
设置挂载路径为/data。

图 9-100　设置挂载路径

　　如图 9-101 所示，编辑挂载配置文件。

图 9-101　编辑挂载配置文件

　　如图 9-102 所示，选择相应的配置文件 redis.conf，根据启动命令中的信息 "-v
/mydata/redis/conf/redis.conf:/etc/redis/redis.conf\"指定挂载路径为/etc/redis。

图 9-102　指定挂载路径

如图 9-103 所示，单击【√】按钮，单击【下一步】按钮，单击【创建】按钮，等待创建完成。

图 9-103　创建完成

如图 9-104 所示，也可以将原服务删除并重新指定服务名称，创建新服务。

图 9-104　创建新服务

至此，Redis 部署完毕。下面部署 RuoYi 使用的另一个中间件 Nacos。

9.2.7　中间件 Nacos 部署

Nacos 是一个更易于帮助开发人员构建云原生应用的动态服务发现、配置和管理平台，提供了注册中心、配置中心和动态 DNS 服务三大功能。其能够无缝对接 Spring Cloud、Spring、Dubbo 等流行框架。RuoYi 系统使用它来进行服务注册和发现等。

9.2.7.1　创建 Nacos 服务

如图 9-105 所示，在 KubeSphere 管理平台中选择【服务】→【有状态服务】选项，并输入相应信息。

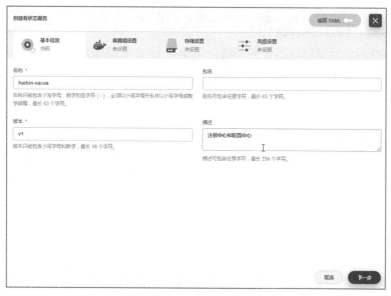

图 9-105　创建有状态服务 Nacos

添加容器，并在 registry.hub.docker.com/r/nacos/nacos-server 中查找 Nacos 镜像。

选择一个版本的镜像，具体操作命令为 "nacos/nacos-server:v2.2.0"。

如图 9-106 所示，输入相应信息后按回车键，等待获取镜像，并选择【使用默认端口】选项，单击√按钮，继续单击【下一步】按钮，最后单击【创建】按钮，完成容器组设置。

图 9-106　容器组设置

在 master 上，用下面的命令查看安装情况：

```
kubectl get pod -A | grep nacos
```

如果出现 ImagePullBackOff 之类的错误，如：

```
ruoyi       harbin-nacos-v1-0        0/1           ImagePullBackOff
```

可以先在各机器上手动将 nacos 拉取下来，具体命令如下：

```
docker pull nacos/nacos-server:v2.2.0
```

如图 9-107 所示，编辑容器设置，将环境变量 MODE 的值设置为【standalone】，否则部署的服务会报出如下错误"Server healthy check fail, currentConnection……"

图 9-107　Nacos 容器设置

通过下面的命令，确定 Nacos 有哪些配置文件要挂载出来，并进行配置：

```
cluster.conf
```

Nacos 服务的域名为：harbin-nacos-v1-0.harbin-nacos.ruoyi.svc.cluster.local。如果有多个 Nacos，那么 harbin-nacos-v1-0 部分需要分别设置为 harbin-nacos-v1-1、harbin-nacos-v1-2，……。这样就可以在 Nacos 的 cluster.conf 配置文件中通过设置域名来使用 Nacos，这样即使某个 Nacos 的 Pod 出现问题，重新拉起 Pod 时 IP 地址会变，但域名却不会变。

由于 application.properties 文件在连接数据库时要用到，所以要对其进行配置。

通过 KubeSphere 进入 Nacos 的终端，输入 pwd，可以看到 nacos 的/home/nacos/目录下面有个.conf 文件。

图 9-108 为挂载关系。我们需要将 cluster.conf 和 application.properties 挂载到 /home/nacos/conf 目录下，即要将这两个文件抽取成 ConfigMap 再进行部署。

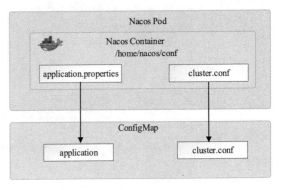

图 9-108　挂载关系

9.2.7.2　创建 Nacos 的配置文件

如图 9-109 所示，创建配置文件，输入相应的信息，并添加配置数据。

图 9-109　创建配置文件

如图 9-110 所示，首先添加 application.properties，并将其值改为集群中部署的值。主要是对与 MySQL 相关的信息进行修改，注意此处数据库的用户名和密码一定要正确，如果用户名不存在或密码错误，那么启动 Nacos 将会出现错误。

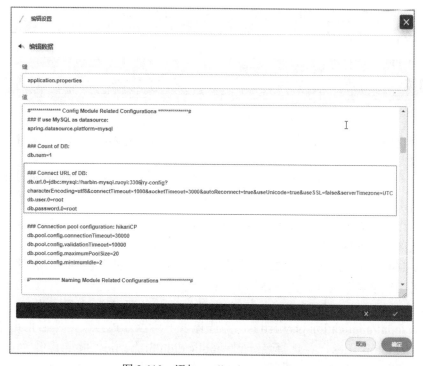

图 9-110　添加 application.properties

我们可将 Nacos 安装目录下的 application.properties 文件中的内容直接复制过来，然后进行 MySQL 配置信息的修改。其中，MySQL 的连接是指创建 MySQL 服务的 DNS。

MySQL 服务 DNS 为：harbin-mysql.ruoyi:3306。

Redis 服务 DNS 为：harbin-redis.ruoyi:6379。

Nacos 服务 DNS 为：harbin-nacos.ruoyi:8848。

如图 9-111 所示，添加 cluster.conf，将已安装的 Nacos 服务的名称及端口写入数据，需要注意的是，有几个 Nacos 服务就写几个。这里，我们只创建了一个 Nacos 服务，即 harbin-nacos-v1-0.harbin-nacos. ruoyi.svc.cluster.local。

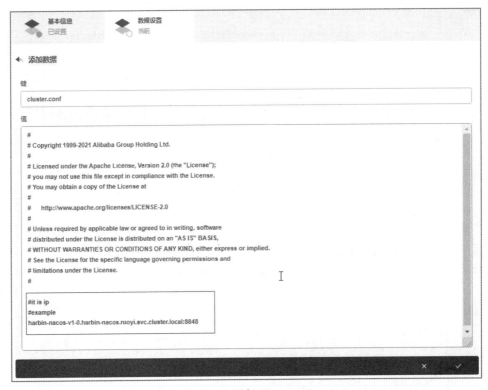

图 9-111　添加 cluste.conf

在图 9-111 中，单击√按钮，然后进入如图 9-112 所示的界面，单击【创建】按钮，完成数据设置。

创建完配置文件后，修改创建的 Nacos 服务，使其使用创建的配置文件（也可以在创建服务时创建配置文件）。

在【工作负载】中找到创建的服务 harbin-nacos-v1，双击，在打开的界面中选择【编辑设置】选项，如图 9-113 所示。

如图 9-114 所示，打开【编辑设置】界面，选择【挂载配置字典或保密字典】选项。

选择【配置字典】选项，由于本例中有两个配置文件，因此要分别进行指定。

如图 9-115 所示，找到 nacos.conf 文件，选择【只读】选项，指定工作目录为 /home/nacos/conf/application.properties，并选择以子路径方式挂载，然后指定【子路径】为 application.properties，并选择特定键 application.properties 指定其值为 application. properties。

图 9-112　数据设置完毕

图 9-113　编辑设置

图 9-114　挂载 Nacos 配置

图 9-115　指定 application.properties

单击【√】按钮，第 1 个配置文件就设置完毕了。

下面设置第 2 个配置文件。

找到 nacos.conf 文件，选择【只读】选项，指定工作目录为/home/nacos/conf/cluster.conf，并选择特定键 cluster.conf，指定其值为 cluster.conf，如图 9-116 所示。

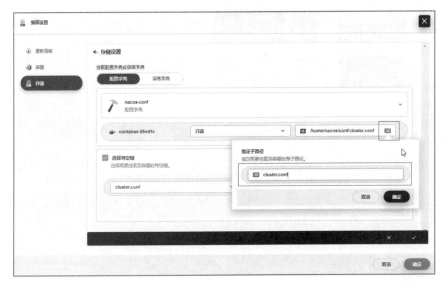

图 9-116　指定 cluster.conf

单击 √ 按钮后弹出如图 9-117 所示的页面，然后单击【确定】按钮。配置文件设置完毕了。

如果要验证 Nacos 是否部署成功，那么可以创建一个 Nacos 的 NodePort 服务，如图 9-118 所示，然后在浏览器中打开 Nacos。

输入 Node 节点的 IP，这里 master 部署时的 IP 为 192.168.0.138，因此可以在浏览器中输入 192.168.0.138:32694/nacos 打开 Web 页面，输入用户名/密码：nacos/nacos。如果可以看到如图 9-119 所示的配置列表信息，那么说明配置没有问题。

图 9-117　Nacos 存储设置完毕

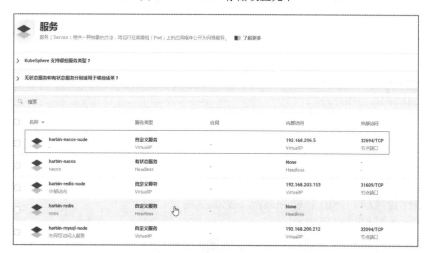

图 9-118　创建 NodePort 服务

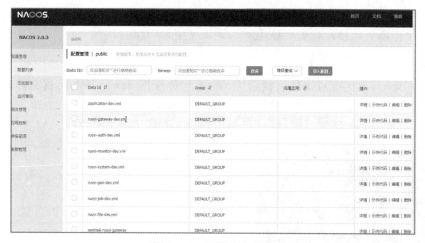

图 9-119　配置列表信息

其中，每个应用的 yaml 文件都是带 dev 的，这表示是 dev 环境下的 yaml 文件。如果要在生产环境进行部署，那么需要编写另外的 yaml 文件，通过带 prod 的文件名来进行区分。至此，RuoYi 系统所需要的中间件全部部署完毕，下面将介绍如何部署 RuoYi 系统。

9.2.8 RuoYi 系统流水线

RuoYi-Cloud 系统的部署采用自底向上的方式，具体步骤为：
（1）部署数据层；
（2）部署服务治管理层（Nacos 等）；
（3）部署微服务层；
（4）部署网关；
（5）部署前端应用 UI。

DevOps 是一系列做法和工具的集合，其可以实现运维与软件开发团队之间协作流程的自动化。目前，敏捷软件开发方法日趋流行，CI/CD 已经成为该领域一个理想的解决方案。在 CI/CD 工作流中，每次集成都可以通过自动化构建来进行验证，包括编码、发布和测试等，进而帮助开发人员提前发现集成错误，使团队可以快速、安全、可靠地将内部软件交付到生产环境。

（1）DevOps 实践的基本过程如下：
① Continuous Intergration；
② Continuous Delivery；
③ Continuous Deployment。

借助上述流程，只要代码发生变更，就会自动同步到生产环境，使开发与运维人员不需要做大量工作。

进入项目的 docker 目录，如图 9-120 所示，其中 mysql、nacos 和 redis 目录已经在前面的章节中部署完成，下面部署 RuoYi 下的微服务。

（2）生产与开发的配置隔离。

部署 RuoYi 下的微服务项目需遵守以下默认规则：

① 每个微服务项目，在生产环境时，会自动获取"微服务名-prod.yml"作为自己的核心配置文件。

② 每个微服务项目，在生产环境时，默认使用 8080 端口。

9.2.8.1 生产环境的配置

本项目 dev 环境的配置文件已经有了，因此可以根据 dev 环境的配置文件来创建生产环境的配置文件，否则需要重新编写不同环境的配置文件。

首先，进入 nacos 目录，在 nacos 目录中创建生产环境的命名空间，如图 9-121 所示。

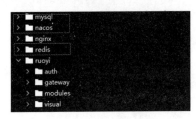

图 9-120　docker 目录

图 9-121　创建生产环境命名空间

　　然后，将开发环境的配置文件克隆一份到生产环境，克隆时需要将名称中的 dev 改为 prod，如图 9-122 所示。

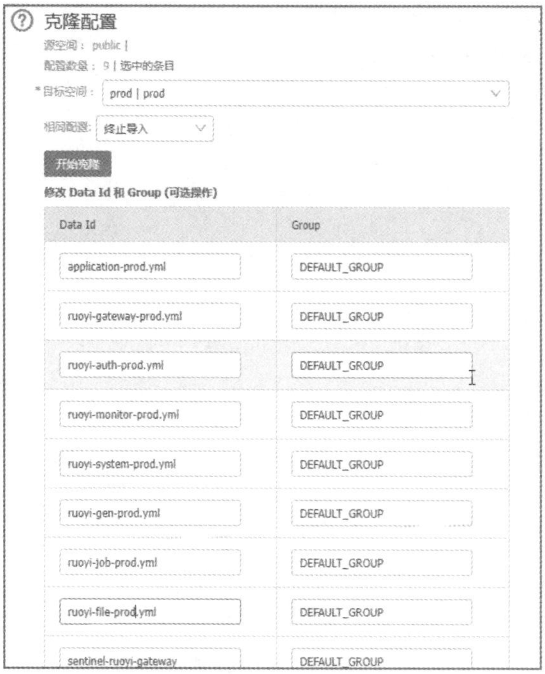

图 9-122　生产环境配置文件生成

前面章节安装的中间件服务名分别如下。

MySQL 服务 DNS 为 harbin-mysql.ruoyi:3306。

Redis 服务 DNS 为 harbin-redis.ruoyi:6379。

Nacos 服务 DNS 为 harbin-nacos.ruoyi:8848。

　　我们将这些信息更新到名字带 prod 的 yaml 文件中，然后打开查看每个文件并将有相关信息的地方都改成生产环境中部署的链接和端口，下面是要修改的文件和修改后的内容。

ruoyi-gateway-prod.yml 文件的修改：

```
spring:
  redis:
    host: harbin-redis.ruoyi
    port: 6379
    password:
  cloud:
    gateway:
      discovery:
        locator:
          lowerCaseServiceId: true
          enabled: true
      routes:
        # 认证中心
        - id: ruoyi-auth
          uri: lb://ruoyi-auth
          predicates:
```

```
                - Path=/auth/**
            filters:
                # 验证码处理
                - CacheRequestFilter
                - ValidateCodeFilter
                - StripPrefix=1
        # 代码生成
        - id: ruoyi-gen
          uri: lb://ruoyi-gen
          predicates:
                - Path=/code/**
            filters:
                - StripPrefix=1
        # 定时任务
        - id: ruoyi-job
          uri: lb://ruoyi-job
          predicates:
                - Path=/schedule/**
            filters:
                - StripPrefix=1
        # 系统模块
        - id: ruoyi-system
          uri: lb://ruoyi-system
          predicates:
                - Path=/system/**
            filters:
                - StripPrefix=1
        # 文件服务
        - id: ruoyi-file
          uri: lb://ruoyi-file
          predicates:
                - Path=/file/**
            filters:
                - StripPrefix=1

# 安全配置
security:
  # 验证码
  captcha:
    enabled: true
    type: math
  # 防止 XSS 攻击
  xss:
    enabled: true
    excludeUrls:
      - /system/notice
  # 不校验白名单
  ignore:
    whites:
```

```
            - /auth/logout
            - /auth/login
            - /auth/register
            - /*/v2/api-docs
            - /csrf
```

ruoyi-auth-prod.yml 文件的修改：

```
spring:
  redis:
    host: harbin-redis.ruoyi
    port: 6379
    password:
```

ruoyi-system-prod.yml 文件的修改：

```
# spring 配置
spring:
  redis:
    host: harbin-redis.ruoyi
    port: 6379
    password:
  datasource:
    druid:
      stat-view-servlet:
        enabled: true
        loginUsername: admin
        loginPassword: 123456
      dynamic:
        druid:
          initial-size: 5
          min-idle: 5
          maxActive: 20
          maxWait: 60000
          timeBetweenEvictionRunsMillis: 60000
          minEvictableIdleTimeMillis: 300000
          validationQuery: SELECT 1 FROM DUAL
          testWhileIdle: true
          testOnBorrow: false
          testOnReturn: false
          poolPreparedStatements: true
          maxPoolPreparedStatementPerConnectionSize: 20
          filters: stat,slf4j
          connectionProperties: druid.stat.mergeSql\=true;druid.stat.slowSqlMillis\=5000
        datasource:
          # 主库数据源
          master:
            driver-class-name: com.mysql.cj.jdbc.Driver
            url:  jdbc:mysql://harbin-mysql.ruoyi:3306/ry-cloud?useUnicode=true&characterEncoding=
utf8&zeroDateTimeBehavior=convertToNull&useSSL=false&serverTimezone=GMT%2B8
            username: root
            password: root
          # 从库数据源
```

```
                # slave:
                    # username:
                    # password:
                    # url:
                    # driver-class-name:
            # seata: true
            # 开启 seata 代理，开启后默认每个数据源都代理，如果某个不需要代理，可单独关闭

# seata 配置
seata:
    # 默认关闭，如需启用 spring.datasource.dynami.seata，需要同时开启
    enabled: false
    # Seata 应用编号，默认为 ${spring.application.name}
    application-id: ${spring.application.name}
    # Seata 事务组编号，用于 TC 集群名
    tx-service-group: ${spring.application.name}-group
    # 关闭自动代理
    enable-auto-data-source-proxy: false
    # 服务配置项
    service:
        # 虚拟组和分组的映射
        vgroup-mapping:
            ruoyi-system-group: default
    config:
        type: nacos
        nacos:
            serverAddr: harbin-nacos.ruoyi:8848
            group: SEATA_GROUP
            namespace:
    registry:
        type: nacos
        nacos:
            application: seata-server
            server-addr: harbin-nacos.ruoyi:8848
            namespace:

# mybatis 配置
mybatis:
    # 搜索指定包别名
    typeAliasesPackage: com.ruoyi.system
    # 配置 mapper 的扫描，找到所有的 mapper.xml 映射文件
    mapperLocations: classpath:mapper/**/*.xml

# swagger 配置
swagger:
    title: 系统模块接口文档
    license: Powered By ruoyi
    licenseUrl: https://ruoyi.vip
```

ruoyi-gen-prod.yml 文件的修改：

```
# spring 配置
spring:
  redis:
    host: harbin-redis.ruoyi
    port: 6379
    password:
  datasource:
    driver-class-name: com.mysql.cj.jdbc.Driver
    url: jdbc:mysql://harbin-mysql.ruoyi:3306/ry-cloud?useUnicode=true&characterEncoding=
utf8&zeroDateTimeBehavior=convertToNull&useSSL=false&serverTimezone=GMT%2B8
    username: root
    password: root

# mybatis 配置
mybatis:
    # 搜索指定包别名
    typeAliasesPackage: com.ruoyi.gen.domain
    # 配置 mapper 的扫描，找到所有的 mapper.xml 映射文件
    mapperLocations: classpath:mapper/**/*.xml

# swagger 配置
swagger:
  title: 代码生成接口文档
  license: Powered By ruoyi
  licenseUrl: https://ruoyi.vip

# 代码生成
gen:
  # 作者
  author: ruoyi
  # 默认生成包路径 system 需改成自己的模块名称 如 system monitor tool
  packageName: com.ruoyi.system
  # 自动去除表前缀，默认是 false
  autoRemovePre: false
  # 表前缀（生成类名不会包含表前缀，多个用逗号分隔）
  tablePrefix: sys_
```

ruoyi-job-prod.yml 文件的修改：

```
# spring 配置
spring:
  redis:
    host: harbin-redis.ruoyi
    port: 6379
    password:
  datasource:
    driver-class-name: com.mysql.cj.jdbc.Driver
    url: jdbc:mysql://harbin-mysql.ruoyi:3306/ry-cloud?useUnicode=true&characterEncoding=
utf8&zeroDateTimeBehavior=convertToNull&useSSL=false&serverTimezone=GMT%2B8
    username: root
    password: root
```

```
# mybatis 配置
mybatis:
    # 搜索指定包别名
    typeAliasesPackage: com.ruoyi.job.domain
    # 配置 mapper 的扫描，找到所有的 mapper.xml 映射文件
    mapperLocations: classpath:mapper/**/*.xml

# swagger 配置
swagger:
    title: 定时任务接口文档
    license: Powered By ruoyi
    licenseUrl: https://ruoyi.vip
```

9.2.8.2　生产环境下自动化部署涉及的操作

前面已经将配置文件编写好，下面可以开始自动化上云的过程了。我们可以使用 KubeSphere 中整合的 Jenkins 来完成自动化 CI/CD 的整个过程。

实现自动化部署的准备工作包括以下几个方面：

（1）启用 KubeSphere DevOps 系统。

（2）创建一个 Docker Hub 账户。

（3）创建一个企业空间。

（4）创建一个 DevOps 项目。

（5）创建一个项目管理用户（project-regular）。项目管理用户必须被邀请至 DevOps 项目中并赋予 operator 角色。如果用户尚未创建，那么请参见创建企业空间、项目、用户和角色相关章节，完成创建用户操作。

（6）设置 CI 专用节点来运行流水线。更多有关信息，请参见为缓存依赖项设置 CI 节点。

（7）配置电子邮件服务器用于接收流水线通知（可选）。更多有关信息，请参见为 KubeSphere 流水线设置电子邮件服务器。

（8）配置 SonarQube 将代码分析纳入流水线（可选）。更多有关信息，请参见将 SonarQube 集成到流水线。

通常，配置流水线包含以下几个阶段：

阶段 1：Checkout SCM，从 GitHub 或其他代码仓库拉取源代码。

阶段 2：单元测试（可选），待该测试通过后才会进行下一阶段。

阶段 3：代码分析（可选），配置 SonarQube 用于静态代码分析。

阶段 4：构建并推送，构建镜像并附上标签 snapshot-$BUILD_NUMBER，然后推送至镜像仓库（Docker Hub 或其他仓库），其中 $BUILD_NUMBER 是流水线活动列表中的记录的序列号。

阶段 5：生成制品（可选），生成一个制品（如 JAR 文件包）并保存。

阶段 6：部署至开发环境，在开发环境中创建一个部署和一个服务。该阶段通常需要进行审核，部署成功运行后，可以发送电子邮件通知。

这里我们简化了部署过程，主要介绍如下几个阶段：拉取代码、编译并构建镜像、推送镜像到远端仓库、拉取镜像并进行部署。

9.2.8.3　创建 DevOps 项目

如图 9-123 所示，首先通过 KubeSphere 进入企业空间 harbin，然后选择 DevOps 创建

界面，创建 DevOps 项目。

图 9-123 创建 DevOps 项目

如图 9-124 所示，输入 DevOps 项目信息。

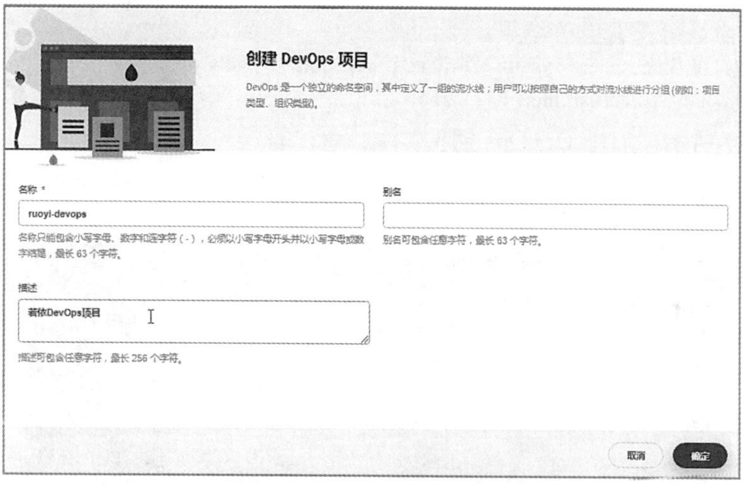

图 9-124 输入 DevOps 项目信息

如果 KubeSphere 没有启用 DevOps，那么就找不到上面的界面。此时，我们可以进入【集群】→【定制资源定义】菜单，找到 ClusterConfiguration，然后启用 DevOps，如图 9-125 所示。

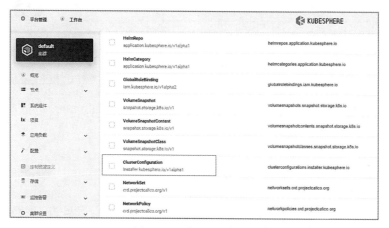

图 9-125 集群配置管理

单击 ClusterConfiguration 选项，进入如图 9-126 所示页面，选择【编辑 YAML】选项，

将 DevOps 下的 enabled 属性的值改为 true。

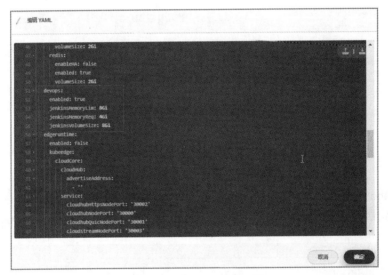

图 9-126　自定义资源

通过下面命令可查看更改结果：

kubectl logs -n kubesphere-system $(kubectl get pod -n kubesphere-system -l 'app in (ks-install, ks-installer)' -o jsonpath='{.items[0].metadata.name}') -f

如图 9-127 所示，启用 DevOps 插件。

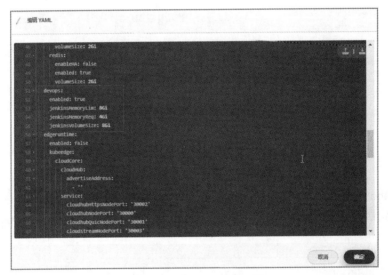

图 9-127　启用 DevOps 插件

图 9-128 为 DevOps 项目创建成功后看到的界面。

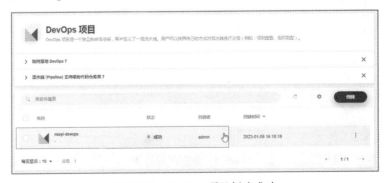

图 9-128　DevOps 项目创建成功

9.2.8.4　创建流水线

选择【ruoyi-devops】选项进入如图 9-129 所示的流水线创建界面。

图 9-129　流水线创建界面

如图 9-130 所示，输入流水线基本信息。

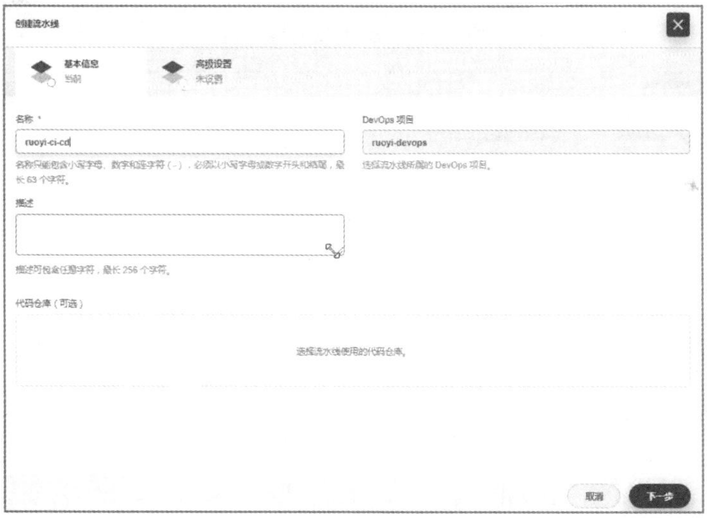

图 9-130　输入流水线基本信息

单击【下一步】按钮然后进入【高级设置】界面，如图 9-131 所示，我们可根据需要配置相应信息，然后单击【创建】按钮。

创建成功后，可以在【流水线】界面可以看到创建好的流水线【ruoyi-ci-cd】。然后选择【ruoyi-ci-cd】选项进入流水线编辑界面，进行流水线的编辑操作。

如图 9-132 所示，可以看到有许多流水线模板可供选择，用户可以根据需要选择相应的模板。

9.2.8.5　流水线模板选择

通常，使用图形编辑面板编辑流水线。KubeSphere 中的图形编辑面板包含用于 Jenkins 阶段（Stage）和步骤（Step）的所有必要操作。用户可以直接在交互式面板上定义这些阶段和步骤，无须创建任何 Jenkinsfile。KubeSphere 在整个过程中将根据编辑面板上的设置信息自动生成 Jenkinsfile。待流水线成功运行后，它会相应地在开发环境中创建一个部署（Deployment）和一个服务（Service），并将镜像推送至 Docker Hub。

图 9-131　流水线高级设置

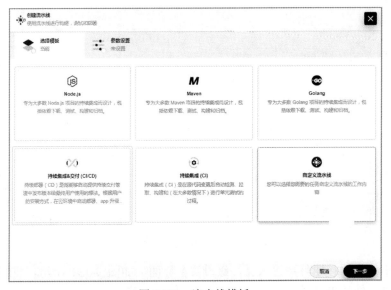

图 9-132　流水线模板

选择【持续集成&交付（CI/CD）】模板，单击【下一步】按钮，再单击【创建】按钮。图 9-133 是按模板创建的流水线，单击右上角的【+】【-】按钮可以进行放大缩小。用户可以在这个模板上编辑内容。

接下来，再次进入 ruoyi-ci-cd 流水线，在可视化界面进行流水线编辑，选择代理 Node，然后根据具体要实现的功能在 label 中选择相应的 Agent 值。

Agent 部分指定了整条流水线或特定阶段（Stage）在 Jenkins 环境中的执行位置，其具体取决于 Agent 部分的放置位置。该部分必须在 Pipeline 块的顶层进行定义，但是在哪个阶段级别使用是可选的。

KubeSphere 内置了多种类型的 podTemplate，包括 base、nodejs、maven 和 go 等，并且在 Pod 中提供了隔离的 Docker 环境。

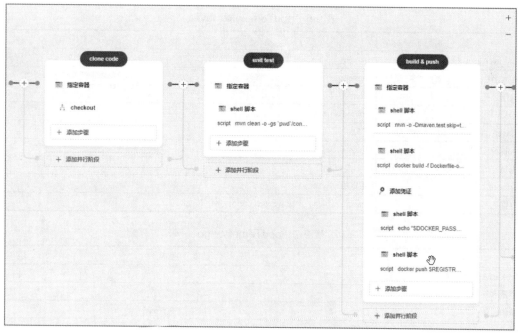

图 9-133　创建的流水线

　　用户可以通过指定 Agent 的标签值来使用内置的 podTempalte。例如，要使用 nodejs 的 podTemplate，可以在创建流水线时指定标签值为 nodejs。其中，不同类型的 podTemplate 的具体信息如表 9-4～表 9-7 所示。

表 9-4　podTemplate base

名　　称	类型/版本
Jenkins Agent 标签	base
容器名称	base
操作系统	CentOS-7
Docker	18.06.0
Helm	2.11.0
Kubectl	稳定版
内置工具	unzip、which、make、wget、zip、bzip2、git

表 9-5　podTemplate nodejs

名　　称	类型 / 版本
Jenkins Agent 标签	nodejs
容器名称	nodejs
操作系统	CentOS-7
Node	9.11.2
Yarn	1.3.2
Docker	18.06.0
Helm	2.11.0
Kubectl	稳定版
内置工具	unzip、which、make、wget、zip、bzip2、git

表 9-6　podTemplate maven

名　称	类型／版本
Jenkins Agent 标签	maven
容器名称	maven
操作系统	CentOS-7
JDK	openjdk-1.8.0
Maven	3.5.3
Docker	18.06.0
Helm	2.11.0
Kubectl	稳定版
内置工具	unzip、which、make、wget、zip、bzip2、git

表 9-7　podTemplate go

名　称	类型／版本
Jenkins Agent 标签	go
容器名称	go
操作系统	CentOS-7
Go	1.11
GOPATH	/home/jenkins/go
GOROOT	/usr/local/go
Docker	18.06.0
Helm	2.11.0
Kubectl	稳定版
内置工具	unzip、which、make、wget、zip、bzip2、git

如果是 Java 应用，那么可以选择 podTemplate maven；如果是前端项目，那么可以选择 pod Template nodejs；如果做其他项目，那么可以选择 pod Template base。Jenkins 在集群模式下，有一个主控节点可以控制各个 Agent 节点如何进行流水线的构建。

Jenkins 流水线是一套插件的集合，它支持实现和集成从 continuous delivery pipelines 到 Jenkins。

如图 9-134 所示，首先设置代理类型及 label 值，这里我们选择 maven 选项。

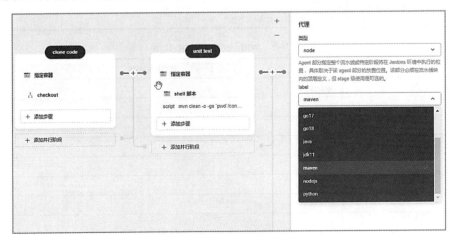

图 9-134　设置代理

9.2.8.6　第 1 个阶段-拉取代码

如图 9-135 所示，选中第 1 个阶段拉取代码，删除该阶段不用的操作，然后单击【添加步骤】按钮。

图 9-135　第 1 个阶段的配置

在添加步骤界面，将【指定容器】的值设置为 base。在容器 base 中添加嵌套步骤，该嵌套步骤是要拉取代码的，因此选择 git。如图 9-136 所示，输入代码仓库的 URL，并创建能够访问该代码仓库的凭证。

如图 9-137 所示，使用账号密码作为登录代码仓库的凭证。

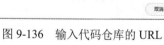

图 9-136　输入代码仓库的 URL

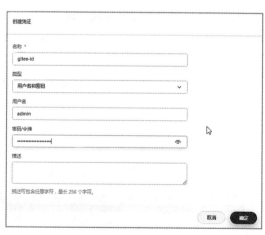

图 9-137　输入凭证

如图 9-138 所示，创建凭证后，选择所创建的凭证，并指定要拉取的分支。

如图 9-139 所示，用户可以再加一个步骤，该步骤类型是 shell 脚本。这里的脚本是一条用来显示文件信息的命令，通过该脚本，用户在查看日志时，就可以看到当前目录下的文件信息，以便在出现问题时查找问题原因。

至此，第 1 个阶段就创建完毕了。用户可以通过可视化界面创建 Pipeline 的各个步骤。KubeSphere 也提供了 Pipeline 脚本的编辑窗口，用户也可以在编辑窗口直接编写 Pipeline 脚本。

图 9-138　指定凭证及分支　　　　　　　图 9-139　添加 shell 脚本

创建完毕后，我们可以试着运行一下，以便查看创建的流水线是否正确。如果任务状态显示 maven-xx offline，那么有可能是镜像拉取有问题，此时可以手动将镜像拉取下来。如果没有问题，如图 9-140 所示，就可以看到第 1 个阶段"拉取代码"运行成功了。由于第 2 阶段还没有配置，所以没有运行成功，这是正常的。

接下来，继续进行下一步的配置。如果有单元测试，那么编写单元测试的 Jenkins 流程，这里略去该步，直接进入项目编译这一阶段。

9.2.8.7　第 2 个阶段-项目构建

首先，选中第 2 个阶段，并将名称改为"项目构建"，然后选择【添加步骤】→【指定容器】选项，这里填写 maven。这个阶段的目的主要就是使用 maven 编译打包项目，涉及的主要命令为 mvn clean package '-Dmaven.test.skip=true'。

图 9-141 为第 2 个阶段的配置。

第 2 个阶段的构建需要到 maven 中央仓库下载依赖包，这可能会很慢，因此可以选择设置国内的 maven 依赖包镜像。设置方法如下：

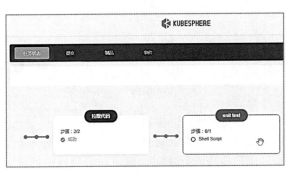

图 9-140　第 1 个阶段运行成功　　　　　图 9-141　第 2 个阶段的配置

在 KubeSphere 中使用 admin 账号登录，选择【平台管理】→【集群管理】→【配置】→【配置字典】→【ks-devops-agent】选项，修改这个配置，并在 mirrors 中加入以下内容：

```xml
<mirror>
  <id>aliyunmaven</id>
  <mirrorOf>*</mirrorOf>
  <name>阿里云公共仓库</name>
  <url>https://maven.aliyun.com/repository/public</url>
</mirror>
```

进行镜像构建。首先要在项目中的每个微服务文件夹下编写好 Dockerfile 文件，并配置好相应的地址（数据库地址、nacos 地址等）。

下面是其中一个 Dockerfile 文件的内容：

```dockerfile
FROM openjdk:8-jdk
LABEL maintainer=yufeng

#docker run -e PARAMS="--server.port 9090"
ENV PARAMS="--server.port=8080 --spring.profiles.active=prod --spring.cloud.nacos.discovery.server-
    addr=harbin-nacos.ruoyi:8848 --spring.cloud.nacos.config.server-addr=harbin-nacos.ruoyi:8848 --spring.
cloud.nacos.config.namespace=prod --spring.cloud.nacos.config.file-extension=yml"
RUN /bin/cp /usr/share/zoneinfo/Asia/Shanghai /etc/localtime && echo 'Asia/Shanghai' >/etc/timezone

COPY target/*.jar /app.jar
EXPOSE 8080
#
ENTRYPOINT ["/bin/sh","-c","java -Dfile.encoding=utf8 -Djava.security.egd=file:/dev/./urandom -jar
app.jar ${PARAMS}"]
```

微服务 ruoyi-auth 的打包 shell：

```shell
docker build -t ruoyi-auth:latest -f ./ruoyi-auth/Dockerfile ./ruoyi-auth/
```

微服务 ruoyi-file 的打包 shell：

```shell
docker build -t ruoyi-file:latest -f ./ruoyi-modules/ruoyi-file/Dockerfile ./ruoyi-modules/ruoyi-file/
```

微服务 ruoyi-gateway 的打包 shell：

```shell
docker build -t ruoyi-gateway:latest -f ./ruoyi-gateway/Dockerfile ./ruoyi-gateway/
```

微服务 ruoyi-job 的打包 shell：

```shell
docker build -t ruoyi-job:latest -f ./ruoyi-modules/ruoyi-job/Dockerfile ./ruoyi-modules/ruoyi-job/
```

微服务 ruoyi-system 的打包 shell：

```shell
docker build -t ruoyi-system:latest -f ./ruoyi-modules/ruoyi-system/Dockerfile ./ruoyi-modules/ruoyi-
system/
```

微服务 ruoyi-monitor 的打包 shell：

```shell
docker build -t ruoyi-monitor:latest -f ./ruoyi-visual/ruoyi-monitor/Dockerfile ./ruoyi-visual/ruoyi-monitor/
```

注意：在运行脚本时，如果出现 Jenkins 构建时遇到的 Waiting for next available executor 问题，那么可以采用如下方式解决。

登录 Jenkins 管理界面：选择【系统管理】→【节点管理】→【master】下拉框里的【配置从节点】选项，如图 9-142 所示。

如图 9-143 所示，设置【执行者数量】为 2。

运行 Pipeline 时，可以在操作系统的控制台上看到运行的任务信息，也可以在操作系统的控制台输入如下命令查看信息：

查看任务列表：

```shell
kubectl get PipelineRun -A
```

查看某个 Pipeline 的具体信息：

kubectl describe　PipelineRun -n 命名空间　pipeline 名称

图 9-142　Jenkins 配置从节点

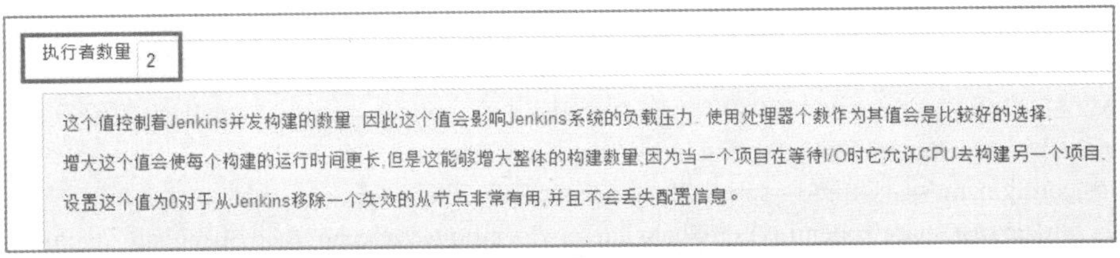

执行者数量 2

这个值控制着Jenkins并发构建的数量。因此这个值会影响Jenkins系统的负载压力。使用处理器个数作为其值会是比较好的选择。
增大这个值会使每个构建的运行时间更长，但是这能够增大整体的构建数量，因为当一个项目在等待I/O时它允许CPU去构建另一个项目。
设置这个值为0对于从Jenkins移除一个失效的从节点非常有用，并且不会丢失配置信息。

图 9-143　设置执行者数量

9.2.8.8　第 3 个阶段-生成镜像

图 9-144 为第 3 个阶段的配置，用户首先需要将其名称改为"构建镜像"。如果有多个镜像要创建，那么可以选择【添加并行阶段】选项，这样就可以并行创建镜像了。注意，创建每个阶段时一定要先指定容器，这里每个阶段指定的容器是 maven。如果不指定容器，那么会找不到 Docker 程序。创建完毕后，可以先运行一下，查看是否创建正确，然后再进入下一个阶段。

9.2.8.9　第 4 个阶段-推送镜像

上一个阶段构建的镜像要上传到镜像仓库，这样在部署时，Kubernetes 中的各个节点才能拉取到该镜像。

首先，通过 KubeSphere 进入前面创建的 ruoyi-ci-cd 流水线，选择【编辑 Jenkinsfile】选项，先进行镜像仓库等基本信息的编辑。这些信息以环境变量的形式被保存在 Jenkinsfile 中，这些环境变量可以在流水线中使用。

图 9-144　第 3 个阶段的配置

这里使用阿里云镜像仓库进行说明。

仓库地址为：registry.cn-hangzhou.aliyuncs.com，对应的环境变量为 REGISTRY。

命名空间为：ruoyi-cloud-g，对应的环境变量为 DOCKERHUB_NAMESPACE。

环境变量设置如下：

```
environment {
    DOCKER_CREDENTIAL_ID = 'dockerhub-id'
    GITHUB_CREDENTIAL_ID = 'github-id'
    KUBECONFIG_CREDENTIAL_ID = 'ruoyi-kubeconfig'
    REGISTRY = 'registry.cn-hangzhou.aliyuncs.com'
    DOCKERHUB_NAMESPACE = 'ruoyi-cloud-g'
```

```
GITHUB_ACCOUNT = 'kubesphere'
APP_NAME = 'ruoyi'
myImgName = 'ruoyi-auth,ruoyi-file,ruoyi-gateway,ruoyi-job,ruoyi-system,ruoyi-monitor'
}
```

推送前要修改上一个阶段生成的镜像的标签，使其与阿里云仓库中的信息一致，这样才能推送上去。

如果上一个阶段生成的镜像为 ruoyi-auth:latest，那么可以按如下命令进行修改。其中，$BUILD_NUMBER 是每次运行流水线实例的编号。

```
sh 'docker tag    ruoyi-auth:latest $REGISTRY/$DOCKERHUB_NAMESPACE/ruoyi-auth:$BUILD_
NUMBER'
```

通过上述命令，依次将所有镜像的推送命令编写完成。

要向仓库推送镜像就要设置镜像仓库的用户名和密码，这里是通过添加凭证的方式来设置登录仓库的用户名和密码的。

选中【推送镜像】阶段，然后选择【添加嵌套步骤】→【添加凭证】选项，弹出如图 9-145 所示的界面，输入相应信息。

单击【确定】按钮后出现如图 9-146 所示的界面，填写【密码变量】和【用户名变量】，这两个变量将在 Jenkinsfile 中被用到。

图 9-145　创建凭证

图 9-146　输入凭证信息

下面是推送镜像 ruoyi_auth 的脚本，这里通过 KubeSphere 流水线编辑界面中的【编辑 Jenkinsfile】选项直接进行文件编辑，按照这个格式通过【添加并行阶段】选项把所有要上传的镜像脚本写好，放入 Jenkinsfile。

```
steps {
    container('maven') {
        withCredentials([usernamePassword(credentialsId    :    'aliyun-docker-user'  ,passwordVariable   :
'DOCKER_PWD' ,usernameVariable : 'DOCKER_USER' ,)]) {
            sh 'echo "$DOCKER_PWD" | docker login $REGISTRY -u "$DOCKER_USER" --password-stdin'
            sh 'docker tag ruoyi-auth:latest $REGISTRY/$DOCKERHUB_NAMESPACE/ruoyi-auth:
$BUILD_NUMBER'
            sh 'docker push $REGISTRY/$DOCKERHUB_NAMESPACE/ruoyi-auth:$BUILD_NUMBER'
        }
    }
}
```

9.2.8.10　第 5 个阶段-部署

镜像推送到仓库后，就可以在 Kubernetes 中进行部署了。下面我们来编写 Jenkinsfile 的部署脚本。

我们可以将服务部署到开发环境、预发布环境、生产环境等中。

如图 9-147 所示，在该阶段可以加入一个"审核"操作，当流水线运行到此处时会暂停，等待操作人员确认是否部署到相应环境中。这里可以由操作人员来决定是否执行此操作，因此只有当 admin 用户登录到系统，单击【确认】按钮后才将相关服务部署到开发环境。通常开发环境不用设置此卡点，只需在生产环境设置此卡点，以确保生产环境的安全即可。

在部署微服务时，要给每个微服务都编写一个部署文件，然后按照相应的 yaml 部署文件进行部署。

微服务项目默认的部署规则如下：

（1）每个微服务项目，在生产环境时会自动获取【微服务名-prod.yml】作为自己的核心配置文件；

（2）每个微服务项目，在生产环境时，默认都是使用 8080 端口。

如图 9-148 所示，在可视化的流水线中，将【推送镜像-ruoyi-auth】选项右侧的阶段全部删除，然后单击【+】按钮添加最后一个阶段，并将其命名为【deploy ruoyi-auth to prod】。该阶段有多个并行阶段，【deploy ruoyi-auth to prod】是其中的第 1 个并行阶段，这些并行阶段用于将前一阶段生成的服务部署到生产环境。

图 9-147　审核编辑页面

图 9-148　添加并行阶段

再次单击【deploy ruoyi-auth to prod】阶段下的【添加步骤】按钮，在列表中选择【指定容器】选项，在输入框中输入【maven】，然后单击【确定】按钮。

单击 maven 容器步骤下的【添加嵌套步骤】按钮，在列表中选择【添加凭证】选项，选择创建的 kubeconfig 凭证。如果还没创建，那么可以选择【创建凭证】选项，然后创建一个凭证，如新建 ruoyi-kubeconfig，其类型选择【kubeconfig】，如图 9-149 所示，该配置文件的内容 KubeSphere 会自动从系统中提取出来。最后，单击【确定】按钮。

如图 9-150 所示，选择创建好的凭证【ruoyi-kubeconfig】，将 kubeconfig 变量的值设置为【KUBECONFIG】。

单击【添加凭证】步骤下的【添加嵌套步骤】按钮，在列表中选择【shell】，然后在弹出的对话框中输入以下命令，最后单击【确定】按钮。

```
envsubst < ruoyi-auth/deploy/deploy.yaml | kubectl apply -f -
```

其中，"ruoyi-auth/deploy/deploy.yaml"是微服务 ruoyi-auth 的部署文件，其路径如

图 9-151 所示。因为路径是项目源代码中每个服务中部署文件的存放位置，因此路径不能写错，否则找不到部署的文件。

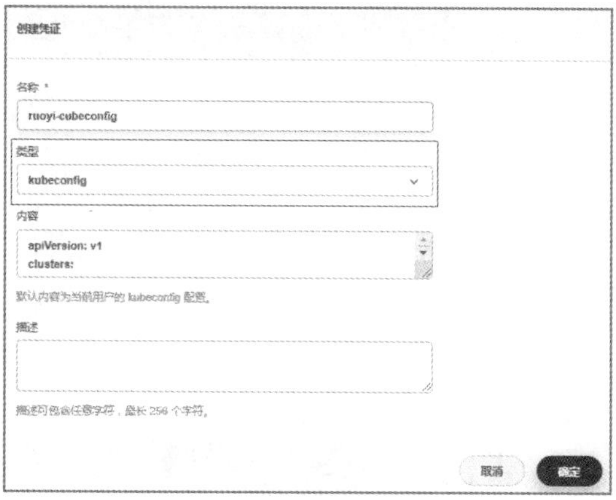

图 9-149　选择凭证类型

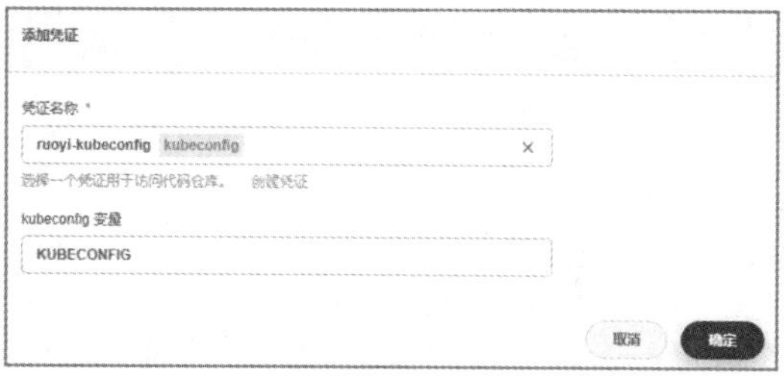

图 9-150　选择凭证

在流水线可视化编辑界面中，可以为每个微服务的部署添加一个并行阶段。通过单击【添加并行阶段】按钮，完成剩余微服务的部署步骤配置。

由于流水线在运行 deploy.yaml 时要从仓库下载镜像，因此还要配置访问镜像仓库的密码。之前在流水线上配置过阿里云仓库的用户及密码，但那只能在流水线上使用，所以我们还需要配置一个能在 deploy.yaml 中使用的密码。如图 9-152 所示，进入 ruoyi 项目，选择【保密字典】选项。

如图 9-153 所示，创建 Secret，输入名称等基本信息。

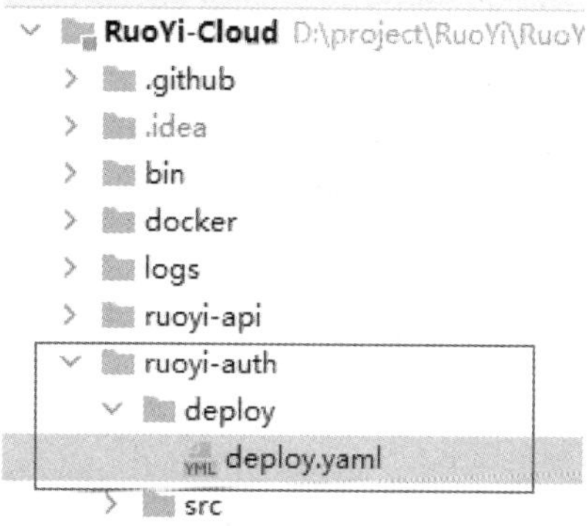

图 9-151　部署文件路径

图 9-152　配置部署密码

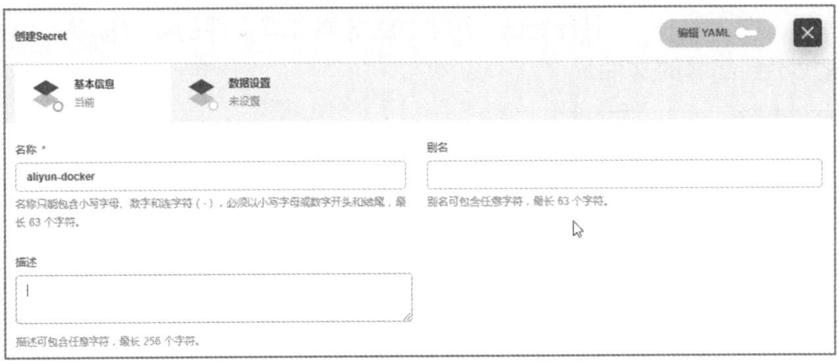

图 9-153　创建 Secret

如图 9-154 所示，输入阿里云账号及密码等信息，验证无误后单击【创建】按钮。

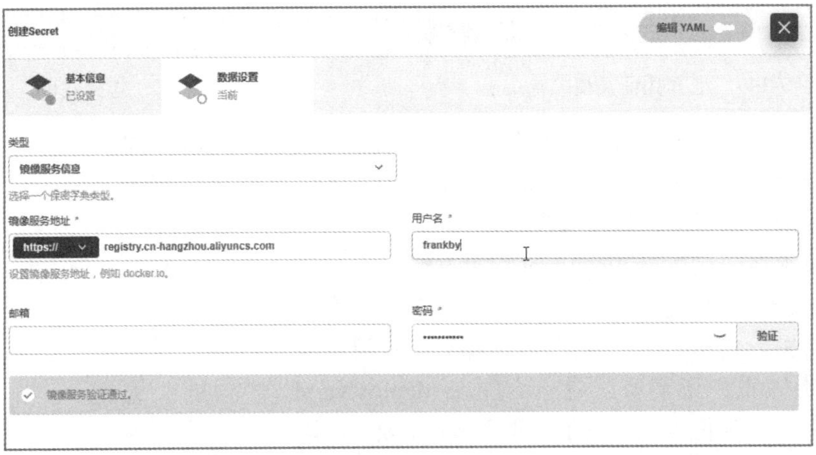

图 9-154　数据设置

　　创建后，在部署时就可以使用该凭证访问镜像仓库了，并能够下载镜像及相应文件。编写好每个服务的 deploy.yaml 文件，并将 ruoyi 软件项目上传至代码仓库，然后启动流水线就可以进行自动化部署了。

　　下面是 ruoyi-auth 的 deploy.yaml 文件，其他部署文件只是将 ruoyi-auth 换成了相应的服务名。

```
apiVersion: apps/v1
kind: Deployment
metadata:
  labels:
    app: ruoyi-auth
  name: ruoyi-auth
  namespace: ruoyi      #一定要写命名空间
spec:
  progressDeadlineSeconds: 600
  replicas: 1
  selector:
    matchLabels:
      app: ruoyi-auth
  template:
```

```yaml
    metadata:
      labels:
        app: ruoyi-auth
    spec:
      imagePullSecrets:
        - name: aliyun-docker    #提前在项目下配置访问阿里云的账号和密码
      containers:
        - image: $REGISTRY/$DOCKERHUB_NAMESPACE/ruoyi-auth:$BUILD_NUMBER
          imagePullPolicy: Always
          name: app
          ports:
            - containerPort: 8080
              protocol: TCP
          resources: {}
          terminationMessagePath: /dev/termination-log
          terminationMessagePolicy: File
        dnsPolicy: ClusterFirst
        restartPolicy: Always
        terminationGracePeriodSeconds: 30
    strategy:
      type: RollingUpdate
      rollingUpdate:
        maxUnavailable: 25%
        maxSurge: 25%
    revisionHistoryLimit: 10


---
apiVersion: v1
kind: Service
metadata:
  labels:
    app: ruoyi-auth
  name: ruoyi-auth
  namespace: ruoyi
spec:
  ports:
    - name: http
      port: 8080
      protocol: TCP
      targetPort: 8080
  selector:
    app: ruoyi-auth
  sessionAffinity: None
  type: ClusterIP
```

　　如果要在流水线成功运行时接收电子邮件通知，那么需要单击【添加步骤】按钮，选择【邮件】选项，添加电子邮件信息。请注意，配置电子邮件服务器是可选操作，如果跳过该步骤，依然可以运行流水线。

　　完成上述步骤并保存后，就可以看到该流水线完整的工作流了，而且每个阶段都清晰地被显示出来。当用图形编辑面板定义流水线时，KubeSphere 会自动创建相应的 Jenkinsfile。

通过单击【编辑 Jenkinsfile】按钮可以查看该 Jenkinsfile 文件。如果熟悉 Jenkinsfile 语法，那么也可以直接编辑该文件。

9.2.8.11　运行流水线

如图 9-155 所示，单击【运行】按钮，手动运行使用图形编辑面板创建的流水线。

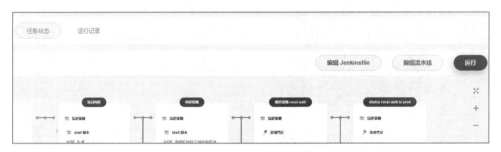

图 9-155　流水线页面

单击【运行】按钮后，会自动跳到运行记录界面，用户也可以通过单击【运行记录】按钮进入该界面。运行记录界面列出了所有运行记录，选中某个运行记录，就可以看到该流水线各个步骤的运行情况，如是"成功"还是"失败"。用户也可以单击【查看日志】按钮，就查看流水线的详细运行情况，如果有错误，那么具体的错误信息会被记录在日志里，从而帮助我们查找错误原因。

如果流水线的每个阶段都成功运行，那么会自动构建每个服务的 Docker 镜像并推送至设置好的 Docker Hub 仓库。最终，流水线将在事先设置好的项目中自动创建一个部署和一个服务。

找到项目 ruoyi，然后选择【应用负载】下的【工作负载】选项，就可以看到与该项目相关的部署。

在服务界面，可以看到示例服务通过 NodePort 暴露了其端口号。要访问服务，可以通过访问<Node IP>:<NodePort>来实现。

注意：访问服务前，可能需要配置端口转发规则并在安全组中放行该端口。

现在流水线已成功运行，那么将会推送一个镜像至 Docker 仓库。如图 9-156 所示，登录仓库就可以看到镜像推送的结果了。

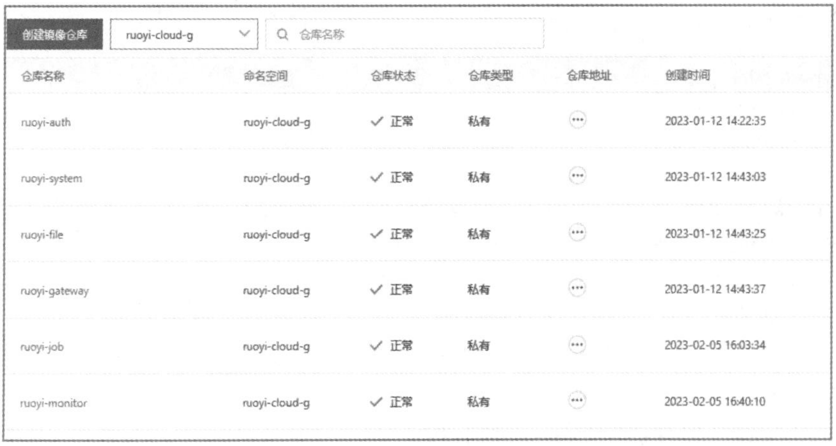

仓库名称	命名空间	仓库状态	仓库类型	仓库地址	创建时间
ruoyi-auth	ruoyi-cloud-g	✓ 正常	私有	⋯	2023-01-12 14:22:35
ruoyi-system	ruoyi-cloud-g	✓ 正常	私有	⋯	2023-01-12 14:43:03
ruoyi-file	ruoyi-cloud-g	✓ 正常	私有	⋯	2023-01-12 14:43:25
ruoyi-gateway	ruoyi-cloud-g	✓ 正常	私有	⋯	2023-01-12 14:43:37
ruoyi-job	ruoyi-cloud-g	✓ 正常	私有	⋯	2023-02-05 16:03:34
ruoyi-monitor	ruoyi-cloud-g	✓ 正常	私有	⋯	2023-02-05 16:40:10

图 9-156　镜像推送结果

如果在最后一个阶段设置了电子邮件服务器并添加了电子邮件通知，那么还会收到电子邮件消息。

全部部署成功后，就可以在 Nacos 上查看服务列表了，如图 9-157 所示。

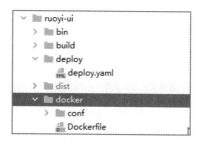

图 9-157　服务列表

至此，所有微服务和网关都部署完毕，下面部署 UI。

9.2.8.12　前端的自动化部署

前端是基于 Nginx 实现的，所以创建镜像时要将 Nginx 打包到镜像中。

首先，需要对代码的配置进行修改。

如图 9-158 所示，找到 vue.config.js，将 target 地址改为集群中部署的网关"ruiyi-gateway"的域名。

然后，在项目中创建部署及 docker 目录。

由于前端项目通过 nodejs 创建，因此在 Jenkins 流水线中，要将代码拉取下来，然后编译打包生成可执行程序。创建目录是为了放置编译后的程序、镜像生成文件和部署文件。

在项目 ruoyi-ui 下创建两个目录：

（1）deploy：用于放置部署文件；

（2）docker：用于放置构建镜像所用的文件和 Dockerfile。

目录结构如图 9-159 所示。

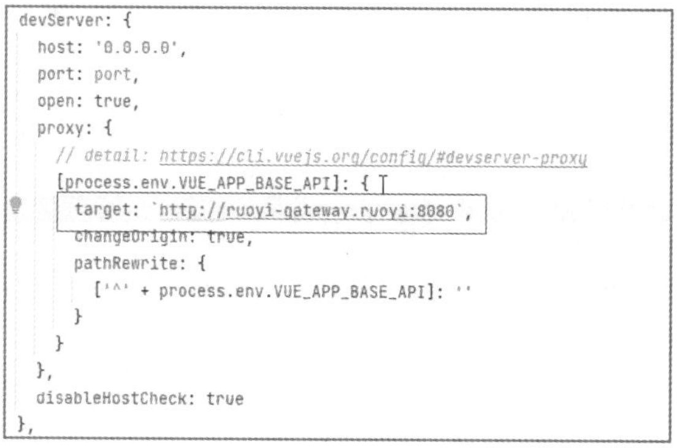

```
devServer: {
  host: '0.0.0.0',
  port: port,
  open: true,
  proxy: {
    // detail: https://cli.vuejs.org/config/#devserver-proxy
    [process.env.VUE_APP_BASE_API]: {
      target: `http://ruoyi-gateway.ruoyi:8080`,
      changeOrigin: true,
      pathRewrite: {
        ['^' + process.env.VUE_APP_BASE_API]: ''
      }
    }
  },
  disableHostCheck: true
},
```

图 9-158　代码配置文件修改

```
∨ 📁 ruoyi-ui
  › 📁 bin
  › 📁 build
  ∨ 📁 deploy
        🗒 deploy.yaml
  › 📁 dist
  ∨ 📁 docker
    › 📁 conf
        🗒 Dockerfile
```

图 9-159　目录结构

图 9-159 中的 docker 目录下包含了一个 conf 目录，其用于存放 Nginx 的配置文件。接下来，将 Nginx 配置文件放入 docker 目录下的 conf 目录中。

nginx.conf 文件内容如下：

```
worker_processes   1;

events {
    worker_connections   1024;
}

http {
    include          mime.types;
    default_type    application/octet-stream;
    sendfile          on;
    keepalive_timeout   65;

    server {
        listen          80;
        server_name    _;

        location / {
            root    /home/ruoyi/projects/ruoyi-ui;
             try_files $uri $uri/ /index.html;
            index   index.html index.htm;
        }

        location /prod-api/{
            proxy_set_header Host $http_host;
            proxy_set_header X-Real-IP $remote_addr;
            proxy_set_header REMOTE-HOST $remote_addr;
            proxy_set_header X-Forwarded-For $proxy_add_x_forwarded_for;
            proxy_pass http://ruoyi-gateway.ruoyi:8080/;
        }

        error_page    500 502 503 504    /50x.html;
        location = /50x.html {
            root    html;
        }
    }
}
```

由于在 Kubernetes 集群中，Nginx 是以 Pod 的方式运行的，所以 nginx.conf 中的 server_name 的值不能为 localhost，通常可以用 "_" 来替代。一般情况下，"_" 都是和 default_server 一起配合使用来设置默认 Server 的。当一个请求的 Host 没有命中其他规则时，会采用默认 Server 的配置。若没有配置 default_server，则使用第一个加载的 Server 作为默认配置（可以处理来源于任务地址的请求）。

另外，要修改 proxy_pass http 的值为集群网关的地址或域名。这里我们设为 ruoyi-gateway.ruoyi。

创建镜像的 Dockerfile 内容如下：

```
# 基础镜像
FROM nginx
# author
MAINTAINER ruoyi

# 挂载目录
VOLUME /home/ruoyi/projects/ruoyi-ui
# 创建目录
RUN mkdir -p /home/ruoyi/projects/ruoyi-ui
# 指定路径
WORKDIR /home/ruoyi/projects/ruoyi-ui
# 复制 conf 文件到路径
COPY ./conf/nginx.conf /etc/nginx/nginx.conf
# 复制 html 文件到路径
COPY ./html/dist /home/ruoyi/projects/ruoyi-ui
```

deploy.yaml 文件内容如下，其中，设置的服务类型为 NodePort：

```
apiVersion: apps/v1
kind: Deployment
metadata:
  labels:
    app: ruoyi-ui
  name: ruoyi-ui
  namespace: ruoyi     #一定要写命名空间
spec:
  progressDeadlineSeconds: 600
  replicas: 1
  selector:
    matchLabels:
      app: ruoyi-ui
  template:
    metadata:
      labels:
        app: ruoyi-ui
    spec:
      imagePullSecrets:
        - name: aliyun-docker    #提前在项目下配置访问阿里云的账号和密码
      containers:
        - image: $REGISTRY/$DOCKERHUB_NAMESPACE/ruoyi-ui:$BUILD_NUMBER
          imagePullPolicy: IfNotPresent
          name: app
          ports:
            - containerPort: 80
              protocol: TCP
          resources: {}
          terminationMessagePath: /dev/termination-log
          terminationMessagePolicy: File
      dnsPolicy: ClusterFirst
      restartPolicy: Always
      terminationGracePeriodSeconds: 30
```

```
    strategy:
       type: RollingUpdate
       rollingUpdate:
          maxUnavailable: 25%
          maxSurge: 25%
       revisionHistoryLimit: 10


    ---
    apiVersion: v1
    kind: Service
    metadata:
       labels:
          app: ruoyi-ui
       name: ruoyi-ui
       namespace: ruoyi
    spec:
       ports:
         - name: http
            port: 80
            protocol: TCP
            targetPort: 80
            nodePort: 31608
       selector:
          app: ruoyi-ui
       sessionAffinity: None
       type: NodePort
```

最后，在 KubeSphere 中创建流水线。

创建一条新的流水线，并将其命名为 ui-deploy。然后用与前面相同的方法编辑流水线的各个步骤。

下面是流水线的具体信息：

```
pipeline {
    agent {
      node {
        label 'nodejs'
      }

    }
    stages {
      stage('拉取代码') {
        agent none
        steps {
          container('nodejs') {
            git(url: 'https://gitee.com/frankgy/RuoYi-Cloud.git', credentialsId: 'gitee-id', branch: 'master',
changelog: true, poll: false)
              sh 'ls -a'
          }

        }
      }
```

```
stage('项目构建') {
    agent none
    steps {
        container('nodejs') {
            sh '''
            ls -l
            cd ./ruoyi-ui
            npm install --registry=https://registry.npm.taobao.org
            npm run build:prod
            mkdir ./docker/html
            cp -r dist ./docker/html
            ls -al ./docker/html
            pwd
            ls -al
            '''
        }

    }
}

stage('生成镜像') {
    agent none
    steps {
        container('nodejs') {
            sh '''
                pwd
                cd ./ruoyi-ui
                docker build -t ruoyi-ui:latest -f ./docker/Dockerfile ./docker/
                '''
        }

    }
}

stage('推送镜像') {
    agent none
    steps {
        container('nodejs') {
            withCredentials([usernamePassword(credentialsId : 'aliyun-docker-user' ,passwordVariable :
'DOCKER_PWD' ,usernameVariable : 'DOCKER_USER')]) {
                sh 'echo "$DOCKER_PWD" | docker login $REGISTRY -u "$DOCKER_USER"
--password-stdin'
                sh 'docker tag ruoyi-ui:latest $REGISTRY/$DOCKERHUB_NAMESPACE/ruoyi-ui:
$BUILD_NUMBER'
                sh 'docker push $REGISTRY/$DOCKERHUB_NAMESPACE/ruoyi-ui:
$BUILD_NUMBER'
            }

        }
```

```
            }
        }

        stage('部署') {
            agent none
            steps {
                container('nodejs') {
                    withCredentials([kubeconfigFile(credentialsId: env.KUBECONFIG_CREDENTIAL_ID,
variable: 'KUBECONFIG')]) {
                        sh '''
                        envsubst < ruoyi-ui/deploy/deploy.yaml | kubectl apply -f -
                        '''
                    }
                }
            }
        }
    }
    environment {
        DOCKER_CREDENTIAL_ID = 'dockerhub-id'
        GITHUB_CREDENTIAL_ID = 'github-id'
        KUBECONFIG_CREDENTIAL_ID = 'ruoyi-kubeconfig'
        REGISTRY = 'registry.cn-hangzhou.aliyuncs.com'
        DOCKERHUB_NAMESPACE = 'ruoyi-cloud-g'
        GITHUB_ACCOUNT = 'kubesphere'
        APP_NAME = 'ruoyi'
        myImgName = 'ruoyi-auth,ruoyi-file,ruoyi-gateway,ruoyi-job,ruoyi-system,ruoyi-monitor'
    }
    parameters {
        string(name: 'TAG_NAME', defaultValue: '', description: '')
    }
}
```

流水线运行成功后，可以查看到创建的服务及开放的端口，如图 9-160 所示。

图 9-160　创建的 ruoyi-yi 服务及开放的端口

此时，在浏览器中输入集群节点 IP:31608 打开前端，这里的 IP 为 192.168.0.93。

若出现如图 9-161 所示的登录界面，则表示部署成功。

至此，ruoyi 项目自动化部署完毕。如果使用公共镜像仓库，那么经常会出现镜像拉取失败的情况，因此可以考虑在内网部署自己的镜像仓库，这样不仅部署速度会有很大提高，而且还会大大降低失败率。

这里创建的流水线需要人工启动运行，但实际上也可以创建完全自动运行的流水线，即只要代码提交到代码仓库，就会按照预先设置好的方式自动启动部署脚本，进行项目的部署。

图 9-161　登录界面

部署过程中，可以使用下面命令查看信息：

（1）查看 metrics 信息：

```
curl 192.168.207.89:80/autuator/metrics
```

（2）查看就绪探针：

```
curl 192.168.207.89:80/autuator/health
```